fundamental of
SITOLOGY

에센스

식품학

김정숙 · 김경임 · 김지상 · 안장우 · 윤예리
이윤정 · 최희숙 · 황보미향 · 황수영

㈜지구문화
JIGU CULTURE Co.Ltd

개정판을 내면서

사람이 살아 나아가는 데 기본적인 요건으로 의(衣), 식(食), 주(住)가 해결되지 않으면 안 될 것입니다. 그 중에서도 음식은 며칠만 굶어도 정상적인 생활을 할 수 없을 만큼 절박함을 느끼게 됩니다.

현대사회는 식품공학의 발달로, 양적으로는 먹거리를 대량생산하여 풍요롭게 만들었습니다. 그러나 인위적인 식품은 장기적으로 섭취했을 때 인체에 독을 축적하는 등 성인병의 원인이 되기도 합니다.

이와 같이 식품의 선택은 우리네 삶에 지대한 영향을 미치므로 '식품학' 의 중요성 또한 간과할 수 없습니다.

이 책 PART I에서는

사람이 식품을 통해 섭취하는 필수성분(1장)과 5대 영양소(2장), 식품재료의 맛, 색, 향, 독성 등의 특수성분(3장), 그리고 효소분해(4장), 성분의 변화(5장) 및 물성(6장), 비타민(7장) 등을 다루었으며,

PART II에서는

곡류, 감자류, 두류, 종실류, 야채류, 과실류, 버섯류 등의 농산식품(8장), 육류, 조류, 우유, 란류 등의 축산식품(9장) 및 해수산어류, 어패류, 해조류 등의 수산식품(10장), 그리고 유지류(11장) 및 감미료, 조미료, 향신료, 기호식품(12장)

등 사람이 섭취하는 모든 식품의 성분과 식품 고유의 성질을 다룸으로써 유해한 식품을 배제하고, 유익한 식품을 올바르게 선택할 수 있도록 체계적으로 정리하였습니다.

특히 식품학과 관련된 새로운 정보를 가급적 많이 실음과 동시에 가급적 쉽게 이해할 수 있도록 엮으려 노력했습니다만 충분치 않다는 것을 우리 필자들은 실감합니다.

선후배 교수님들의 지도와 후원, 그리고 독자들의 애독을 부탁드립니다.

앞으로 계속 보완해서, 더 좋은 식품학 교재로 거듭나도록 노력하겠습니다.

끝으로 이 책이 햇빛을 보게 되기까지 힘써주신 지구문화사 관계자 여러분에게 심심한 감사를 드립니다.

임인년 새 봄에

필자 대표

차례

PART I 총 론

Chapter 1 식품과 성분

Chapter 2 식품의 일반성분

CONTENTS

차례

Chapter 5 식품성분의 변화

Chapter 6 식품의 물성

CONTENTS

Chapter 7 비타민

PART II 각 론

Chapter 8 농산 식품

차례

CONTENTS

차례

Part I

총론

Chapter 1

식품과 성분

1-1 식품의 정의와 기능

인간이 건강하고 행복한 생활을 영위하기 위한 기본요건 중에서 생리현상의 만족감, 즉 즐거운 식생활이 단연 으뜸일 것이다. 또한 생명을 유지하고 활동하기 위해서도 외부로부터 적절한 음식을 섭취해야 하는 것이다.

식품은 식품학, 식품영양학, 식품공학, 식품가공학, 식품조리학 등 식품관련학문의 기본이 되는 물질이다. 따라서 식품학의 우선적인 과제는 당연히 식품에 대한 정의이다. 그러나 식품의 다양성으로 비추어 한마디로 정의하기가 쉽지 않다.

학생들에게 식품의 정의를 물었을 때, 대부분 '먹는 것 혹은 먹을 수 있는 것' 이라고 답하였다.

식품에 대한 기록을 보면, '백토(白土)' 에 대한 내용이 있다. 이것은 말 그대로 '하얀 흙' 으로 과거 구황식품으로 사용되어 왔던 것이다. 이 백토는 분명 '먹는 것 혹은 먹을 수 있는 것' 이라는 정의에 적합하다. 하지만 이를 식품으로 보지는 않는다. 또한 여러 의약품의 경우, 분명 먹는 것이지만 이것 역시 식품으로는 보지 않는다. 이와 같이 상충되는 면이 없지 않다.

이러한 측면에서, 식품의 정의를 '영양소를 포함하고 있는 먹는 것 혹은 먹을 수 있는 것' 이라고 한다면, 95%는 맞는 말이지만 이것 역시 100%는 아니다.

세계보건기구(WHO)에서는 식품을 '인간이 섭취할 수 있도록 완전 가공하거나 일부 가공한 것 또는 가공하지 않아도 먹을 수 있는 모든 것' 이라고 정의하고 있다. 일부 학자들은 식품을 '식량을 그대로 또는 단순 처리한 후 작은 유통단위로 가공성과 저장성 및 부가가치성을 향상시킨 가공식품' 이라고 정의하고 있다.

우리나라 식품위생법에서 식품의 정의를 찾아보면, '식품이라 함은 모든 음식물을 말하며, 다만 의약으로 섭취하는 것은 예외로 한다.' 라고 정의하고 있다.

섭취된 물질 중에 함유되어 있는 생명유지에 필요한 성분을 영양소(nutrient)라고 하며, 그 영양소를 한 가지 이상 함유하고 있으면서 조리 · 가공되기 전의 물질을 식품이라고 정의하기도 한다.

따라서 식품의 조건은 "섭취된 후 체내의 물질대사에 의해 성장 · 생명의 유지나 에너지 획득에 필요한 물질을 함유하지 않으면 안 된다."

사람이 식품을 섭취하는 이유는 다양하며, 그 이유는 식품의 기능과 어느 정도 연관성을 가지고 있기 때문이다.

식품이 가지고 있는 기능은 크게 6가지 정도로 나눌 수 있다.

① **영양적 기능** : 인간이 살아가는 데 필요한 여러 영양소를 공급하는 수단이 된다.

② **생리적 기능** : 인간이 배고픔을 이겨내고 포만감을 가지게 하는 수단이 된다.

③ **기호적 기능** : 맛있는 것을 먹음으로써 인간은 즐거움을 느끼게 된다. 이를 통해 인간은 쾌락을 느끼며, 이를 '식도락(食道樂)' 이라고 한다.

④ **사회적 기능** : 식품을 여러 사람이 같이 나누어 먹는 과정을 통해 인간은 사회적 동질감과 구성원 간의 교감을 느끼게 된다.

⑤ **과시적 기능** : 식품의 제 5기능으로 고급 식품을 먹음으로써 다른 이들에게 자신의 권위를 과시할 수 있다. 중국의 부호들의 경우, 일반 회사원의 6개월 치에 해당하는 고급 식사를 하면서 '자신이 성공했구나' 라는 기분을 느낀다는 해외 토픽을 본 일이 있다.

⑥ **건강적 기능** : 식품에 함유되어 있는 여러 생리활성 성분이 건강에 도움을 준다. 21세기에 들어서 크게 부각되고 있으며, 건강적 기능이 강화된 식품을 건강식품 혹은 기능성 식품으로 분류하기도 한다.

그림 1-1 식품의 기능

1-2 식품의 종류와 분류

Guide

• 구황식품(救荒食品)

평소에는 식용하지 않으나 천재지변, 전쟁전후 등의 재해로 식량이 고갈될 때 일시적으로 먹는 대체식품

평상시에 식생활을 통하여 이용되는 식품은 약 300여 종이며, 기근이나 재해 중에 식용이 되는 구황식품을 포함하면 2,000여 종으로 늘어난다. 식품을 여러 가지 관점에 따라서 분류하면 다음과 같다.

표 1-1 식품의 분류

분류방법	분류의 예
생산지역	농산물, 수산물, 축산물, 임산물
가공 정도에 따라	원재료, 중간가공품, 최종가공품
식품의 주요 구성성분	단백질 식품, 당질 식품, 지방질 식품, 섬유질 식품
자원에 의한 분류	식물성 식품, 동물성 식품, 광물성 식품
소비성에 의한 분류	저장식품, 냉동식품, 통조림 식품, 강화식품, 조미료, 향신료, 건강자연식품, 기호식품, 기능성 식품

먼저 식품을 생산하는 지역에 따라 쌀 · 밀 · 채소와 같은 농산물, 물고기 · 해초와 같은 수산물, 버터 · 육류 · 계란과 같은 축산물, 과일 같은 임산물로 나눌 수 있다.

식품의 대량소비를 위해서는 가공 · 저장과정을 거친다. 이때 가공의 정도에 따라 원재료, 중간가공품, 최종가공품으로 분류할 수 있다. 예를 들어 고추(원재료)를 수확한 후 이것을 말리고 갈아서 고춧가루(중간가공품)을 만든 다음, 고춧가루를 배추에 넣어서 배추김치(최종가공품)를 담근다.

이와 같은 일련의 과정을 통해 가공과정이 쉽게 구분되는 것처럼 보이지만 실제로는 그렇지만도 않다. 예를 들어 위에서 설명한 배추김치를 이용하여 김치찌개를 만들게 되면 배추김치는 중간가공품이 된다. 또 원재료였던 고추를 따서 그냥 먹었다면 이때 고추는 원재료가 아닌 최종가공품이 된다.

다음은 식품에 주로 들어 있는 성분에 따라 단백질 식품, 당질 식품, 지방질 식품, 섬유질 식품 등으로 구분된다. 하지만 단백질 식품이라고 해서 단백질만 들어 있는 것은 아니고 다른 여러 성분들도 포함되어 있다. 이와같이 몇몇 성분이 많이 들어 있는 식품들은 식사요법에서 중요하게 사용된다.

예를 들어 근육 운동을 통해 근육 증가를 원하는 운동선수의 식사요법에 단백질 식품을 이용할 수 있고, 변비나 장 운동에 문제가 있는 사람들은 섬유질 식품을 이용하면 효과적이다.

1-3 식품의 구성탑

식품구성자전거는 2009년까지 사용하던 '식품구성탑'의 정적인 이미지를 탈피하고 운동을 권장하기 위해 자전거 이미지를 사용하여 식품을 구성하였다. 자전거 바퀴 모양을 이용하여 6개의 식품군에 권장식사 패턴의 섭취 횟수와 분량에 비례하도록 면적을 배분하고, 또 앞쪽의 한 바퀴에 물컵 이미지를 넣음으로써 수분의 중요성을 나타내었다.

이는 적절한 영양과 건강을 유지하기 위하여 권장식사 패턴을 기준으로 한 균형잡힌 식사와 수분 섭취의 중요성을 의미하며, 적절한 운동을 통해 비만을 예방하자는 메시지를 도식화한 것이다.

그림 1-2 규형잡힌 식단을 위한 제안 (한국인영양섭취기준, 한국영양학회, 2010)

각 식품군의 상징색은 미국 피라미드의 식품군 색과 동일하게 하여 국제적인 영양교육의 통일성에도 기여하였다. 면적비율은 곡류>채소류>고기·생선·달걀·콩류>우유·유제품>과일류>유지·당류의 순이다.

1-4 식품영양표시

현대사회에서는 민족이나 국가마다 기호에 따라 다양한 종류의 가공식품이 제조되고 있으며, 같은 종류의 식품이라도 제조공정에 따라 특정 영양소나 성분이 강화 · 보충되거나 제거된다. 예를 들면 오렌지주스라 해도 순수 오렌지 추출액도 있고, 희석된 제품도 있으며, 오렌지향을 섞고 비타민을 첨가한 주스도 있다. 따라서 육안으로만 식품의 성격을 파악하기는 어렵다.

한편 특정 성분에 대해 알레르기를 피하고 싶다거나, 나름대로의 식사계획에 따라 과도한 에너지 섭취를 피하고 싶다면, 식품의 구성성분을 알아두는 일이 중요하다. 따라서 소비자들은 식품에 함유되어 있는 영양성분이나 특수성분을 파악해서 자신에게 필요한 식사계획을 세우고 효율적으로 실천하기 위하여 식품의 영양성분표시를 요구하고 있다.

다음은 우리나라에서 진행되고 있는 영양표시제도에 대해 간단히 정리한 것이다. 일반적으로 영 · 유아기에 주로 섭취하는 가공 식품에 대해서는 영양표시를 의무화하고 있으나, 그 밖의 경우는 권고사항으로 분류되어 있다.

식품영양의 표시

- 보건복지부에서 관장한다.
- 식사계획을 세울 때 도움이 된다.
- 가공식품의 생산이 많아지면서 생긴 것이다.
- 여러 나라에서 만성 퇴행성 질환의 유병률이 높아진 후 보편화되었다.
- 산업체에서는 외국에 식품을 수출할 때 대상국 기준에 맞추어야 한다.
- 국가 차원에서 국민의 건전한 식생활에 도움을 주기 위하여 만든 것이다.

영 양 성 분		
1회 제공량 1개(70g)		총 2회 제공량(140g)
1회 제공량당 함량		%영양소 기준치
열량	220kcal	
탄수화물	40g	12%
당류	20g	
단백질	5g	8%
지방	10g	20%
포화지방	9g	60%
트랜스 지방	2g	
콜레스테롤	60mg	20%
나트륨	300mg	15%
칼슘	15mg	2%
비타민	10mg	10%

그림 1-3 영양성분표의 예

1-5 식품성분의 분류

식품은 6대 영양소를 비롯하여 다양한 맛, 향, 냄새 성분들이 복잡하게 섞여 있는 혼합물이다. 따라서 이들 성분을 체계적으로 나누고 분류하는 것은 식품의 영양적, 기호적 가치와 더불어 기능적 가치를 이해하는 데 매우 중요하다.

식품을 구성하는 성분을 나누는 방법은 여러 가지가 있으나, 일반적으로 제시되는 식품성분의 분류법은 아래와 같다. 식품의 성분은 식품의 영양적 가치에 영향을 주는 일반성분과 식품의 기호적 가치에 영향을 주는 특수성분으로 나누어진다.

일반성분은 수분(moisture)과 고형분(solid material)으로 나눌 수 있고, 고형분은 다시 유기물과 무기물로 나눌 수 있다.

여기서 유기물이란 탄소를 함유하고 있는 성분을 말하는데, 3대 영양소와 대부분의 비타민이 유기물이다. 무기물은 탄소를 함유하지 않는 성분을 말하며, 무기질과 소금 같은 것들이 이에 속한다.

특수 성분은 기호성에 영향을 주는 색, 향기, 맛 성분과 몇몇 효소성분, 그리고 안전성에 영향을 주는 유독성분 등이 포함된다.

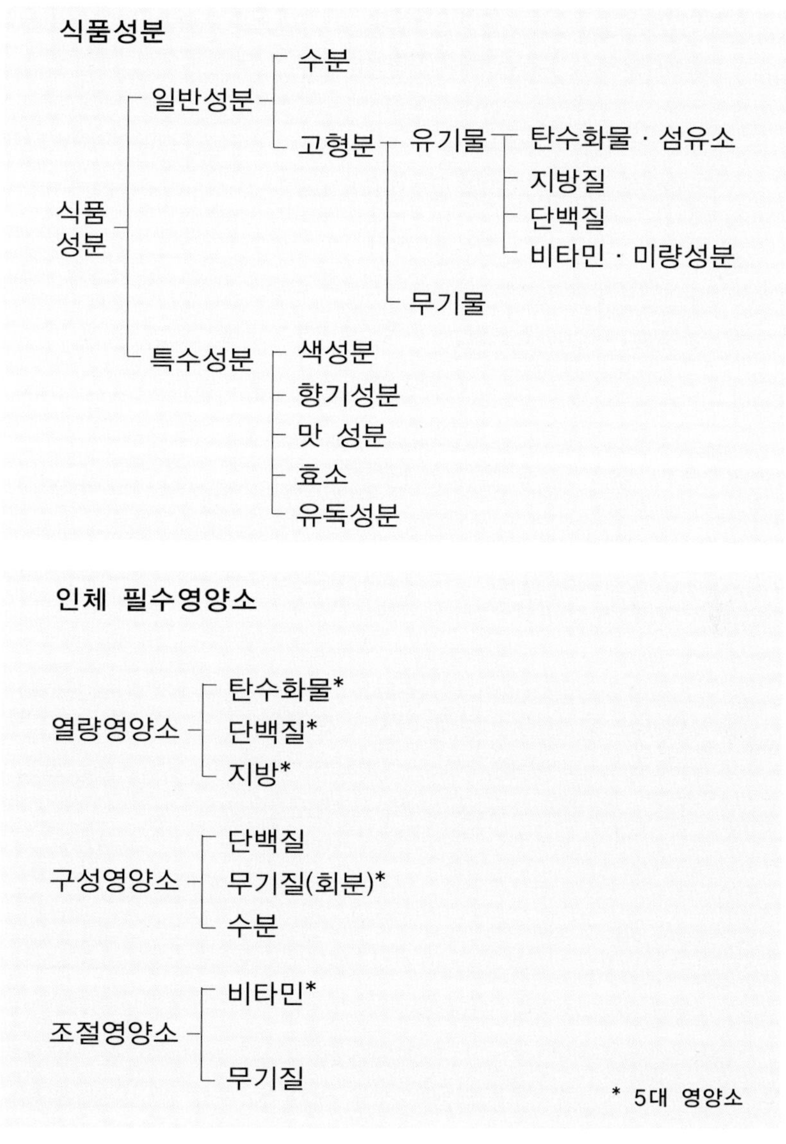

그림 1-4 식품 성분과 인체 필수영양소

식품과 성분 *Question*

1. 다음 글을 읽고 ①~⑤에 해당하는 답을 쓰시오.

> 인간의 생명 유지를 위해 필수불가결한 요소인 식품은 그 역할에 따라 1차 기능인 (①), 2차 기능인 (②), 그리고 3차 기능인 (③)(으)로 크게 나뉘어진다. 이 중에서 3차 기능을 강조한 식품을 체계적으로 관리하기 위해 새로이 법이 제정되었는데, 이 법에서는 이들 식품들을 총칭하여 (④)(으)로 정의하고 있다. 이러한 역할을 하는 물질 중에서 근래 가장 많이 소비되는 재료가 ⑤ 새우나 게의 껍데기에 많이 들어 있는 물질이다.

① ② ③

④ ⑤

해설 : 식품의 기능 중 최근에 알려지기 시작한 생리적 기능성 식품에 대한 것을 묻는 문제이다. 이런 식품을 기능성 식품(functional food) 혹은 식품공전에는 건강보조식품으로 정의 · 분류하고 있다. 새우나 게의 껍질에는 키토산 성분이 많이 들어 있다.
식품의 기능은 영양기능, 감각기능, 생체조절기능 등의 세 가지로 분류할 수 있다.

2. 일반적으로 식품은 여러 가지 성분들이 혼합되어 있는 혼합물이다. 식품은 일반적으로 일반성분과 특수성분으로 나눌 수 있다. 일반성분과 특수성분을 구성하는 성분을 각각 3가지씩 쓰시오.

일반성분 ① ② ③

특수성분 ① ② ③

해설 : 식품의 일반성분과 특수성분에 대한 기본적인 내용을 묻는 문제이다. 식품을 구성하는 일반성분으로는 단백질, 섬유, 지방, 당, 수분 등이 있다. 그 밖의 특수성분은 아연, 요오드, 철, 코발트, 비타민 등의 미량으로 존재하는 성분들을 예로 들 수 있다.

3. 사람은 식품을 골고루 섭취하며 살아간다. 식품은 각기 인체내 대사에 다양한 기능을 가지고 있기 때문이다. 식품의 다양한 기능들 중에서 아래 소개한 기능에 대해 각각 2줄 이내로 간단히 설명하시오.

식품의 영양적 기능 :

식품의 생리적 기능 :

식품의 기호적 기능 :

식품의 건강적 기능 :

해설 : 식품의 다양한 기능 중 영양적 기능은 영양소들이 인체 내에 흡수되며 발생되는 생명의 유지 및 체내에서 요구되는 물질 등의 흡수이다. 생리적 기능을 통해 인체조직의 기능이 정상적으로 유지되며, 육체적 · 정신적인 활동을 영위할 수 있다. 식품 특유의 맛과 향 같은 기호적 기능이 체내에 흡수 속도와 반응에 영향을 주게 된다. 식품은 생체를 정상적으로 유지하도록 하며, 질병으로부터 면역력을 증진시키거나 회복을 돕는 기능을 담당한다.

Chapter 2

식품의 일반성분

2-1 수 분(Moisture)

물은 모든 생체 내에서 여러 종류의 물질을 용해하여 그 물질을 운반하며, 조직을 구성하는 기본 성분이다. 수분은 에너지원으로 사용할 수 없으나 체조직을 구성하는 성분 중 가장 많은 양인 $^2/_3$ 정도를 차지한다.

인체 내의 수분함량은 약 65% 정도이며, 그 중에서 71% 정도가 세포 내에 존재하고, 22%는 장내 조직에 있으며, 나머지 7%는 혈장에 함유되어 있다. 사람은 10%의 수분을 손실하면 고통이 심해지고, 20% 이상 손실되면 생명을 잃게 된다. 즉 수분은 생명을 유지하는 데 없어서는 안 되는 물질이다.

1. 수분의 작용

식품 중의 수분은 식품의 물리 · 화학적 구조와 조성에 따라서 작용이 다르며, 수분의 형태에 따라서도 기능이 다르다.

식품에 존재하는 수분은 주로 친수성(親水性) 콜로이드(colloid) 물질에 흡수되어 겔(gel) 상태로 존재하거나 또는 식품 내부 또는 외부에 얇은 분자층으로 흡수되어 존재한다.

수분의 기능은 식품에서 난용성인 물질과 현탁액을 만들어 분산시키며, 친수성 고분자 화합물인 단백질이나 전분과 콜로이드 용액을 만들어 함수량에 따라 가역적으로 sol과 gel을 형성하는 것이다. 또한 물에 가용성 물질인 염이나 당 등을 용해하여 운반하는 역할을 한다. 인체 내에서의 수분의 작용은 다음과 같은 과정으로 나눌 수 있다.

① **물질의 운반작용** : 주로 소화흡수된 영양소를 조직으로 운반해 주고, 체내 대사에서 생긴 노폐물을 운반하여 체외로 배설하는 기능이 있다.

② **용매작용** : 물은 물질을 용해시키는 능력이 있기 때문에 영양소나 가용성 물질을 용해하여 체액의 pH 및 삼투압을 유지한다.

③ **체내 화학반응의 조절작용** : 체내의 모든 대사과정에서 일어나는 화학반응은 물을 필요로 하는 것이 많으므로 대사조절에 관여한다.

④ **체온조절작용** : 체내에서 발생하는 열을 흡수 또는 방출하여 체온을 조절해준다.

⑤ **조직의 안정보호작용** : 외부에서 오는 충격에 대해 쿠션과 같은 작용을 하여 체내기관에 전달되지 않도록 해준다.

⑥ **윤활기능** : 관절에 존재하는 수분은 관절의 마찰을 방어하여 원활하게 움직일 수 있도록 해준다.

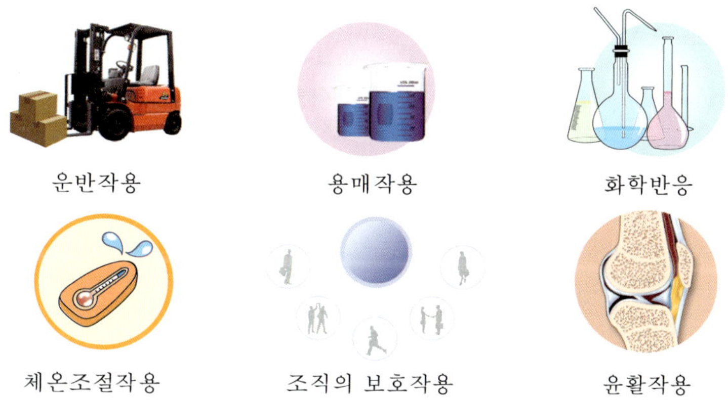

그림 2-1 수분의 기능

2. 수분의 섭취 및 배설

인체 내에서 필요로 하는 수분의 양은 연령, 생활정도, 환경상태 등에 따라서 다르다. 일반적으로 건강한 성인은 하루에 약 2.5L의 수분을 섭취하고, 약 2.5L를 배설하여 평형상태를 유지한다.

섭취하는 수분은 물 자체로 마시기도 하지만 음식물이나 청량음료 중의 수분이 대부분이다. 그 밖에 체내에서의 당질 · 지질 · 단백질 등의 대사에서 생성되는 물이 있는데 이것을 **대사수**(代謝水, metabolic water)라고 한다.

수분의 배설은 여러 가지 형태로 일어나지만 대부분이 소변을 통해서 배설되며, 그 밖에도 피부 · 호흡 · 대변을 통해서 배설된다.

다시 말하면 신장에서 40~50%, 피부로 땀을 통해 15~30%, 호흡기로 10~20%, 대변으로 5~10%의 수분이 배설된다. 일반적인 수분의 섭취와 배설의 평형을 보면 표 2-1과 같다.

표 2-1 수분의 섭취와 배설(체중 70kg의 성인)

섭 취 량(mL)		배 설 량(mL)		비정상적 배설(mL)	
음료수 및 야채식품	1,500	소 변	1,500	이 뇨	3,000~15,000
고형식품	800	피 부	600	심한 발한	5,000~10,000
영양소의 체내산화	300	호 흡	400	설 사	5,000
		대 변	100	구 토	5,000
합 계	2,600		2,600		

3. 물의 성질

물의 일반적인 성질은 ① 4°C에서 최대 밀도를 나타내며, ② 1기압에서 비점이 100°C이고 융점은 0°C로 분자량의 비율이 특이하게 높다. ③ 물의 분자에는 극성이 있다.

물의 비중은 4°C에서 1이며, 0°C의 물에서는 0.99987이다. 이러한 성질은 동결 시 체적팽창을 일으켜서 융점강하에 커다란 영향을 미치기 때문에 야채류의 조직 파괴 및 냉동육의 육즙(drip) 생성의 원인이 된다. 또한 각종 전해질을 용해하며, 물에 적접 용해되지 않는 물질을 분산시켜 콜로이드(colloid)로 만든다.

물 분자(H_2O)의 구조는 그림 2-2에 나타난 바와 같이 산소원자 1개가 수소원자 2개와 공유결합된 형태이다. 수소원자의 결합각은 104.5°이며, 산소원자는 전자를 받아들이는 성질이 있고 수소원자는 전자를 방출하는 성질을 갖는다. 따라서 물 분자 전체에서 전자의 밀도는 산소원자가 높고 수소원자가 낮으므로 분자 내에서 전자배치 비대칭이 된다.

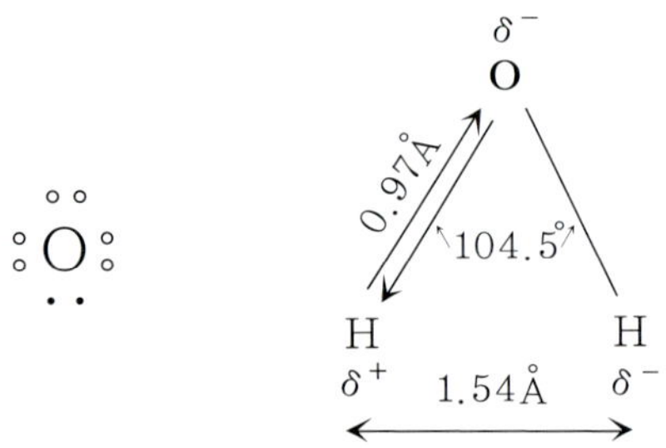

그림 2-2 물 분자의 공유결합

물 분자 중에서 전기음성도가 큰 산소는 수소원자로부터 전자를 끌어당기므로 수소원자는 부분 양전하(+)를 띠고, 산소원자는 부분 음전하(−)를 띠게 된다. 이러한 물 분자의 특유한 극성 때문에 물 분자 사이에 수소결합(hydrogen bond)이 생성된다. 물 분자와 식품 중의 당질, 단백질, 유기산, 알코올 등이 서로 결합할 때 식품의 특성은 큰 영향을 받는다.

Guide

- 조리에 있어서 물의 역할

① 식품표면의 미생물과 오물 세척
② 건조한 식품의 수화와 호화
③ 식품에 함유된 수용성 생물 및 색소의 용해
④ 식품에 열전도매체로 작용
⑤ gluten 형성을 도움
⑥ 식품의 성질, 모양, 맛 등에 대한 영향

4. 자유수와 결합수

식품에 함유된 물은 존재형태에 따라 크게 자유수(自由水, free water)와 결합수(結合水, bound water) 두 가지로 나눈다.

자유수는 수용성 성분을 녹이며, 식품을 건조할 때 증발하고 0°C 이하에서는 동결한다. 자유수는 미생물의 번식이나 효소반응과 산소반응 또는 비산소반응에 이용되며, 식품의 변질에 영향을 준다.

결합수는 식품 중의 이온기나 작용기에 영향을 받는 수분을 말한다. 결합수는 자유수에 비해서 증발하거나 얼기 어려워 ① 100°C에서도 끓지 않고, 0°C에서 얼지 않는다. 또한 ② 용매로 작용하지 않는다는 점에서 서로 다르다. 결합수는 ③ 미생물의 증식에 이용되지 못하고, ④ 효소반응과 화학반응에도 관여하지 못한다.

식품의 건조나 동결이 결합수에까지 영향을 미치면 단백질의 변성 등 조직적인 품질저하를 일으키게 되며, 식품의 물성에도 영향을 미치게 된다.

결합수의 생성은 수화(hydration)에 의해서 일어나며, 결정 물질 중의 결합수는 결정수에서 기인된다. 생선 중의 자유수와 결합수의 예를 표 2-2에 나타내었다.

표 2-2 생선 중의 자유수와 결합수

수분 / 종류	총 수 분	자 유 수	결 합 수
도 루 묵	80.50	69.02	11.48
꼴 뚜 기	78.45	60.21	18.24
참고등어	73.38	50.21	23.17

5. 식품 중의 수분

식품의 수분함량은 보통 상압에서 105°C로 건조했을 때 그 감소량으로 구한다. 수분함량은 식품의 경도 · 선도 · 보존성 · 유동성 · 맛 등에 커다란 영향을 미치게 된다.

수분의 함량에 따라 식품을 분류하면 표 2-3와 같이 ① 수분이 많은 식품, ② 수분이 적은 식품, ③ 수분을 적게 한 가공식품 등의 세 가지로 구분할 수 있다.

수분의 함량은 식품의 이화학적 특징에 영향을 미치게 되며, 미생물학적 요인에 의한 식품의 변질에도 영향을 미치게 된다. 전분 입자는 다량의 물과 함께 가열하면 팽윤하여 호화가 일어난다. 이와 같이 식품의 조리 · 가공에 있어서 물의 역할은 매우 크다.

생물의 세포 내에는 많은 수분이 존재하는데, 동물체는 혈액이나 임파액에, 식물체는 수액 등 유동물질에 주로 존재한다. 일반적으로 채소나 과일 중에는 90% 이상이 존재하며, 특히 조리한 육류에도 50~65%의 수분이 함유되어 있다.

Guide

- **수화** (hydration)

물속에 분산되어 있는 입자나 수용액 중의 용질분자, 이온, 콜로이드 분자가 용매인 물분자와 결합하는 경우, 또는 강한 상호작용을 나타내고 있는 현상

표 2-3 주요 식품의 수분(%)

수분이 많은 식품		수분이 적은 식품		수분을 적게 한 가공식품	
야 채	85~96	곡 류	12~16	말린오징어	19
과 실	80~90	두 류	12~16	곶 감	16.5
어 패 류	70~85	유 성 종 실	3~7	말 린 표 고	23.9
유 류	87~89	Starch	9.5~18.0	분 유	10.3
난 류	73~75	설 탕	0~1.7	얼 린 두 부	2.2~3.8
축 육 류	60~70	버 터	16	삶아말린것	8.1

* 수분함량이 높을수록 미생물 번식이 왕성함.

6. 수분활성(도)

일반적으로 수분의 함량을 %로 나타낸다. %에 의한 함량표시는 매우 광범위하게 사용되고 있어서 친숙하고 편하다. 하지만 수분함량을 표시함에 있어서 %와 더불어 수분활성도라는 개념이 사용되고 있다.

수분활성도(Water activity, A_w)란 식품 중에 존재하는 수분 중의 활성을 나타내는 수분의 양이 얼마인지를 나타낸 것이다. 수분활성도라는 개념이 왜 필요한지를 설명하기 위해 다음과 같은 수분 구성을 갖는 두 종류의 식품을 가정해 보자.

함량 수분	식품 A	식품 B
수분함량(%)	80	80
자유수의 함량(%)	20	70
결합수의 함량(%)	60	10
Water Activity	LOW	HIGH

식품 A와 B의 수분함량은 둘 다 똑같이 80%를 나타내고 있다. 단순한 수분함량만으로만 본다면 두 식품의 차이는 없을 듯하다. 하지만 식품 A는 80% 중 자유수가 20%, 결합수가 60%로 결합수의 양이 3배나 높다. 하지만 식품 B는 자유수가 70%, 결합수가 10%로 자유수의 함량이 훨씬 높게 구성되어 있다. 식품 A는 자유수가 적은 관계로 미생물 생육과 효소작용이 억제되고, 저장성이 좋으며, 건조가 잘 되지 않을 것이다. 하지만 식품 B는 반대의 현상을 나타낼 것이다.

이렇듯 수분함량만으로는 표현하지 못하는 식품성분에 포함되어 있는 물의 강도를 표시하기 위해서 도입된 개념이 수분활성도이다. 수분활성도는 순수한 물의 수증기압(P_0)에 대한 식품이 수증기압(P)의 비율로 정의된다. 일반적으로 수분활성도는 0에서 1의 사이 값을 갖고 있으며, 아래와 같은 식을 이용하여 구할 수 있다.

$$A_w = P/P_0$$
$$= M_w/(M_w + M_s)$$

M_w : 식품 시료 중 물의 mole 수
M_s : 식품 시료 중 용질의 mole 수

일반적으로 식품은 수분 이외의 영양소 등의 성분을 함유하기 때문에 $P<P_0$가 되며, A_w는 항상 1보다 적은 값이 된다. 수분활성이 큰 식품일수록 미생물이 번식하기 쉬우며 저장성도 나쁘다.

부패성 미생물의 수분활성은 세균 0.90~0.99, 효모 0.88, 곰팡이 0.80 정도이다. 이보다 높은 값을 나타내는 식품은 부패하기 쉽다. 주요 식품의 수분활성을 보면 수분이 많은 채소 · 과실은 0.98~0.99, 육류나 생선은 0.98, 쌀과 대두는 0.60~0.64의 범위를 갖는다.

A_w값과 실제 식품의 함수량과의 관계를 나타낸 그림을 **등온흡습곡선**(moisture sorption isotherm)이라고 한다. 이것은 일정한 온도에서 여러 개의 밀폐용기 내를 여러 가지 상대습도 또는 A_w로 만들어 이를 *x*축으로 정하고, 그 온도에서 밀폐용기 내에 넣어둔 식품의 함수량이 평형이 되게 한 후 수분함량을 *y*축으로 취하여 그린 그림이다(그림 2-3).

식품에 따라서 각각 다른 곡선을 나타내며, 일반적으로 길게 늘어진 역 S자형이다. 이 모양은 식품 중 수분의 상태와 깊은 관계가 있으며 곡선의 형태로부터 수분의 상태를 알 수 있다. 등온흡습곡선은 A영역, B영역, C영역으로 구분한다.

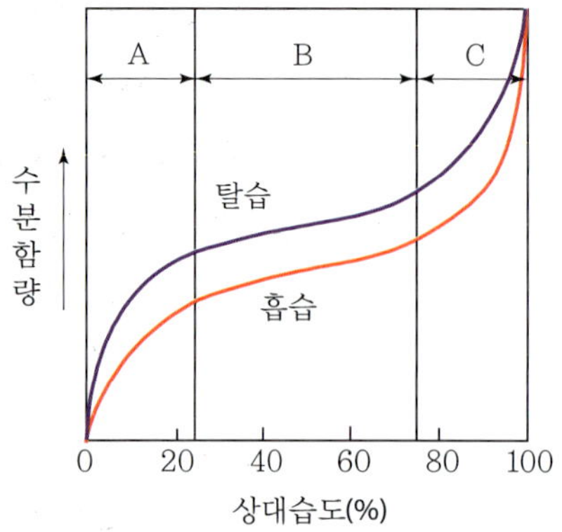

그림 2-3 식품의 등온흡습곡선

상대습도 0~20% 정도의 A영역 수분은 아미노기나 카르복실기와 같은 이온 그룹과 강하게 결합된 단분자층 수분이 손상되어 존재한다. 이 영역에서는 자유수는 존재하지 않고, 일부 결합수마저도 제거되어 있는 영역이다.

상대습도 20~45% 정도의 B는 약간의 자유수와 결합수들에 의해 식품이 단분자층(mono molecular layer)을 구성하고 있다. 단분자층이란 수분에 의해 식품에 얇은 수분층이 형성되어 있는 것을 말하며, 이 상태의 수분함량은 최적의 저장조건을 갖는다.

상대습도 45% 이상의 C영역에서는 자유수의 함량이 늘어나는 영역으로 식품의 모세관에 수분이 자유로이 응결되어 있는 상태이다. 자유수에 의해 미생물의 생육과 효소반응이 일어나는 영역이다.

이상의 등온흡습곡선을 그려 봄으로써 식품의 최적 저장 수분함량을 알 수 있으며, 이는 식품가공과 식품위생에 이용될 수 있다.

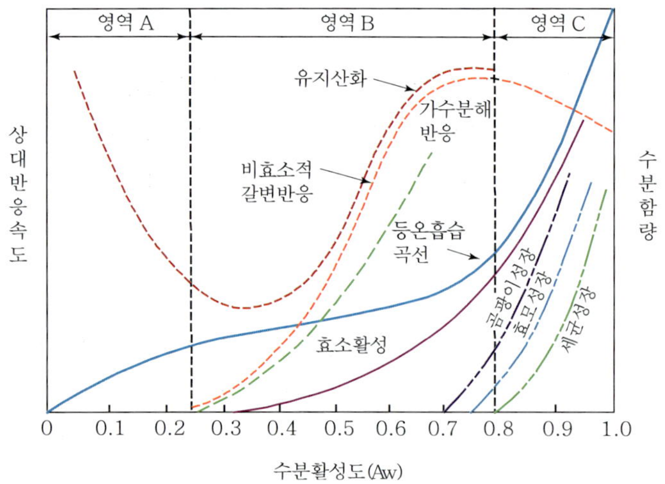

그림 2-4 수분활성도와 식품의 안전성

2-2 탄수화물(Carbohydrates)

탄수화물이란 포도당(glucose), 설탕(sucrose), 전분(starch), 섬유소(fiber) 등의 화합물로 $C_n(H_2O)_m$과 같은 일반식을 갖는 화학물질을 말한다. 그러나 이 일반식은 절대적인 것이 아니다. 예를 들어 초산(acetic acid)은 $C_2H_4O_2$으로 일반식은 같으나 탄수화물이 아니다.

1. 탄수화물의 화학구조와 특징

탄수화물은 C, H, O의 3원소로 구성되어 있는 화합물로 분자 내에 알데히드기(-CHO)가 존재하면 알도오스(aldose), 케톤기(=CO)가 존재하면 케토오스(ketose)라 한다. 그리고 포도당과 같은 **단당류**(monosaccharide), 단당류가 2분자 결합된 **이당류**(disaccharide), 3분자가 결합된 **삼당류**(trisaccharide) 등의 **소당류**(oligosaccharide)나 다수의 단당류로 이루어진 **다당류**(polysaccharide) 등으로 분류된다.

탄수화물은 식물체의 주성분으로 식물성 식품의 70% 정도를 차지하며, 동물체에는 포도당으로 혈액 내에 0.1%, 글리코겐(glycogen)으로 간과 근육 등에 소량 함유되어 있다.

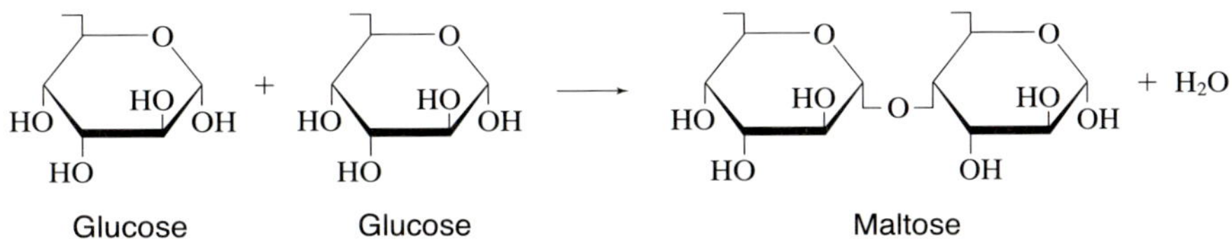

그림 2-5 탄수화물의 탈수축합과정

탄수화물은 자연계 중에서 단당류들이 모여서 올리고당, 덱스트린, 전분 등의 다당류(polysaccharide)를 구성하며, 일반적으로 고분자형태로 존재한다.

탄수화물이 고분자를 이루는 과정은 단당류 간의 에테르 결합(ether bond)을 통해 이루어진다. 탄수화물은 탈수축합과정을 거치게 되며, 다음과 같은 특징들을 가지고 있다.

① 탄수화물은 일반적으로 무색 또는 백색의 결정을 쉽게 형성한다.

② 탄수화물은 다당류를 제외하고는 일반적으로 물에 잘 녹으나, 알코올에는 잘 녹지 않는다.

③ 단당류의 경우, 부제탄소의 존재 때문에 선광성을 가지고 있고 조건에 따라 변선광이 생기게 된다.

④ 일부 특이당(rare sugar)을 제외하고는 대부분이 미생물에 의해 쉽게 사용된다.

⑤ 대부분의 경우, 환원말단이 존재하여 환원성을 갖는다. 환원말단이 없는 비환원당으로는 설탕(sucrose)과 라피노오스(raffinose)가 있다.

⑥ 대부분의 당은 감미를 갖는다. 감미는 당의 종류에 따라 다르게 나타난다. 설탕이 감미를 표현하는 척도로 사용되며, 감미과정은 일반적으로 아래와 같은 순서이다.

Fructose → Invert sugar(전화당) → Sucrose → Glucose → Maltose → Galactose → Lactose

⑦ 일반적으로 단당류와 이당류의 용해도는 감미도가 증가할수록 증가하며, 온도와 당의 종류에 따라서 다르게 나타난다.

⑧ 다당류인 전분의 경우 일반적으로 물에 불용성이고, 효소 처리에 의해 덱스트린이 되었을 경우는 가용성으로 변한다.

Guide

• 선광성

빛이 물질을 통과하는 도중에 편광변이 회전하는 성질

2. 단당류

단당류는 한 개 이상의 부제탄소원자(asymetric carbon atom; chiral)를 가지고 있기 때문에 D-형과 L-형의 입체이성체(stereoisomer)가 성립된다.

입체이성체의 경우에 알도오스(aldose)에서는 D-글리세르알데히드(D-glyceraldehyde)를 기준으로 해서 그것으로부터 탄소쇄를 길게 유도하는 당을 D-계열로 하며, 그의 입체이성체를 L-형으로 한다. 다시 말하면 당의 입체이성형은 알데히드기로부터 가장 먼 부제탄소원자의 입체배치에 의해 결정된다.

Guide

• 부제탄소원자

4개의 다른 원자 또는 원자단과 결합되어 있는 탄소원자

자연계에는 D-형의 알도오스와 케토오스가 존재하며, 일반적으로 D와 L의 기호를 생략하여 쓰는 경우가 많다. 또한 당류는 광학활성을 나타내며, 그의 선광성을 우선성(dextrorotatory, +) 또는 좌선성(levorotatory, −)으로 나타낸다. 예를 들면 D-글루코오스의 선광성은 우선성으로 D-(+)-글루코오스로 나타낸다. 또한 (+)형과 (−)형의 동량혼합물은 광학적으로 불활성을 나타내며, 라세미(Racemi)체라고 한다.

당류의 구조식에는 직쇄식과 환상식 구조가 있으며, 환상식 구조에서 C－1의 입체구조만이 다른 이성체를 α－와 β－로 구별한다.

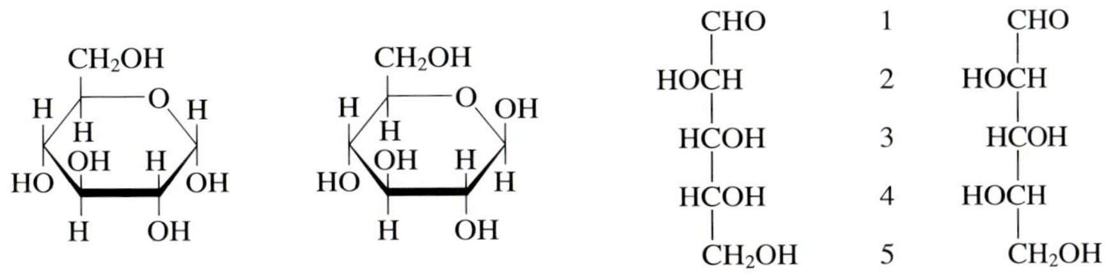

α-D-glucose　β-D-glucose　D-arabinose　L-arabinose

환상 구조식　직쇄상 구조식

그림 2-6　당류의 구조식

단당류는 알데히드기 또는 케톤기를 가지고 있으므로 환원력이 있다. 이당류에서도 카르보닐기가 유리상태로 존재하면, 환원력을 나타낸다. 이와 같이 환원력이 있는 당을 **환원당**, 환원력이 없는 당을 **비환원당**이라고 한다.

당의 환원력은 당의 화학적 성질 중 매우 중요하다. 당의 환원반응은 암모니아성 질산은 용액(Tollens의 은용액)이나 펠링(Fehling) 용액을 사용하여 당의 정성이나 정량에 이용된다.

단당류의 경우 크게 에피머(epimer)와 아노머(anomer) 관계가 성립된다. 에피머는 단당류를 구성하는 －OH기와 공유결합한 탄소 중 한 개의 위치가 다른 것을 말한다. 아노머는 이전에 설명한 α－와 β－로 표시되는 이성질체이다. 글루코오스의 경우 allose, altrose, mannose와 galactose 등과 에피머 관계에 놓여 있다.

천연에 유리상태로 비교적 많이 존재하는 단당류는 D－glucose와 D－fructose이다. 그 밖의 단당류는 유리상태로는 소량만 존재하며, 이들은 올리고당(oligosaccharide), 다당류, 배당체의 성분으로 결합상태로 존재한다.

식품에 있어서 중요한 단당류는 5탄당과 6탄당이다.

(1) 5탄당(Pentose)

5탄당은 자연계에 유리상태로는 존재하지 않으며, 여러 개가 축합된 형태인 펜토산(pentosan)으로 존재한다. 식품과 관계가 있는 것은 D－xylose, L－arabinose, D－ribose가 중요하다.

Xylose는 식물체의 목질부에 xylan의 구성성분으로 존재하고, 특히 볏짚이나 밀짚 등에 많으며 저칼로리의 감미료로 이용된다.

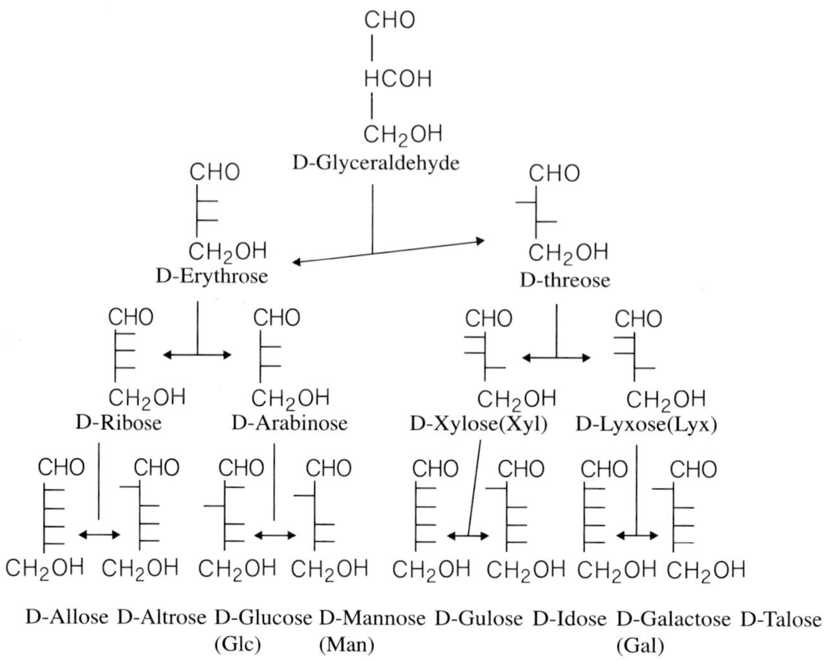

그림 2-7 Aldose의 위치 이성질체에 따른 분류

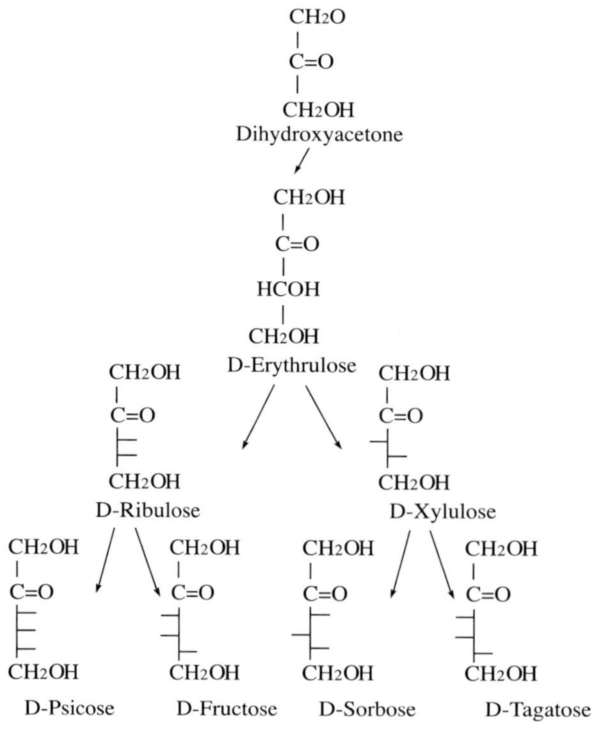

그림 2-8 Ketose의 위치 이성질체에 따른 분류

아라비노오스(arabinose)는 펜토산(pentosan) 형태인 아라반(araban)의 구성성분으로 존재하며, 식물의 검(gum)질 중에 함유되어 있고 식품첨가물로 이용된다. 리보오스(ribose)는 동 · 식물 세포에 존재하는 핵산 및 조효소의 구성성분으로서 매우 중요하다. 그러나 펜토산은 인체 내에 소화효소가 존재하지 않으므로 영양 성분으로서의 가치는 없으며, 초식동물의 사료로서 중요한 영양소이다.

(2) 6탄당(Hexose)

① **포도당**(Glucose) : 글루코오스는 자연계의 과일과 식물체에 널리 분포하며, 또한 전분과 셀룰로오스의 구성성분으로서 다량으로 존재한다. 또한 말토오스(maltose), 락토오스(lactose), 슈크로오스(sucrose) 등의 이당류나 배당체의 성분으로도 널리 분포되어 있다. 동물체 내에는 글리코겐의 구성성분으로 존재하며, 또한 포유동물의 혈액 중에 유리상태로 0.1% 정도 존재한다. 글루코오스는 쇄상구조보다 환상구조가 많으며, 감미도는 슈크로오스를 100으로 했을 때 74 정도이다.

② **과당**(Fructose) : Fructose는 ketose로 글루코오스와 마찬가지로 유리상태로 과일 중에 널리 분포하며, 특히 꿀에 많이 존재한다. 또한 sucrose의 구성성분으로 식품에 있어서 중요한 당이다. Fructose의 감미도는 173이며, 다당류인 이눌린(inulin) 상태로도 존재한다.

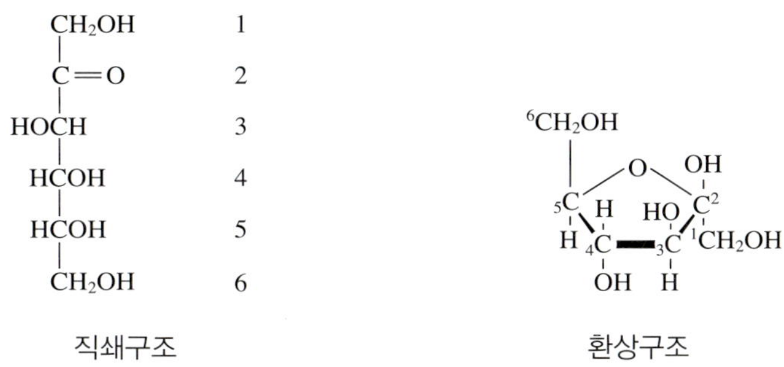

그림 2-9 프룩토오스(fructose)의 구조

③ Mannose : Aldohexose로 자연계에 유리상태로는 존재하지 않으며, 다당류의 일종인 mannan의 형태로 konjak 감자나 백합 뿌리 등에 존재한다.

④ Galactose : 알도헥소오스(aldohexose)로 유리상태로는 존재하지 않으며, galactan의 구성 성분으로 존재한다. 갈락토오스는 이당류인 젖당(lactose)의 구성 성분으로 포유동물의 유즙에 존재한다.

3. 단당류의 유도체

(1) 당 알코올

단당류 중에서 aldose의 환원에 의해 aldehyde기(CHO)가 alcohol기(CH_2OH)로 바뀐 화합물을 당 alcohol이라고 한다. 글루코오스와 만노오스를 환원하면 소르비톨(sorbitol)과 만니톨(mannitol)이 각각 생성된다.

소르비톨은 각종 과일에 존재하며, 감미가 약하나 당에 비해서 저칼로리이므로 당뇨환자의 감미료로 이용된다. 당에 있어서 갈변활성은 없고, 감미료나 보습제로서 식품에 사용된다.

만니톨은 해조류나 버섯 등에 분포하며, 마른 미역의 백색 분말에 함유되어 있다. 그 밖에도 고구마에 생기는 흰 가루의 주성분이 된다.

이노시톨(inositol)은 환상구조의 당 알코올로 6개의 수산기(- OH)를 가지며, 천연에 4종의 이성체가 존재한다. 식물체에는 두류와 과실 등에 비교적 적게 함유되어 있으며, 동물체의 근육 · 뇌 · 내장 등에도 존재한다. 이노시톨은 비타민 B군의 한 가지로 특히 inositol-6-phosphate ester인 phytin은 쌀겨에 7~8% 함유되어 있다.

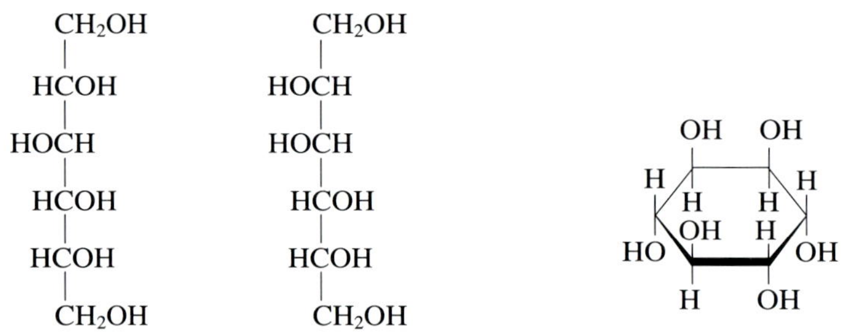

그림 2-10 당류의 성분

(2) Amino 당

아미노당은 6탄당의 C_2에 결합된 수산기가 amino기($-NH_2$)로 바뀐 것을 말하며, 글루코사민(glucosamine)과 갈락토사민 등이 자연계에 널리 존재한다.

글루코사민은 새우나 게와 같은 갑각류의 갑각의 주성분인 키틴(chitin)의 구성 성분이다. 갈락토사민은 연골이나 건(腱, 힘줄)의 당단백질 내에 chondroitin-황산의 구성 성분으로 존재한다.

Guide

• **Uronic acid(우론산)**

단당류 탄소쇄의 알코올이 말단의 산화에 의해 생성된 알데히드산

(3) Uronic Acid(우론산)

단당의 제1급 alcohol기가 carbonyl기로 산화된 것을 Uronic acid이라고 하며, 갈락토오스의 우론산인 galactouronic acid는 pectin의 구성 성분이고, 글루코오스의 우론산인 glucuronic acid은 heparin과 chondroitin same의 구성 성분으로 간장에서 해독작용을 하는 phenol 화합물을 동반하여 glucuronide 형태로 소변을 통해 배설하는 해독작용을 한다. 그리고 만노오스의 우론산인 mannuronic acid는 alginic acid의 구성 성분이 되며, 해조류에 존재한다.

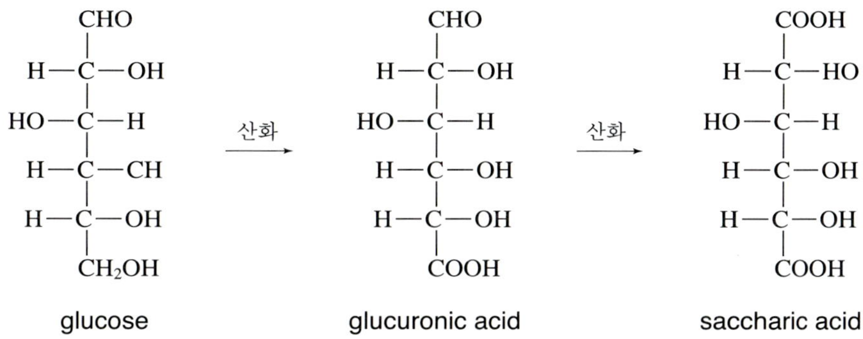

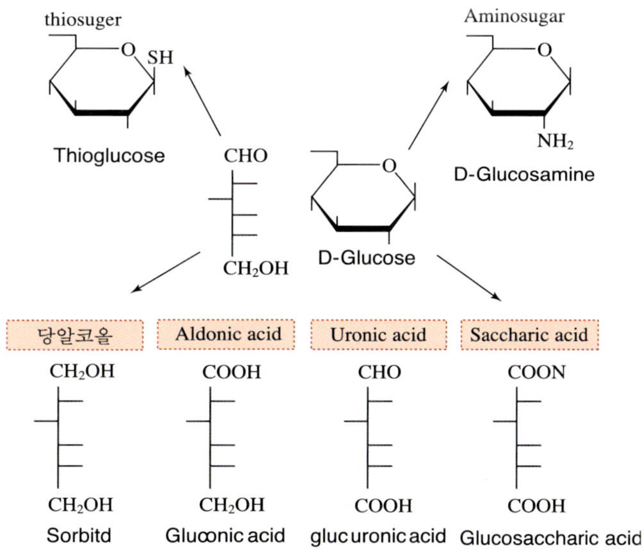

그림 2-11 D- Glucose의 중요 당유도체

우론산의 aldehyde기(−CHO)가 산화되어 생기는 것을 당산(saccharic acid)이라고 하며 식물체 또는 당의 발효액 중에 존재한다.

(4) 배당체

당의 환원성 OH기와 당이 아닌 다른 화합물의 OH기 사이에 물 한 분자가 생성되며 결합된 것을 **배당체**(配糖體, glycoside)라고 한다. 배당체는 결합된 당 성분의 명칭을 어간에 -oside를 붙여서 명명하여 비당질부분을 aglycone이라고 한다.

자연계에 존재하는 배당체는 거의가 β-glycoside이며 glucoside, fructoside, galactoside, riboside 등이 존재한다. 또한 aglycone으로는 alcohol, phenol, anthocyan, flavone 배당체 등이 존재한다.

배당체는 주로 식물계에 널리 분포하며, 그 기능을 보면 ① 당의 저장, ② 해독작용, ③ 삼투압 조절작용, ④ 대사에 필요한 물질의 공급조절, ⑤ aglycone의 안정화 등에 관여한다.

식품과 관계가 있는 주요 배당체를 보면 표 2-4와 같다.

표 2-4 식품에 존재하는 주요 배당체

배 당 체	결 합 당	aglycon	함유식품
solanine	glucose, galactose rhamnose	solanidine	감자
amygdalin	gentiobiose	benzaldehyde, HCN	매실, 살구, 비파
anthocyanin	glucose, glactose	anthocyanidin	가지, 포도
sinigrin	glucose	allylisothiocyanate	겨자, 무
naringin	rutinose	naringenin	밀감
hesperidin	rutinose	hesperitin	밀감, 레몬
rutin	rutinose	quercetin	메밀

4. 이당류(Disaccharide)와 삼당류(Trisaccharide)

(1) 설 탕 (Sucrose)

Sucrose는 식품에 있어서 중요한 당으로 보통 설탕이라고 부른다. 설탕은 모든 식물체에 분포하며, 특히 사탕수수(sugar cane)나 사탕무(sugar beet)에 고농도로 존재하므로 제당공업에서 이 두 가지를 원료로 해서 추출 · 제조한다.

Sucrose는 invertase 또는 묽은 산으로 가수분해하면 글루코오스와 프룩토오스가 생긴다. sucrose는 광학활성이 우선성이나 가수분해하면 좌선성으로 변화하며, 이러한 변화를 **전화**(轉化, inversion)라고 한다.

이때 생성된 글루코오스와 프룩토오스의 등량혼합물을 **전화당**(invert sugar)이라고 한다. 설탕의 감미도를 100이라고 하면 전화당은 130으로 포도당의 감미도(74)와 과당의 감미도(173)의 평균값인 124보다 더 높다.

Sucrose의 구조는 글루코오스의 환원말단인 C-1의 OH기와 프룩토오스의 C-2의 OH기가 결합되어 있어 glycoside성 -OH기가 없으므로 비환원당이며, 전화당이 되면 환원력을 나타낸다. 설탕은 160°C에서 녹으며, 200°C에서는 caramel화가 일어난다.

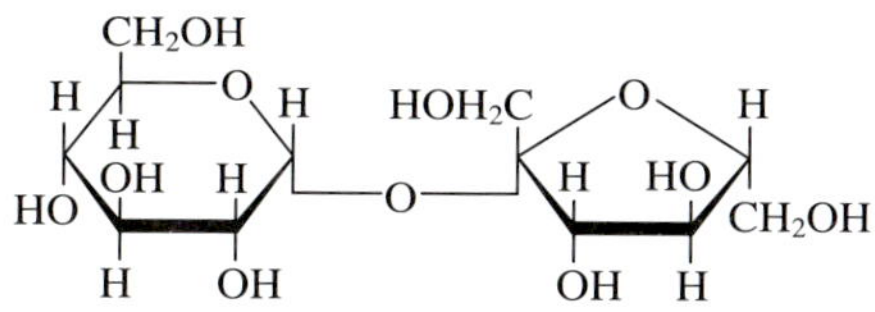

d-D-glucose sucrose B-D-fructose

그림 2-12 Sucrose의 구조

(2) 맥아당 (Maltose)

맥아당은 글루코오스 두 분자가 α-1, 4 결합된 이당류로 엿기름과 물엿에 많이 함유되어 있다. 전분을 β-amylase로 가수분해하면 생성된다. 또한 maltase나 산으로 가수분해하면 두 분자의 글루코오스를 얻을 수 있다.

maltose의 구조상 제 2의 글루코오스에서 C_1의 OH(glycoside 성 -OH)가 유리된 상태이므로 환원력이 있으며, α-와 β-형 두 가지가 있다.

맥아당은 감미도가 설탕을 기준으로 했을 때 32 정도이므로 의약용이나 감미료로 이용된다. 특히 맥아당을 환원시켜서 제조한 maltitol(맥아당의 당 알코올)은 저칼로리의 감미료로서 건강식품으로 이용된다.

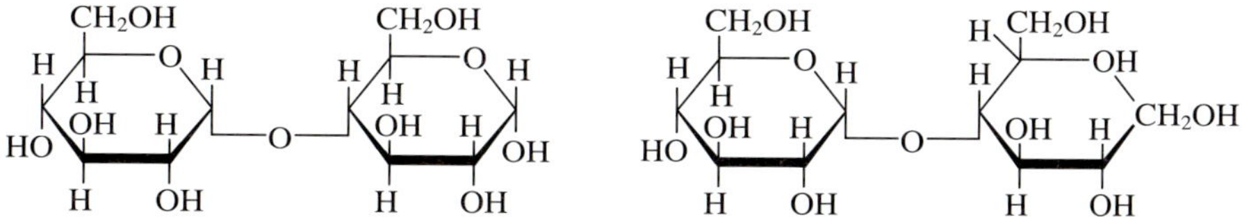

maltose maltitol

그림 2-13 당류의 분해과정

(3) 젖 당 (Lactose)

젖당은 모유와 우유 등 포유동물의 유즙 중에 존재하는 이당류로 갈락토오스와 글루코오스가 β-, 4 결합되어 있다. 구성 글루코오스가 α형인 것을 α-lactose, β형인 것을 β-lactose라고 하는데 일반 젖 중에는 2 : 3의 비율로 존재한다. 감미도는 16 정도이고, lactase에 의해 가수분해되면 갈락토오스와 글루코오스가 생성된다.

식품 내에 젖당이 존재하면 젖산균의 발육이 촉진되어 유해세균의 발육이 억제되므로 정장 효과가 있다.

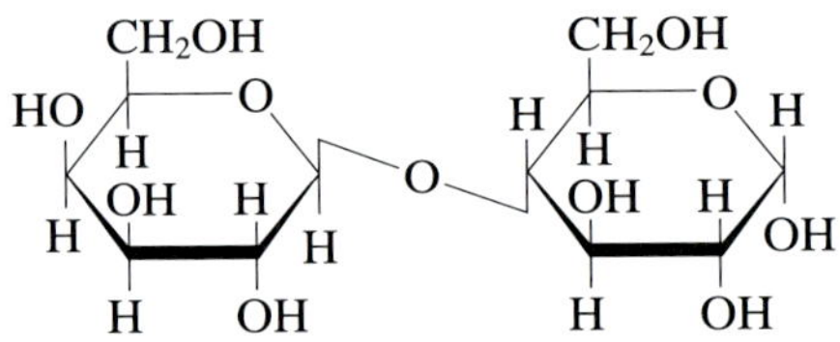

그림 2-14 α-Lactose의 구성

(4) Trehalose (Mycose)

trehalose는 glucose 두 분자가 α-1, 1 결합한 것으로 환원력이 없으며, 버섯 · 효모 · 맥각 등에 존재한다.

(5) Raffinose

사탕무 · 대두 · 목화씨 등에 미량으로 존재하며, 갈락토오스와 글루코오스 및 프룩토오스가 결합된 삼당류이다. raffinose는 광학활성(우선성)이 설탕보다 강하며, 사탕무를 원료로 설탕을 제조할 때 sucrose에 혼입되면 설탕의 농도측정이나 결정석출에 방해가 된다. 비환원성 당으로 효모의 saccharase에 가수분해되면 fructose와 melibiose가 생성된다.

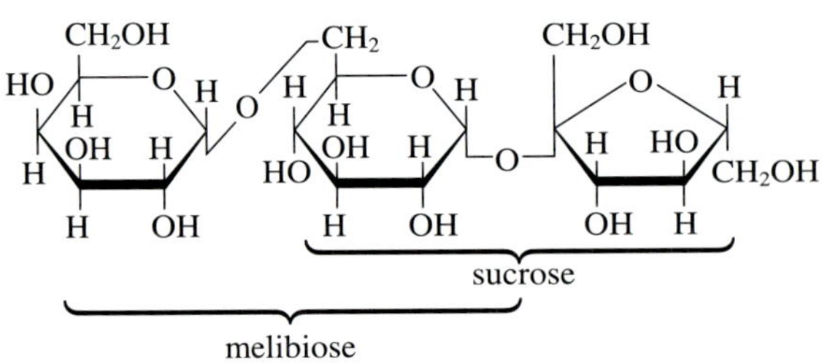

그림 2-15 raffinose 구조

5. 다당류(多糖類, Polysaccharide)

다당류는 단당류나 단당류의 유도체가 다수 결합한 것으로, 구성하고 있는 단당류가 한 가지인 **단순다당류**(simple polysaccharide)와 두 가지 이상인 **복합다당류**(complex polysaccharide)로 구분한다.

(1) 전분(澱粉, 녹말, Starch)

전분은 곡류와 감자류 등에 저장물질로 다량 축적되어 있으며, 식물체의 뿌리와 종자 등에 널리 분포되어 있고 주로 식물체의 조직에 저장되어 있다. 전분은 식물체가 공기 중의 CO_2와 토양 중의 H_2O를 이용하여 엽록소(chlorophyll)로부터 태양 에너지를 흡수해 광합성을 함으로써 합성되는 저장물질이다.

$$6CO_2 + 6H_2O \longrightarrow C_6H_{12}O_6 + 6O_2$$

광합성(光合成)이란 엽록식물의 세포에 의하여 일어나는 CO_2의 동화작용을 말하며, 크게 두 단계로 나누어 생각할 수 있는데, 제1단계는 명반응으로 CO_2의 환원에 필요한 환원제를 물에서 형성하는 반응이다.

$$2H_2O + 2A^+ \xrightarrow[\text{태양광선}]{} 2H_2A + O_2$$

제 2단계는 암반응으로 명반응에서 생성된 환원제(H_2A)에 의해서 CO_2가 환원되는 반응을 말한다.

$$CO_2 + 2H_2A \longrightarrow CH_2O + H_2O + 2A^+$$

전분은 glucose의 중합제로 amylose와 amylopectin으로 구성되어 있다.

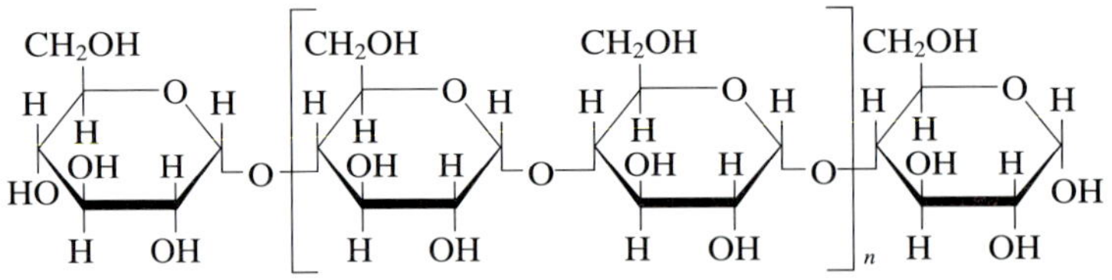

Amylose의 구조

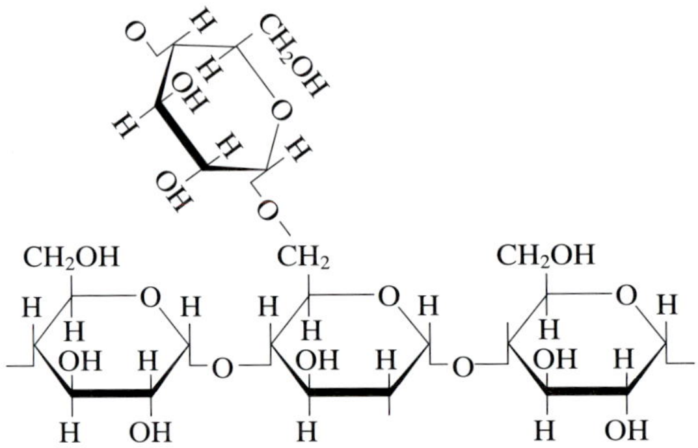

그림 2-16 전분의 구조

Amylose는 글루코오스가 α-1, 4결합한 직쇄상 구조를 가지고 있고, 아밀로펙틴은 글루코오스의 α-1, 4결합에 부분적으로 α-1, 6결합이 가지를 뻗은 구조를 갖고있다.

아밀로오스와 아밀로펙틴은 전분 내에서 아밀로오스가 20~30%, 아밀로펙틴이 70~80% 비율로 존재하며, 찹쌀과 찰옥수수 같은 찰전분은 전부가 아밀로펙틴으로 되어 있다.

분자량은 아밀로펙틴이 아밀로오스보다 훨씬 크다. 전분은 식물체 내에서 원형의 전분립으로 존재하며, 크기와 형상은 식물의 종류에 따라서 다르나 일반적으로 종자의 전분 근경 전분보다 직경이 작다.

전분은 규칙적인 배열을 한 미셀구조를 하고 있다. 전분은 냉수에서는 변화되지 않으나 물을 넣고 가열을 하면 micelle이 풀려서 **팽윤**(澎潤, swelling) 현상이 일어나고 온도를 더 높게 올리면 **호화**(糊化, gelatinization) 상태가 된다.

Guide

- **micelle**(미셀, 마이셀)
  작은 분자의 응집에 의해서 형성된 교질입자

이렇게 호화된 전분을 α-**전분**이라고 하며, 본래의 생전분을 β-**전분**이라고 한다. 호화된 α-전분은 소화효소의 작용을 받기 쉬우므로 사람이 밥을 짓거나 빵을 만드는 것은 소화를 돕기 위함이다. 이때 호화되기 위한 수분의 최소 필요량은 30%이고, 호화온도는 보통 50~70°C 정도에서 시작된다.

표 2-5 전분의 반응도

구분	아밀로오스(amylose)	아밀로펙틴(amylopectin)
모양	직선으로 생긴 나선형 구조로 포도당 6개마다 한 마디가 진행된다.	가지가 생겨 있는 그물구조로 구형을 취한다.
결합상태	포도당이 α-1,4 결합으로 계속 결합되어 있음	포도당이 α-1,4 결합을 하고 있는 사이사이 α-1,6 결합을 하여 가지를 만듦
요오드 반응	요오드 결합에 의해 심청색	결합이 잘되지 않아 적자색
분자량	40,000～340,000	4,000,000～6,000,000
수용성	물에 잘 녹음	잘 녹지 않음
노화의 정도	노화가 잘 일어남	노화가 잘 일어나지 않음
Amylase에 의한 분해	95～100% 분해됨	50% 정도 분해됨
비환원말단 사이	200～2,100(glucose)	20～25(glucose)
호화반응	쉽게 일어남	어렵게 일어남
존재영역	전분의 무정형 부분	무정형, 결정 영역 모두
부탄올 추출	추출 가능	추출 불가능
내포화물	생성	생성 어려움
함량	멥쌀 20%, 찹쌀 0%	멥쌀 80%, 찹쌀 100%

α-전분을 수분 존재하에서 80°C 이하로 방치하면 생전분 상태인 β-전분으로 되돌아가는데, 이 현상을 **전분의 노화**(retrogradtion)라고 한다. 전분의 노화는 수분 30～60%에 온도 0°C일 때 가장 잘 일어난다. 그러나 온도가 영하 20°C 이하가 되면 노화현상이 일어나지 않는다. 또한 전분의 노화를 방지하려면 α-전분 상태에서 수분을 15% 이하로 한다.

전분은 강한 요오드 반응을 나타내는데, 아밀로오스는 청색을 나타내고, 아밀로팩틴은 적갈색을 나타낸다. 그러나 아밀로오스에 의한 반응이 강하기 때문에 전분의 요오드 반응은 청색을 나타내며, 이때 색깔은 가온하면 없어지고 다시 냉각시키면 나타난다.

전분은 묽은 산이나 효소로 가수분해를 하면 덱스트린과 말토오스를 거쳐 글루코오스로 되는데, 전분을 가수분해하는 효소를 amylase라고 한다. α-아밀라아제, β-아밀라아제, 글루코아밀라아제, 이소아밀라아제 등이 있다.

α-amylase는 전분의 내부에서부터 절단하여 덱스트린 말토 올리고당, 말토스, 글루코오스 등을 생성하며, 일명 액화효소라고 한다. β-amylase는 전분의 비환원 말단에서 말토오스 단위로 분해하며, 일명 당화효소라고 부른다.

β-amylase는 아밀라아제에 작용하면 완전히 맥아당까지 분해되나 아밀로펙틴에서는 α-1, 6결합 부분에서 작용을 멈추는데 이것을 한계호정(limit dextrin)이라고 한다. amylopectin의 가지 부분의 분해에는 glucoamylase가 필요하다.

(2) Dextrin

전분을 가열하거나 묽은 산으로 끓이면 전분이 분해되는데 이러한 전분의 가수분해 중간산물을 호정(dextrin)이라고 하며, 그 크기에 따라 amylodextrin과 erythrodextrin 등으로 나누고, maltodextrin은 말토오스와 글루코오스로 가수분해된다.

(3) Glycogen

동물체 내의 저장탄수화물로 일명 동물성 녹말(animal starch)이라고 부른다. 사람의 경우 간장에 6~8%, 근육에 0.5~0.8% 정도 존재한다. 전분과 다른 점은 입자로 존재하지 않고 세포 내의 원형질에 존재한다는 사실이다.

글리코겐의 구조는 아밀로펙틴과 비슷하나 가지가 더 많고 사슬의 길이가 짧다. 요오드에 의한 반응은 적갈색을 나타내며, 가수분해효소인 glycogenase 또는 amylase의 작용으로 말토오스를 생성한다. 그러나 글리코겐은 호화되지 않는다.

(4) 섬유소(Cellulose)

Cellulose는 나무나 풀과 같은 모든 식물의 세포벽의 구성 성분으로 자연계에 가장 많이 존재하는 탄수화물이다. 섬유소는 전분이나 글리코겐과 마찬가지로 글루코오스의 중합체로 되어 있으나 β-1, 4 결합으로 되어 있다는 것이 다르다.

사람의 체내에는 셀룰로오스를 분해하는 소화효소가 없기 때문에 영양소로 이용할 수 없으나 장의 연동운동을 촉진하는 기능이 있다. 그러나 초식동물은 에너지원으로 이용할 수 있으며, 이용률은 25% 정도로 비교적 낮은 편이다.

셀룰로오스는 나무에 50% 정도 함유되어 있고, 솜이나 마(麻)는 98% 정도를 차지한다. 섬유소는 물을 가하여 가열을 해도 분해되지 않으며, 묽은산이나 셀룰라아제에 의하여 가수분해되어 β-D-glucose를 생성한다.

달팽이와 흰개미의 소화기관에는 셀룰라아제가 존재하므로 셀룰로오스를 완전히 이용한다.

셀룰로오스의 유도체인 CMC(carboxy methyl cellulose)는 식품첨가물로서 안정제 또는 팽윤제로 이용된다.

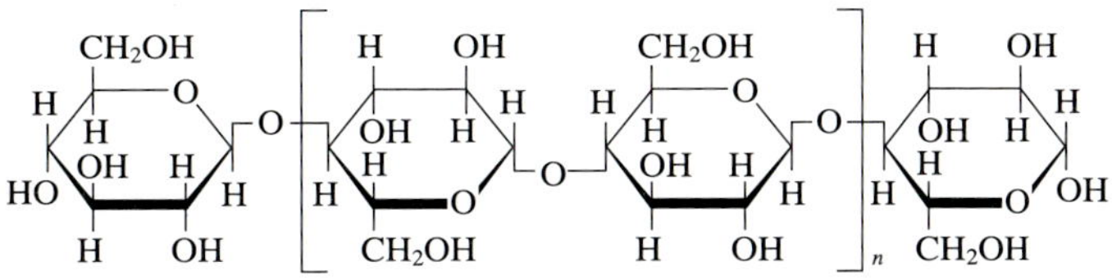

그림 2-17 cellulose의 구조

(5) Inulin

Fructose의 중합체로 돼지감자나 달리아 뿌리 등에 존재하며, 산이나 가수분해효소인 인슐린에 의하여 fructose를 생성한다. 사람의 소화기관에는 분해효소가 없으며 위액 염산에 의해 약간 분해된다. 인슐린은 요오드 반응이 없으며, 냉수에는 불용이나 온수에는 잘 녹는다.

(6) Hemicellulose

해미셀룰로오스는 고등식물의 세포벽에 존재하는 다당류로 셀룰로오스와 펙틴 이외의 것을 말한다. Xylose, arabinose, glucose, galactose, mannose, glucuron 산 등이 혼합된 다당류로 단일의 단당으로만 되어 있는 경우는 적다. 묽은 산을 가하여 가열하면 가수분해가 일어난다. 그러나 사람의 소화효소에는 작용을 받지 않으므로 영양소로서의 가치는 없다. 모든 식물체에 널리 분포하는데, 특히 해조류에 많이 존재한다.

(7) 한천(agar)

한천은 우뭇가사리와 같은 홍조류의 세포막 성분으로 존재하는 다당류이다. galactose를 주체로 한 다당류로 agarose와 agaropectin으로 구성되어 있다. agarose는 한천의 70%를 차지하며, agaropectin은 한천의 30% 정도로 소량의 glucuron산, pyruvic acid과 황산 등이 함유되어 있다.

한천은 gelatin보다 응고력이 강하며 양갱 및 우무와 젤리 등 식품가공에 이용되거나 미생물의 고체배양에 이용된다.

(8) Alginic Acid

알긴산은 갈조류의 세포벽 성분으로 산성 다당류이며, Ca염 또는 Mg염의 형태로 존재한다.

(9) Pectin

펙틴은 식물의 세포벽 사이에 존재하며 세포벽을 결착시켜 주는 물질로 단일 물질로 존재하지 않고 galacturonic acid를 주체로 하여 pectic acid과 pectinic acid 및 protopectin 등과 methyl, ester되어 있는 polygalacturonic acid이다.

펙틴은 적당한 산과 당이 존재하면 gel 상태로 되며, 이것을 이용하여 만든 것이 젤리(jelly)이다. 주로 과일 중에 많이 존재하며, 당산의 동종중합체로 특히 감귤의 속껍질이나 사과 등에 많아 산성 추출물로 정제 및 산포제나 요리용으로 쓰인다.

(10) 뮤코(Muco) 다당류

뮤코 다당류는 생체의 점성물질, 연조직(soft tissue), 결합조직의 성분으로서 아미노당과 uronic acid들이 구성단위인 복합다당류다. 결합조직에 존재하는 hyaluronic acid와 chondroitin 황산, 그리고 간의 윤활물질인 heparin 등이 있다.

(11) 천연 Gum질

동식물의 종자나 수액 중에는 점도가 높으며, 독특한 성질을 가진 다당류의 물질들이 많아 식품가공에서 결착제, 유화제, 안정제, 팽윤제 등으로 사용되고 있다.

아카시나무 껍질에서 얻는 arabic gum, 종자에서 얻어진 guar gum, 해조에서 추출되는 고무질인 agar 및 미생물이 분비하는 gum으로서 dextran이 있다.

김치를 담글 때 설탕을 첨가하면 유산균이 설탕을 분해시켜 dextran으로 변화시키므로 국물이 걸쭉해지는 경우가 있다.

6. 식이섬유와 영양

Guide

- **고 섬유소 식사의 문제점**

① 고 섬유소 식사는 다량의 물을 먹지 않으면 분변이 단단해져서 배변이 어렵게 된다. 따라서 변비나 장내의 가스를 생성시킨다.
② 식이섬유소는 Ca, In, Fe 등의 중요한 무기질과 결합하여 배설된다.
③ 위장에 phytobezoar (피토베조르)라는 섬유소 덩어리가 생성된다.

최근 육류의 섭취가 점차 증가함에 따라 식사 중의 섬유소가 부족해지면 여러 가지 건강장애가 일어날 가능성이 지적되고 있다. 그러므로 식이섬유(食物纖維, dietary fiber)로 불리는 식품 중의 섬유 성분에 대한 영양적 효과가 중요시되고 있다.

식이섬유는 사람의 소화효소로 분해되지 않는 난소화성 탄수화물을 지칭하며, 지금까지 식품 분석에서 조섬유(crude fiber) 중에 포함되어 있다. 식물섬유에는 cellulose, hemicellulose, lignin과 alginic acid 등이 있다.

식물성 식품 이외에도 collagen, chitin과 condroitin 황산 등의 동물성 식품의 성분도 여기에 포함된다. 또한 cellulose의 유도체인 methyl cellulose도 식이섬유로 분류된다. 식이섬유의 충분섭취량은 한국인 영양섭취기준(2005)에 의하면 20~29세의 남자와 여자의 경우, 각각 31g/day와 25g/day로 설정되어 있다.

과거 식이섬유는 체내에서 칼로리화되지 않아 관심 밖에 둔 적이 있었으나, 여러 식이적 기능성이 알려지면서 지금은 매우 중요한 위치를 차지하고 있다.

식이섬유의 기능성을 보면 다음과 같이 나눌 수 있다.

① 장의 연동운동을 촉진시켜서 대변의 형성과 변통을 좋게 한다.
② 보수 흡수성이 좋아서 변을 bulk화 하여 변비예방 혹은 치료에 도움을 준다.
③ 장내 중금속을 제거한다.
즉 장내 존재하는 카드뮴이나 수은 등 유독 중금속 제거를 돕는다.
④ 혈중 콜레스테롤 저하기능이 있다.
⑤ 소화흡수가 되지 않아 저칼로리 식품 제조에 사용된다.
⑥ 때로는 소화관 내에서 살고 있는 미생물이 식이섬유를 발효해서 유기산을 만들고 이것을 우리가 흡수하는 경우도 있다.

이상과 같은 다양한 기능성이 있으나 과도한 식이섬유의 섭취는 여러 문제점을 나타낼 수 있다. 예를 들어 장의 연동운동 촉진은 일반인에게는 좋은 기능이지만 장질환을 가지고 있는 사람에게는 자칫 장에 무리를 줄 수도 있다. 또 장내 중금속을 제거할 때 유해 중금속뿐만 아니라 철분과 칼슘 등의 필요 영양소 역시 함께 제거될 수 있다.

혈중 콜레스테롤 저하 역시 콜레스테롤 수치가 높은 사람에게는 좋은 작용일 수 있지만 혈중 콜레스테롤 수치가 낮은 사람들에게는 오히려 나쁘게 작용한다.

이상과 같이 식이섬유의 기능성은 사람과 경우에 따라 좋게도 혹은 나쁘게도 작용될 수 있음을 잊어서는 안 될 것이다.

표 2-6 식품 중의 조섬유와 식이섬유

식 품	식이섬유(%)	조섬유(%)
밀 감(껍질)	35.5	34.1
가 지(껍질부분)	21.8	18.6
순 무	19.4	13.8
시 금 치	17.6	11.1
양 배 추	14.2	8.4
당 근	9.2	5.7
사 과	7.6	3.7
빵	2.4	1.7

2-3 지 질(脂質, Lipid)

지질은 물에 녹지 않고 ether, chloroform, benzene 등과 같은 유기용제에 녹으며, 대부분 C, H, O의 3원소로 된 생체의 구성 성분인 유기화합물의 총칭으로 정의된다. 식품 중의 지질은 에너지원으로서 중요한 영양소이다.

1. 지질의 정의와 분류

지질은 일반적으로 아래의 세 가지로 정의할 수 있다.

① 물에 녹지 않으며, 헥산·벤젠·클로로포름 등의 유기용매에 녹는 물질이다.
② 지방산 에스테르 및 이 에스테르의 구성성분인 지방산(중성지질), 알코올(왁스), 스테로이드 등의 천연물질들이다.
③ 생체에서 이용할 수 있는 물질이다.

하지만 지질 중의 거의 대부분은 중성지질(triacylglycerol, triglyceride)을 지칭한다. 중성지질은 글리세롤(glycerol)에 유리 지방산(free fatty acid)이 에스테르 결합(ester bond)한 것을 말한다.

지질은 화학구조에 따라 단순지질, 복합지질, 유도지질 세 가지로 분류된다. 단순지질은 '유지'(油脂: oil and fat)라고도 하는데 주로 피하조직에 저장되어 있고, 에너지원으로 이용될 수 있다. 그러나 인지질(phospholipid)과 콜레스테롤(cholesterol)은 조직의 구성 성분으로 존재하며, 에너지원으로 이용될 수 없다.

(1) 단순지질 (Simple Lipld) : 지방산이 ester와 결합한 지질

① **유지**(중성 지방) : 지방산과 glycerin이 ester와 결합한 것이다.

② **납**(wax) : 지방산과 고급 alcohol이 ester와 결합한 것이다.

(2) 복합지질 (Compound Lipid)

① **인지질** : 지방산, glycerin, 인산, 염기가 결합한 화합물이다.

② **당지질** : 지방산, glycerin이나 sphingosine, 당이 결합한 화합물이다.

③ **단백 지질** : 단순지질에 단백질이 결합된 화합물로 mitochondria, 소포체, 세포핵 등에 주로 존재한다. 특히 mitochondria의 전자전달계에 많이 함유되어 있다.

(3) 유도지질 (Deitved Lipid)

유도지질은 단순지질과 복합지질이 가수분해할 때 얻게 되는 화합물을 말한다.

유도지질의 성질을 나타내는 것으로는 지방산, glycerol, 지방족 탄화수소, sterol, carotenoid 등이 있다.

그리고 지방은 알칼리에 의한 가수분해 성질에 따라서 비누화가 되는 지질(saponifiable lipid)과 비누화가 되지 않는 지질(non-saponifiable lipid)로 분류하는데, 비누화성 지질에는 유지 · wax · 인지질 · 당지질 등이 속하며, 비비누화성 지질에는 sterol · 탄화수소 · 지용성 비타민 등이 속한다.

2. 지방산(Fatty Acid)

자연계에 존재하는 지방산은 짝수의 탄소원자가 직쇄상으로 결합된 화합물로 말단에 carboxyl기(−COOH)를 한 개 가지고 있다. 지방산의 일반식은 R−COOH로 표시한다.

지방산은 탄소사슬이 전부 단일결합으로 구성된 포화지방산(saturated fatty acid)과 이중결합을 가지고 있는 불포화지방산(unsaturated fatty acid)으로 나눈다.

식품 중에 존재하는 주요 포화지방산과 불포화지방산은 표 2-7과 표 2-8에 나타냈다. 또한 포화지방산 중에서 C_{10} 이하인 지방산을 **저급 지방산** 또는 **휘발성 지방산**이라고 하며, C_{12} 이상의 지방산을 **고급 지방산**이라고 한다.

표 2-7 포화지방산

명 칭	탄소수	융 점	소 재
butyric acid	C_4	−8°C	버터
caproic acid	C_6	−1.5°C	야자유, 버터
caprylic acid	C_8	16°C	야자유, 버터
capric acid	C_{10}	31°C	야자유, 버터
lauric acid	C_{12}	43°C	야자유, 버터
myristic acid	C_{14}	54°C	야자유, 땅콩기름
palmitic acid	C_{16}	63°C	동 · 식물성 유지
stearic acid	C_{18}	70°C	동 · 식물성 유지
arachidic acid	C_{20}	75°C	땅콩기름, 유채기름
behenic acid	C_{22}	80°C	땅콩기름
lignoceric acid	C_{24}	84°C	땅콩기름
cerotic acid	C_{26}	88°C	밀랍

포화지방산은 탄소수가 증가할수록 물에 잘 녹지 않고 융점도 상승하게 된다. 식품을 구성하고 있는 포화지방산 중에는 palmitic acid와 stearic acid가 주를 이룬다.

불포화지방산 중에서 동 · 식물성 유지에 주로 존재하는 것은 oleic acid이며, linoleic acid는 이중결합을 두 개 가진 것으로 대두유에 많이 함유되어 있다. 특히 linoleic acid는 영양상 중요한 불포화지방산으로 혈중 cholesteol을 낮추는 기능이 있다.

표 2-8 불포화지방산

명 칭	탄소수	이중결합	융 점	소 재	기능
oleic acid	C_{18}	1	14 °C	동식물유지	
linoleic acid	C_{18}	2	−5 °C	식물종자유	항 피부병, 성장인자
linolenic acid	C_{18}	3	−11°C	대두유	성장인자
arachidonic acid	C_{20}	4	−49.5°C	난류, 간유	항 피부병인자

linolenic acid는 이중결합 세 개를 가지며, 아마인유와 같은 건성유에 비교적 많이 함유되어 있다. 어유는 이중결합을 4개 이상 함유한 고도 불포화지방산(예 : arachidonic acid $C_{20:4}$, claupanodonic acid $C_{22:5}$)이 함유되어 있다.

주요 식품에 함유되어 있는 유지의 지방산 조성을 보면 표 2-9과 같다.

표 2-9 유지를 구성하고 있는 지방산 조성(총산에 대한 %)

지방산 / 유지	lauric (C_{12})	myristic (C_{14})	palmitic (C_{16})	stearic (C_{18})	oleic (C_{18})	linoleic (C_{18})	linolenic (C_{18})	요오드가
Fat(지)								
버터	1~4	8~13	25~32	8~13	22~29	2~4		26~42
쇠기름		2~3	24~32	20~25	37~43	2~3		30~48
돼지기름		1~2	25~30	12~16	40~50	3~8		46~70
식용유								
야자유	44~50	13~18	7~10	1~4	5~8	1~3		8~11
올리브유	0~1	0~2	7~20	2~3	53~86	4~22		79~90
땅콩기름		0~1	6~11	3~6	40~65	17~38		84~100
면실유		0~3	17~23	1~3	23~44	34~54		97~112
옥수수기름		1~2	8~12	2~5	29~49	34~56		103~128
대두기름		0~1	6~10	2~5	20~30	50~60	2~10	120~141
비식용유								
아마인유		0~1	5~9	4~7	9~29	8~29	45~67	175~202

3. 중성지방 (TG, Triacyl Glycerol)

유지 중 상온에서 액상으로 존재하는 것을 **유**(oil), 고체로 존재하는 것을 **지**(fat)라고 하며, 식품 중에 함유된 지질의 90% 이상 차지한다.

유지는 glycerol에 3분자의 지방산이 ester와 결합된 것으로 자연계에 triglyceride 형태로 존재한다. 또한 결합된 3분자의 지방산이 동일종인 경우는 거의 없고 다른 종류의 지방산이 결합한 형태인 혼합 glyceride(mixed glyceride)이다. 이와 같이 결합되어 있는 지방산의 종류에 따라서 그 유지의 물리 · 화학적 성질이 달라진다.

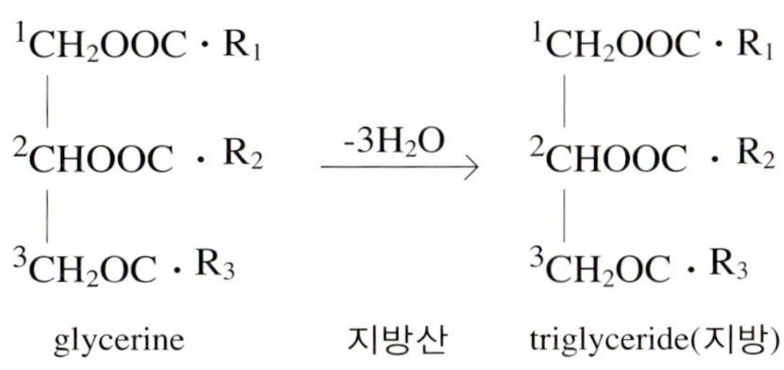

식물성 유지는 상온에 방치했을 때 건조되는 것을 건성유, 건조되지 않는 것을 불건성유, 그 중간의 것을 반건성유, 그리고 상온에서 고체 상태로 존재하는 것을 식물성 지(fat)로 분류한다.

이와 같은 분류는 유지의 요오드기와 큰 연관성이 있어서, 요오드가가 130 이상인 것이 건성유(예: 아마, 대마유), 100~130인 반건성유(예: 옥수수기름, 면실유, 참기름), 100 이하인 불건성유(예: 올리브유, 피마자유) 등으로 나눌 수 있다. 여기서 요오드가가 큰 것일수록 불포화도가 큰 지방산을 함유한다.

Glycerol에 지방산 한 개가 결합되어 있는 것을 monoglyceride, 두 개가 결합된 것을 diglyceride라고 하는데, 모두 유화제로 이용된다.

$$\begin{array}{l} CH_2OOC \cdot R_1 \\ | \\ CHOH \\ | \\ CH_2OH \end{array} \qquad \begin{array}{l} CH_2OOC \cdot R_1 \\ | \\ CHOH \\ | \\ CH_2OOC \cdot R_2 \end{array}$$

monoglyceride　　　diglyceride

4. 유지의 물리적 성질

(1) 융점(Melting Point)

유지의 녹는점은 범위가 비교적 넓은데 −30°C에서 50°C의 온도 범위를 갖는다. 불포화지방산보다 포화지방산, 탄소사슬 길이가 짧은 것보다는 긴 지방산을 함유한 유지가 융점이 높다.

표 2-10 식물성 유지의 성질

유 지	융 점(°C)	요오드가	검 화 가	불검화물
sunflower유(건 성 유)	−5	126~152	175~195	0.3~1.5
대 두 유 (건 성 유)	−7~−8	117~140	189~195	0.5~1.6
미 강 유 (반건성유)	−5~−10	105~111	186~188	2.2~3.5
참 기 름 (반건성유)	−3~−6	104~116	187~193	0.1~2.8
땅 콩 기 름 (불건성유)	0~3	84~102	188~195	0.2~0.8
올 리 브 유 (불건성유)	0~6	76~90	186~196	0.5~1.4
야 자 유 (식 물 지)	20~28	7~16	245~271	0.2~0.7

(2) 비중(Specific Gravity)

비중은 일반적으로 15°C에서 측정하는데, 불포화도가 크거나 고급 지방산이 함유된 유지일수록 비중이 크다. 유지는 물보다 가벼우며, 같은 유지라 해도 지방산 조정 차이에 따라 비중 차이가 크다. 식품 중에 존재하는 유지는 일반적으로 0.910~0.970의 범위를 갖는다.

표 2-11 동물성 유지의 성질

유 지	융 점(°C)	요오드가	검 화 가
소 기 름	40~50	35~48	193~202
돼 지 기 름	28~48	53~77	190~202
닭 기 름	33~40	55~77	194~205
어 유 (고등어)		136~178	186~197
어 유 (정어리)		160~190	191

(3) 용해성(Solubility)

중성지질은 물이나 찬 alcohol에는 녹지 않고 benzene, ether, chloroform, 사염화탄소(CCl_4) 등에 녹는다. 그러나 유리지방산은 중성지질보다 알코올에 녹기 쉽다.

(4) 발연점(Smoking Point)

유지를 가열할 때 유지의 표면에 엷은 푸른색의 연기가 발생할 때의 온도이다. 이 연기가 튀김 식품에 흡수되면 풍미가 저하되기 때문에 발연점이 높은 유지가 더 좋다. 발연점에 영향을 주는 것은 여러 가지가 있다. 구성지방산의 사슬 길이가 길수록, 불포화도가 낮을수록 발연점은 높아진다. 하지만 유리지방산의 함량이 높거나, 불순물의 함량이 높을수록 발연점은 낮아진다.

콩기름의 경우, 정제하기 전에는 150°C 전후인 발연점이 정제를 하고 나면 200°C 이상으로 올라간다. 이런 현상은 착즙을 해서 만들어 불순물이 포함되어 있는 extra virgin olive oil과 정제과정을 거친 pure olive oil의 경우에서도 나타난다.

(5) 인화점과 연소점(Flash Point and Fire Point)

유지를 가열할 때 생성되는 증기와 공기의 혼합물이 점화되는 온도를 **인화점**이라고 하며, 발화해서 계속 연소되는 최저온도를 **연소점**이라고 한다. 유지가 산화하면 유리지방산이 증가되며 저급 지방산을 함유한 유지는 연소점이 낮다.

5. 유지의 화학적 성질

(1) 산가(酸價, Acid Value)

산가는 유지 1g 중에 함유되어 있는 유리지방산을 중화하는 데 필요한 KOH의 mg 수로 정의되며, 유지의 산패도를 측정할 때 사용된다. 유리지방산은 신선한 지방에는 적으나, 산패함에 따라서 증가한다. 일반적으로 식용유의 산가는 1.0 이하이다.

(2) 비누화가(검화가, Saponification Value)

유지가 알칼리에 의해서 가수분해되는 반응을 비누화(saponification)라고 하며, 비누화에 의해서 지방산의 알칼리 금속염 또는 비누가 생성된다.

비누화가는 유지 1g을 완전히 비누화하는 데 필요로 하는 KOH의 mg 수로 나타내며, 저급 지방산을 많이 함유한 유지일수록 비누화가가 높다. 보통 유지의 비누화값은 180~200 정도이다.

$$
\begin{array}{l} CH_2OOC\cdot R_1 \\ | \\ CHOOC\cdot R_2 \\ | \\ CH_2OOC\cdot R_3 \end{array}
+ 3KOH \longrightarrow
\begin{array}{l} CH_2OH \\ | \\ CHOH \\ | \\ CH_2OH \end{array}
+
\begin{array}{l} R_1COOK \\ | \\ R_2COOK \\ | \\ R_3COOK \end{array}
$$

triglyceride　　　　glycerine　　　　비누

표 2-12　주요 유지의 비누화값

유　지	비누화가(S · V)	유　지	비누화가(S · V)
돼지기름	195~203	땅콩기름	186~194
쇠기름	196~200	참기름	188~193
닭기름	193~205	콩기름	189~194
올리브기름	185~196	옥수수기름	187~193
야자기름	200~205	면실유	194~196

(3) 요오드가(Iodine Value)

유지의 구성성분인 지방산의 불포화도를 나타내는 값이다. 불포화지방산의 이중결합에는 수소(H_2)나 요오드(I_2)가 쉽게 첨가될 수 있다. 이때 흡수되는 유지 100g이 흡수하는 I_2의 g수로 표시하며, 주요 유지의 요오드 값을 보면 표 2-13과 같다.

표 2-13 주요 유지의 요오드 값

유 지	요오드가(I · V)	유 지	요오드가(I · V)
돼지기름	47~67	면실유	103~111
쇠기름	93~103	옥수수기름	111~128
버터	26~38	참기름	103~117
야자기름(팜유)	6~10	콩기름	122~134
피마자기름	84	유채기름	94~105
땅콩기름	88~98	해바라기기름	129~136
올리브기름	79~88	아마인유	175~202
고래기름	96~146	호두기름	139~150

불포화지방산에 수소(H_2)의 첨가반응을 **유지의 경화**(hardening of oil)라고 하며, 생성된 고체 상태의 지방을 **경화유**라고 한다. 경화는 쇼트닝과 마가린 제조에 이용되고 있다.

$$-CH=CH- \quad + \quad H_2 \longrightarrow -CH_2-CH_2$$

Unsaturated fatty acid → Saturated fatty acid

$$-CH=CH- \quad + \quad I_2 \longrightarrow -CHI-CHI$$

Unsaturated fatty acid → Saturated fatty acid

그림 2-18 지방산의 첨가반응

(4) 과산화물가(Peroxide Value)

유지의 초기 산패도를 나타내는 값으로 유지에 KI를 반응시켰을 때 유리된 I_2를 sodium thiosulfate($Na_2S_2O_3$) 용액으로 적정하여 측정한다. 과산화물가는 유지 1kg당 들어 있는 과산화물의 밀리당량수로 표시한다.

(5) 라이헤르트 - 마이슬가(RMV, Reichert-Meissl Value)

탄소 수가 적은 지방산의 양을 나타내는 것으로 유지 5g을 비누화한 후 산성에서 수증기 증류해서 유출된 수용성 지방산을 중화하는 데 필요로 하는 0.1N-알칼리 용액의 mL수를 말한다. 즉, 저급의 휘발성 지방산의 양을 나타내며, 일반적으로 보통의 유지에는 1g 정도로 적으나 버터에는 22.4~47.7g 정도로 많이 함유되어 있고 인조버터인 마가린에는 0.5~5.5g으로 버터와 인조버터의 구별에 이용된다.

6. 왁스 (Wax)

왁스란 고급 1가 알코올과 지방산의 에스테르이다. 왁스는 일반적으로 12~34개의 탄소원자로 된 체인을 가지며, 동식물계에 광범위하게 존재한다.

식물성 wax는 잎의 표면이나 줄기 및 꽃, 그리고 과일의 표면에 존재하며, 수분의 증발이나 유해성 미생물의 침입으로부터 식물을 보호한다. Myricyl cerotate($C_{25}H_5COOC_{30}H_{61}$)인 야자납은 연마제나 복사지에 사용된다.

동물성 왁스도 보호막으로 존재하며, 새의 깃털 · 피부 · 머리카락의 표면에 존재하면서 표면의 유연성과 습윤을 유지한다. myricyl palmitate($C_{15}H_{31}COOC_{30}H_{61}$)로 되어 있는 밀랍은 벌집의 주성분으로 양초 · 화장품 · 의약용으로 널리 사용되며, cetyl palmitate($C_{15}H_{31}COOC_{16}H_{33}$)는 고래납으로 주로 화장품 · 연고 · 크림 제조에 사용된다. 그러나 왁스는 쉽게 가수분해되지 않으므로 영양가는 없다. 유지와 왁스를 비교하면 표 2-14와 같다.

표 2-14 유지와 왁스의 비교

성 질	왁스(wax)	유 지
상온에서의 상태	주로 고체	고체 또는 액체
유기 용제에 대한 용해성	녹지 않음	용 해
알칼리와의 반응	비누화되기 어렵다.	쉽게 비누화된다.
아크롤레인(acrolein) 반응	반응하지 않는다.	고열에서 반응
불포화 지방산	극소량	다 량
융 점	높 다.	낮 다.

7. 인지질 (Phospholipid)

인지질은 복합지질로 diglyceride에 인산화합물이 결합된 구조를 나타내는 것을 말한다. 결합된 염기의 종류에 따라서 lecithin, cephalin, sphingomyelin 등이 있다.

(1) Lecithin

Lecithin은 동물의 뇌조직, 신경, 혈구 등에 존재하며, 식품 중에는 달걀 노른자, 콩, 젖 등에 들어 있다. 특히 식물유에 들어 있는 레시틴은 천연 유화제로 식품가공에 이용된다.

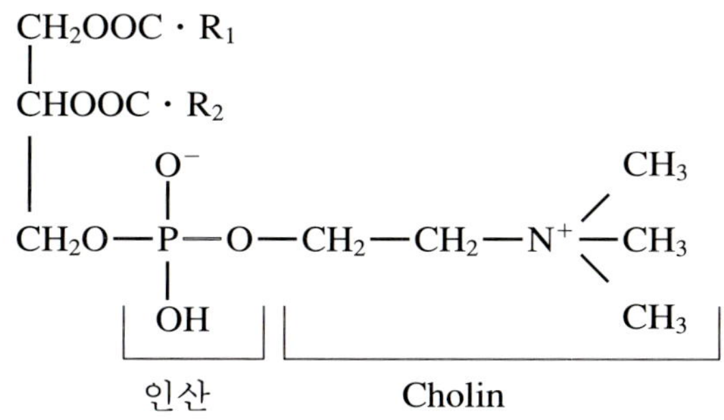

그림 2-9 lecithin의 구조

(2) Cephalin

Cephalin의 구조는 lecithin과 유사한데 다른 점은 lecithin의 choline 위치에 ethanolamine($HO-CH_2-CH_2-NH_2$)이 결합되어 있는 것이다. 또한 세팔린에는 친수기가 없기 때문에 유화력이 없다.

(3) Sphingomyelin

구조상으로 볼 때 lecithin과 cephalin은 monoaminophospholipid(N : P=1 : 1), 스핑고미엘린은 diaminophospholipid(N : P=2 : 1)이다. 동물체의 뇌, 신경, 간장 등에 당질과 함께 존재한다. lecithin의 glycerol 대신에 고급 amino alcohol인 sphingosine을 함유한다.

8. 당지질(Glycolipid)

당지질은 일반적으로 당(galactose), 고급 지방산, sphingosine으로 이루어진다. 동물에서 뇌조직을 구성하며, 식물계에는 존재하지 않는다.

(1) Cerebroside

셀레브로시드는 동물의 뇌, 특히 신경조직에 많이 존재하는 당지질이다.
대뇌(Cerebrum)에서 추출된 것으로 일반적인 동물을 비롯한 식물군에 이르기까지 다양하게 분포하는 물질이다.

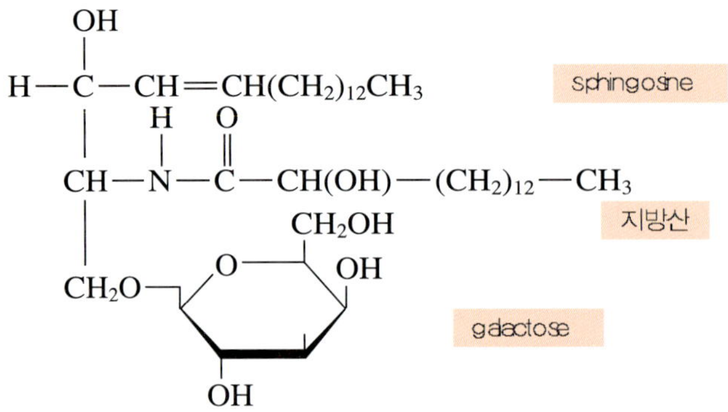

그림 2-20 셀레브로시드의 구조

(2) Ganglioside

강글로시드는 셀레브로시드와 유사한 당지질로서 신경절(ganglion cell)에 주로 존재한다. 척추생물의 골격, 위, 눈, 뇌와 간 등에 고루 분포하며, 특히 뇌의 중추신경에 많이 분포한다.

9. 비비누화물 (Unsaponifiable Matter)

지질을 알칼리와 함께 가열하면 중성 지방(triglyceride)은 비누화가 되는 데 비해, 비누화가 되지 않고 남는 성분을 '불검화물' 이라고 한다.

일반적으로 동식물성 유지에는 1% 정도의 불검화물이 존재하며, 쌀겨 기름에는 3~5% 정도 함유되어 있다. 이들 비 비누화물은 정제 공정에서 탈납처리로 제거된다. 비비누화물로는 sterol, 고급 알코올, 고급 탄화수소 등이 있다.

(1) Sterol

표 2-15 식품 중의 콜레스테롤 함량(mg/100g)

식 품	함 량	식 품	함 량	식 품	함 량
식용 유지(lard)	109	바지락	36	돼지고기	74
버 터	210	오징어(말린 것)	625	햄	53
대 합	35	오징어(생 것)	312	소 시 지	53
굴	64	성 게	564	계 란	428
정어리(말린 것)	311	새우(말린 것)	469	우 유	11
잉 어	480	쇠고기	90	치 즈	80
연어알	400	닭고기	131	마요네즈	190

스테롤은 자연계에 널리 존재하는 고리형의 알코올을 말한다. 동물성 스테롤, 식물성 스테롤, 균성 스테롤로 구분된다.

콜레스테롤은 동물성 스테롤의 대표적인 것으로 중요한 생리적 기능을 갖는다. 생체 내에서는 콜레스테롤로부터 담즙산, 성 호르몬, 부신피질 호르몬, 비타민 D 등이 합성된다.

콜레스테롤은 음식물로부터 섭취되며 체내의 간장조직 중에서 하루에 1～2g 정도 합성된다.

주요 식품의 콜레스테롤 함량을 보면 표 2-15와 같다.

Ergosterol은 균성 sterol의 대표적인 것으로, 표고버섯이나 맥각에 많이 함유되어 있으며, 자외선을 조사하면 비타민 D_2의 효과를 나타내는 calciferol로 변화된다. 그래서 ergosterol을 프로비타민 D_2라고도 한다.

(2) 고급 알코올

고급 알코올은 고래납의 성분으로 존재하는 cetylalcohol($C_{16}H_{33}OH$)과 밀랍의 성분으로 존재하는 myricylalcohol($C_{30}H_{61}OH$) 등이 있다. 이들 고급 알코올은 식품가공에서 피막제로 이용된다.

10. 식품성분으로서의 지질의 영양

식품으로 이용되는 지질은 저장 성분으로 동식물체 중에 여러 가지 형태로 존재하며, 동식물체의 활동 에너지원이 되기도 한다.

지방은 1g당 9kcal의 열량을 내며, 단위량당 열량이 탄수화물과 단백질의 4kcal/g보다 두 배 이상 높기 때문에 에너지원으로 중요하다. 그러나 지방을 과잉섭취하면 비만의 원인이 되며, 더 나아가서는 성인병을 일으키는 원인이 되는 경우도 있다.

지방은 체내에서 탄수화물이나 단백질로부터 합성되기 때문에 정확한 필요량을 그램(g)으로 표시하기는 어렵다. 일반적으로 섭취된 음식물의 총 에너지 중에 지방에 의한 에너지비가 15~25% 정도를 차지하는 것이 영양이라는 것을 고려할 때 가장 이상적인 것으로 알려져 있다.

지방을 구성하고 있는 지방산 중에서 linoleic acid는 특히 영양생리적인 면에서 볼 때 매우 중요한 지방산으로 성인병의 원인물질인 혈중 콜레스테롤을 낮추는 효과가 있다. Linoleic acid를 많이 함유한 식물인 대두유는 영양적으로 좋은 식용유이다. 그리고 섭취한 음식물 중의 지방에는 포화지방산과 불포화지방산의 구성비가 같은 양으로 되어 있는 것이 바람직하다.

콜레스테롤은 물에 녹지 않기 때문에 지단백질(lipoprotein)과 결합하여 혈액에 존재한다. 혈액 중의 콜레스테롤에는 고밀도 지단백질(HDL)과 결합되어 있는 HDL-콜레스테롤과 저밀도 단백질(LDL) 또는 초저밀도 지단백질(VLDL)과 각각 결합되어 있는 LDL-콜레스테롤, VLDL-콜레스테롤 등이 있다.

특히 LDL과 VLDL은 간이나 장으로부터 말초 조직으로 콜레스테롤을 운반하는 작용을 한다. 한편 HDL은 혈관의 내면에 존재하는 유리 상태의 콜레스테롤을 간장으로 운반하여 담즙산으로 변화시켜 배설하는 작용을 한다.

음식물 중의 포화지방산과 콜레스테롤은 혈중 콜레스테롤을 증가시키며, 혈중 콜레스테롤을 낮추는 효과는 linoleic acid와 어유 중에 함유되어 있는 고도의 불포화지방산으로 확인되었다. 그리고 불포화 결합 5개인 eicosapentaenoic acid(EPA)와 불포화 결합 6개인 docosahexaenoic acid(DHA)도 혈중 콜레스테롤을 저하시키는 효과가 있는 것으로 알려져 있다.

지방산 이외의 물질로는 konjak mannan, pectin, arginic acid 등의 천연 다당류도 혈중 콜레스테롤의 저하효과가 있는 것으로 알려져 있다. 이들은 주로 식이섬유(dietary fiber)의 성분으로 존재하며, 식이섬유의 혈중 콜레스테롤 치 억제효과가 주목되고 있다.

지방은 식품 중에서 emulsion을 형성하며, 조리할 때 유지를 사용하면 음식의 맛을 원활하게 하여 식감을 증진시키는 효과가 있다. 또한 튀김이나 볶음 등의 조리에 유지를 사용하면 고온에서 단시간 가열처리가 이루어지므로 열에 의한 영양소 파괴를 줄일 수 있으며, 지용성 비타민의 흡수를 촉진하는 효과가 있다.

Guide

- **EPA**: 혈액순환원 효소
  ① DHA기능
  ② 두뇌세포 활성
  ③ 치매예방
  ④ 면역력 강화
  ⑤ 항염증 효과
  ⑥ 항암효과

11. 트랜스 지방산과 경화

서양의 경우 지(fat)과 유(oil) 중에 fat의 사용을 선호하여, 콩기름이나 옥수수기름과 같은 식물성 기름의 불포화지방산에 수소를 첨가하여 경화유를 만들어 사용한다. 경화과정(수소첨가)을 거치게 되면 불포화지방산은 포화지방산으로 바뀌게 되어 oil에서 fat으로 변화하게 된다.

이렇게 만든 지질로는 마가린을 비롯하여 경화 대두유와 쇼트닝 등이 있다. 하지만 이 과정 중에 *cis*-form인 불포화지방산이 *trans*-form으로 변화하게 되는데, 이를 *trans*-지방산이라 부른다.

Guide

• **트랜스 지방산**
혈관에 쌓이면 심혈관에 질환발병

Trans-지방산은 최근 건강에 유해하다는 연구보고가 있어서 어린이들이 먹는 제품에는 함량표시를 의무화하였다.

*Cis*형에서 *trans*형으로의 변환은 아래 그림과 같은 과정을 통해 이루어지는 것으로 알려졌다. 불포화지방산의 결합이 파이 결합(π, bord)과 시그마 결합(sigma bond)으로 구성되어 있을 때는 탄소의 회전이 불가능하다. 그러나 열이나 빛을 받게 되면 이중결합(double bond)의 파이 결합이 깨지면서 탄소의 회전이 쉬워진다. 이 과정에서 *trans*형으로 모양이 바뀐다.

이 반응은 일반적인 조건에서는 일어나지 않고 충분한 양의 열이나 빛이 있을 경우에만 발생한다. 따라서 자연 중에 존재하는 일반적인 지방 속에는 트랜스 지방산이 존재하지 않으나 가열처리를 하거나 수소첨가반응을 시킨 지질에서는 존재하는 것이다.

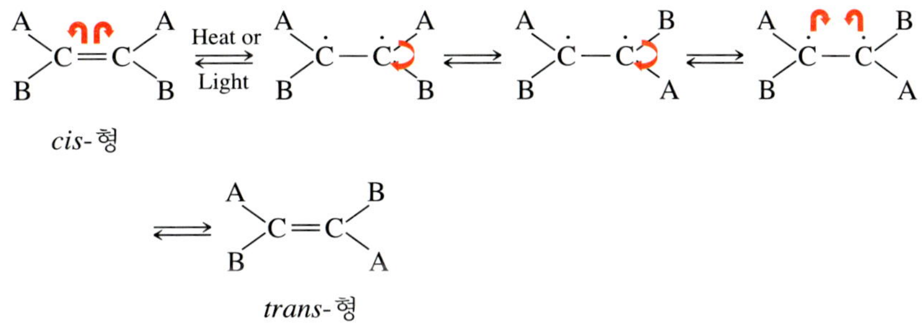

그림 2-21 *Trans* 지방산의 생성 메커니즘

2-4 단백질(蛋白質, Protein)

탄수화물이나 지방과는 달리, 단백질은 그 원소조성이 C, H, O 외에 N을 함유하고 있으며, 생명활동을 유지해 주는 가장 중요한 영양소이다.

단백질은 아미노산이 peptide 결합을 하여 polypeptide쇄를 이룬 복잡한 화학구조로 된 고분자화합물을 말한다. 단백질의 원소조성을 보면 대체로 탄소 50~55%, 수소 6~8%, 산소 20~23%, 질소 15~18%, 황 1~3%, 그 밖에 원소가 1% 이하이다.

특히 질소의 함량은 단백질의 종류에 따라서 약간의 차이는 있으나 평균 16% 정도이다. 그러므로 식품 중의 단백질을 정량하려면, 단백질 중의 N의 함량을 구하고, 질소계수인 6.25(100/16)를 곱해서 단백질의 함량으로 한다. 일반적으로 질소의 함유량은 식물성 단백질에 조금 많고 동물성 단백질에는 적은 편이다.

단백질은 모든 세포를 구성하는 필수적인 요소로 모든 식품에 함유되어 있는데 특히 동물성 식품에 많이 함유되어 있다. 단백질은 체내에서 가수분해되어 아미노산으로 흡수되며 체조직 형성에 필요한 단백질로 다시 합성된다.

단백질은 일반적으로 20가지의 아미노산들이 다양한 순서로 펩티드(peptide) 결합한 생체고분자 물질이다. 아미노산 중 필수아미노산은 영양적으로 매우 중요하며, 8~10가지가 존재한다. 이 필수아미노산이 부족할 경우, 사람은 영양적으로 위험해진다.

아미노산은 양면성을 가지고 있는 물질로 주위의 pH에 따라 극성이 변한다. 아미노산의 특성은 단백질에서도 고스란히 나타나, 주위 pH 변화에 의해 단백질 구조가 변화한다. 위에서 분비되는 펩신의 경우가 대표적인 예로 위산이 분비될 때만 pH 변화에 의해 전구체에서 펩신으로 변화한다.

체내에서 사용되는 효소들은 단백질이다. 따라서 이 효소들은 주위의 pH, 온도, 조효소 등에 의해 반응이 조절된다.

1. 아미노산의 분류

단백질을 산이나 알칼리 또는 단백질분해효소로 가수분해하면 약 20종류의 아미노산을 얻게 된다. 아미노산은 하나의 α-탄소원자에 amino기와 carboxyl기가 결합되어 있는 α-amino acid, 이웃탄소에 아미노기가 결합된 β-amino acid, 하나 건너의 탄소에 아미노기가 결합된 γ-amino acid가 있다. 그러나 단백질을 구성하고 있는 아미노산은 대부분이 α-아미노산이다.

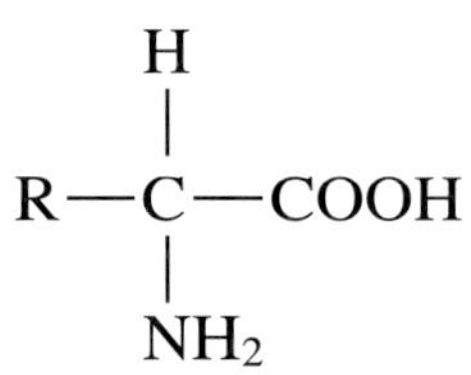

Non-ionic amino acid

표 2-16 아미노산의 맛

단 맛	신 맛	쓴 맛	지 미
alanine glycine serine threonine	aspartic acid glutamic acid asparagine histidine-HCl	valine methionine arginine leucine isoleucine tryptophan histidine phenylalanine	glutamic acid-Na aspartic acid-Na

그리고 천연단백질을 구성하고 있는 아미노산은 glycine을 제외하고는 부제탄소원자를 갖기 때문에 광학활성을 나타내는 입체이성질체가 성립된다. 단백질을 구성하고 있는 아미노산은 모두 L-형이다. 즉, 카르복실기를 위쪽에 썼을 때 아미노기가 왼쪽에 있는 것을 L-형이라고 하고, 오른쪽에 있는 것을 D-형이라고 한다.

아미노산은 분자 중에 아미노기(–NH_2)와 카르복실기(–COOH)를 가지고 있기 때문에 구성하고 있는 아미노기와 카르복실기의 수에 따라서 중성 아미노산 · 산성 아미노산 · 염기성 아미노산으로 분류하며, 또는 측쇄(side chain)인 R의 종류에 따라서 지방족 아미노산 · 함황 아미노산 · 방향족 아미노산 · 환상 아미노산 등으로 분류하기도 한다. 순수한 아미노산은 무색의 결정으로 물에 잘 녹으며, 알코올과 같은 유기용매에는 녹기 어렵다.

그리고 분자량이 적은 저급 아미노산은 단맛이 있고, 고급 아미노산은 쓴맛과 떫은맛을 낸다.

표 2-17 대표적인 아미노산 20가지

이름	약자	필수여부	구 조
글리신 Glycine	Gly	No	$H-CH(NH_3^+)-COO^-$
알라닌 Alanine	Ala	No	$CH_3-CH(NH_3^+)-COO^-$
페닐알라닌 Phenylalanine*	Phe	Yes	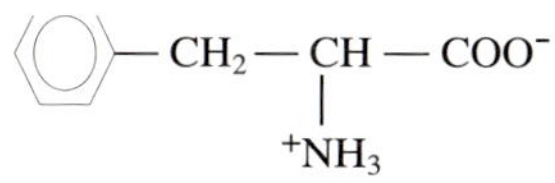

이름	약자	필수여부	구조
발린 Valine*	Val	Yes	$CH_3-CH(CH_3)-CH(^+NH_3)-COO^-$
류신 Leucine*	Leu	Yes	$CH_3CH(CH_3)CH_3-CH(^+NH_3)-COO^-$
이소루신 Isoleucine*	Ile	Yes	$CH_3CH_2CH(CH_3)-CH(^+NH_3)-COO^-$
프롤린 Proline	Pro	No	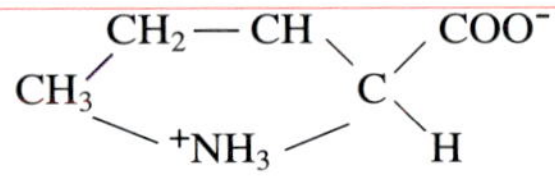
메더오닌 Methionine*	Met	Yes	$CH_3-S-CH_3CH_3-CH(^+NH_3)-COO^-$
세린 Serine	Ser	No	$HO-CH-CH(^+NH_3)-COO^-$
트레오닌 Threonine*	Thr	Yes	$CH_3CH(OH)-CH(^+NH_3)-COO^-$
아스파라긴 Asparagine	Asn	No	$H_2N-C(=O)-CH_2-CH(^+NH_3)-COO^-$
글루타민 Glutamine	Glu	No	$H_2N-C(=O)-CH_2CH_2-CH(^+NH_3)-COO^-$
시스테인 Cysteine	Cys	No	$HS-CH_2-CH(^+NH_3)-COO^-$
더로신 Tyrosine	Tyr	No	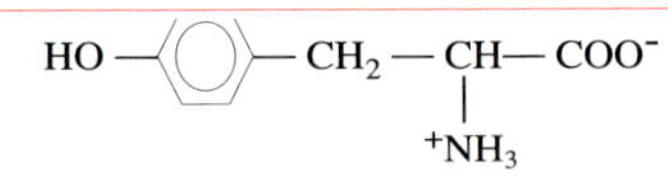
트립토판 Tryptophan*	Trp	Yes	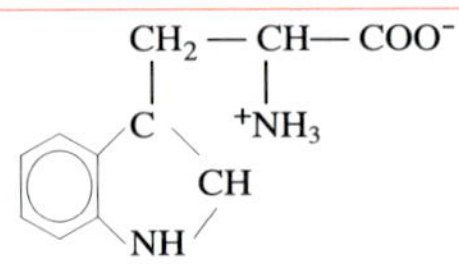
라이신/리신 Lysine*	Lys	Yes	$H_2N-CH_3CH_3CH_3CH_3-CH(^+NH_3)-COO^-$

이름	약자	필수여부	구조
알기닌 Arginine	Arg	*	$H_2N-C(-^+NH_3)-NHCH_2CH_3CH_3-CH(-^+NH_2)-COO^-$
히스티딘 Histidine	His	†	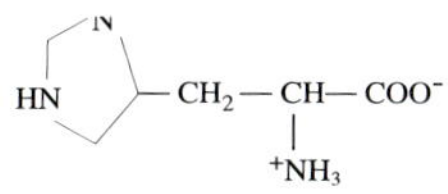
아스파르트산 Aspartic acid	Asp	No	$HOOC-CH_2-CH(-^+NH_3)-COO^-$
글루탐산 Glutamic acid	Glu	No	$HOOC-CH_2CH_2-CH(-^+NH_3)-COO^-$

* 성인에게 필수적으로 요구되는 아미노산

(1) 지방족 중성 아미노산

① glycine : 가장 간단한 아미노산으로 gelatin이나 fibroin 등과 같은 동물성 단백질에 존재하며, 용액은 단맛이 있다.
Rational Formula : H_2N-CH_2-COOH

② alanine : 체내에서 합성되며, 모든 단백질에 함유되어 있다. 특히 체내에서 3대 영양소의 상호 대사작용에 관여하는 아미노산이다.
Rational Formula : CH_3-CHNH_2-COOH

③ valine : 필수아미노산이며, 모든 단백질에 존재하고, 특히 우유 단백질인 casein에 8% 정도 함유되어 있다.

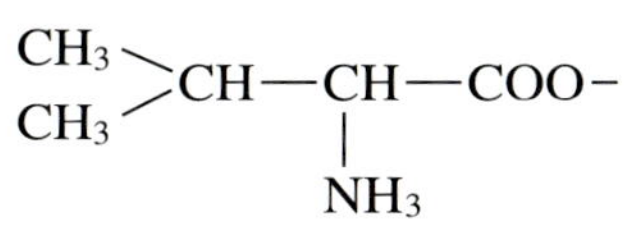

④ leucine : 필수아미노산으로 모든 단백질에 광범위하게 존재하며, 우유와 치즈에 비교적 많이 함유되어 있다.

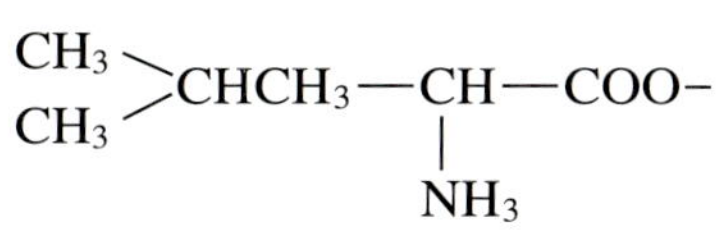

⑤ isoleucine : 필수아미노산으로 leucine과 함께 존재하며, 효모의 작용에 의해 amylalcohol로 변하여 퓨젤유(fusel oil)의 주성분이 된다.

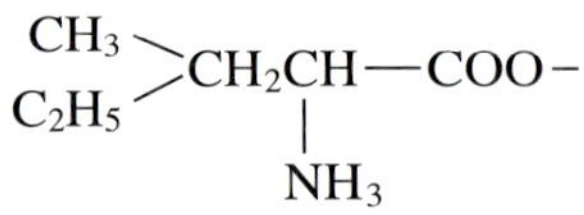

⑥ threonine : 필수아미노산으로 동물성 단백질, 특히 혈액의 fibrinogen에 많이 함유되어 있으며, 식물성 단백질에는 그 함량이 비교적 적다.

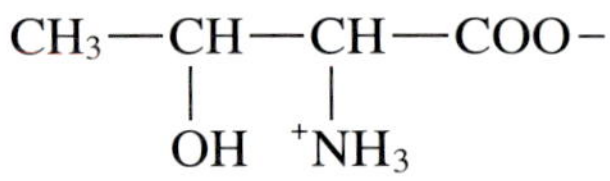

⑦ serine : 체내에서 합성이 가능하며, 누에고치 중의 sericine에 비교적 많이 함유되어 있고, 일반적인 단백질 중의 함유량은 비교적 적은 편이다.
Rational Formula : $HO-CH-{}^{+}NH_3-COO-$

(2) 산성 아미노산

① asparagine

가수분해되면 aspartic acid와 NH_3가 생성되며, 단맛이 있다. asparagus, 두류, 감자, 사탕무 등이 발아할 때 특히 많다.

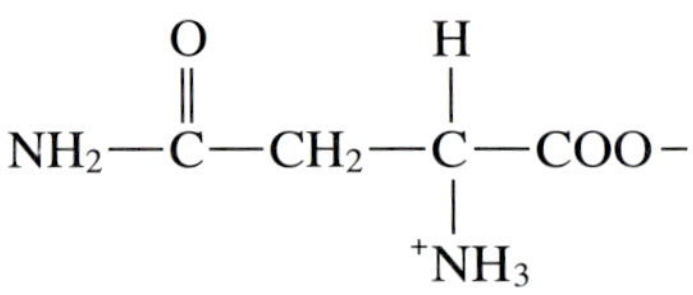

② aspartic Acid

모든 단백질에 널리 분포하며, 특히 글로불린에 많이 함유되어 있고, 아스파라거스나 카세인 등에도 함유되어 있다.

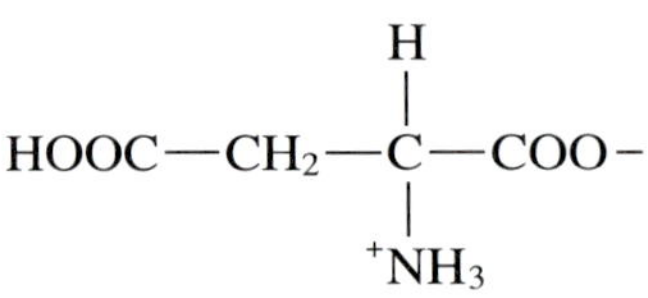

③ glutamic Acid : 체내에서 합성이 가능하며, 식물성 단백질인 gliadin, zein, hordein 등에 30～40% 정도 함유되어 있다. 특히 채소 중에 존재하는 Na-glutamate(M.S.G)는 조미료의 주성분이다.

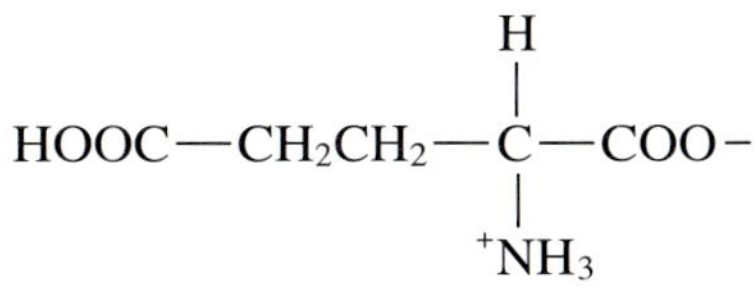

④ glutamine : 주로 식물성 식품 중에 존재하며, 특히 사탕무의 즙 내에 많이 함유되어 있고, 포유동물의 혈액 중에도 함유되어 있다.

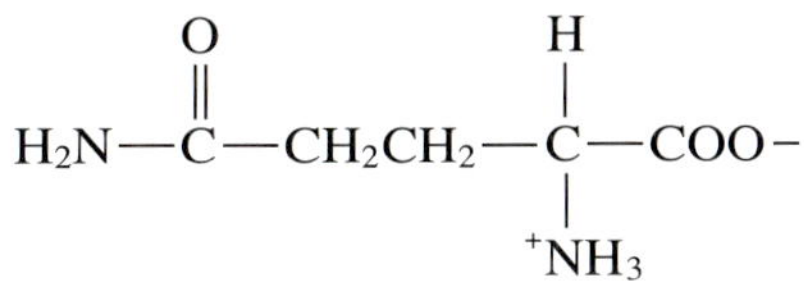

(3) 염기성 아미노산

① lysine : 필수아미노산으로 동물의 성장에 관여하며, 동물성 단백질에 많이 함유되어 있고 식물성 단백질에는 함량이 부족하다. 그러므로 곡류를 주식으로 하는 경우에 결핍되기 쉬운 아미노산이다.

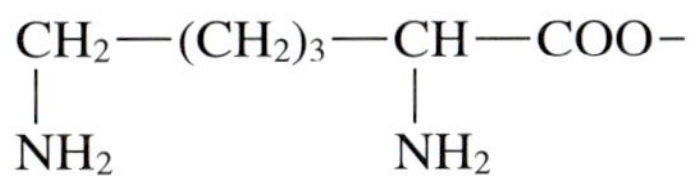

② arginine : 어린이나 동물의 성장에 관여하기 때문에 준필수아미노산이라고 한다. 모든 단백질에 존재하며, 특히 histone이나 protamine과 같은 생선 단백질에 많이 함유되어 있다. 분해 효소인 arginase에 의해 가수분해되면 요소와 ornithine이 생성된다.

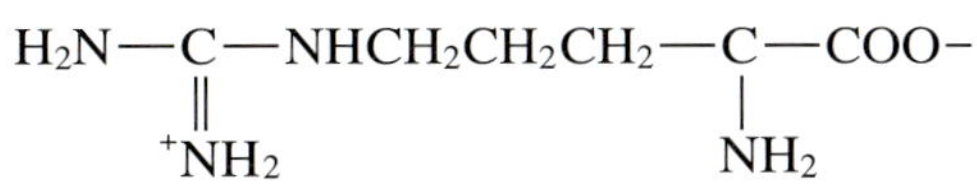

③ Histidine : Imidazole핵을 가진 환상 아미노산의 일종으로, 어린이에게 있어서 필수아미노산이다. 헤모글로빈과 프로타민에 비교적 많이 함유되어 있으며, 특히 부패성 세균에 의해 히스타민을 생성한다.

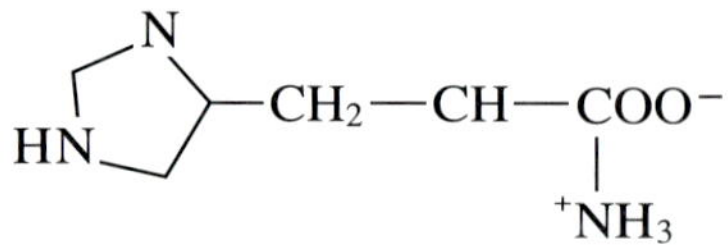

(4) 함황 아미노산

① methionine : 필수아미노산으로 체내에 부족한 경우에 시스틴으로 대용될 수 있다. 천연 아미노산으로 혈청 알부민이나 우유의 casein에 비교적 많고, 간의 기능과 관계가 있는 중요한 아미노산이다.

$$CH_3-S-CH_3CH_2-\underset{{}^{+}NH_3}{\underset{|}{CH}}-COO^-$$

② cysteine : 체내의 산화와 환원에 중요한 작용을 하며, 구조상으로 볼 때 cystine을 반으로 쪼갠 것과 같다. 그러므로 시스틴을 환원하면 얻을 수 있고, 유리 상태의 cysteine은 불안정하기 때문에 쉽게 산화되어 시스틴(cystine)으로 변한다.

$$HS-CH_2-\overset{H}{\overset{|}{\underset{{}^{+}NH_3}{\underset{|}{C}}}}-COO^-$$

③ cystine : 체내에서 산화와 환원의 평형 유지에 관여하며 손톱 · 뿔 · 머리카락 등의 Keratin에 많이 함유되어 있다. 그 밖에도 gliadin, serum albumin 등에도 존재하며, 체내에서 메티오닌이나 시스테인으로부터 만들어진다.

Guide

• **Cystine**(시스틴)

단백의 소화 또는 산(酸)의 가수분해에 의하여 생성되는 아미노산

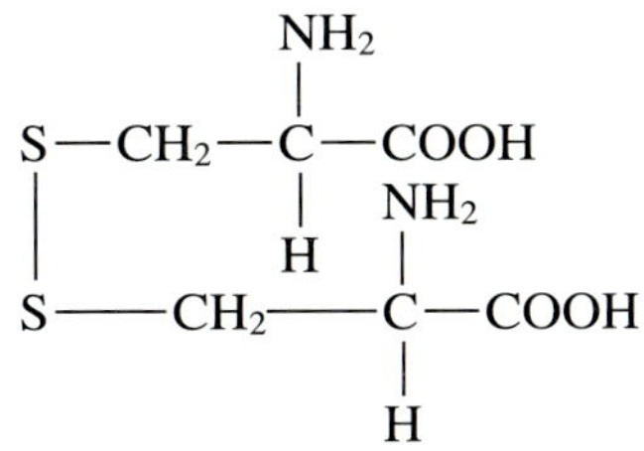

(5) 방향족 아미노산

① phenylalanine : 필수아미노산으로 환상 아미노산의 일종이다. 대부분의 단백질에 존재하며, 특히 헤모글로빈이나 ovoalbumin에 많이 함유되어 있다. 체내에서 티로신(tyrosine)의 합성에 모체가 된다.

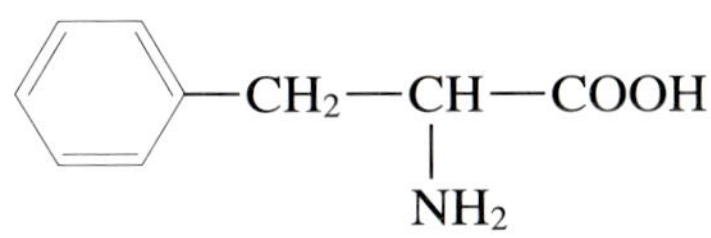

② tyrosine : 대부분의 단백질에 존재하며, 필수아미노산인 phenylalanine을 다소 보충하는 작용으로 중요한 결정성의 아미노산이다. 효소인 tyrosinase의 작용으로 갈색 색소인 멜라닌(melanin)을 형성한다.

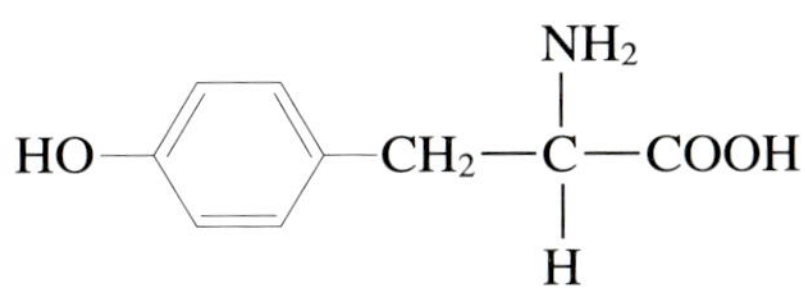

(6) 아미노산

① proline : collagen과 같은 연골조직이나 prolamine에 많고, 젤라틴(gelatin)과 카세인(casein)에도 함유되어 있다. 구조상 pyrol핵을 가지며 영양상 중요하지 않다.

프롤린은 주로 다른 아미노산에 존재하는 1차 아미노기 대신, 2차의 아미노기를 가지고 있으며, 단백질의 가수분해과정을 통해서 얻는다.

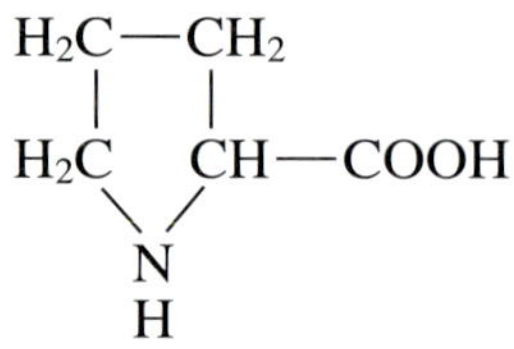

② hydroxyproline : 구조상으로 볼 때 proline에 −OH기가 하나 들어 있는 것으로, 프롤린의 산화에 의해 생성되며 콜라겐에 존재한다.

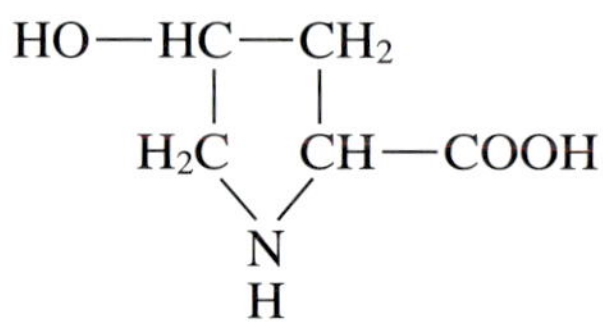

③ tryptophan : 필수아미노산으로 구조상 indol핵을 가진 염기성 아미노산의 일종이다. 주로 동물성 단백질에 많고 옥수수 단백질인 zein에는 함유되어 있지 않다.

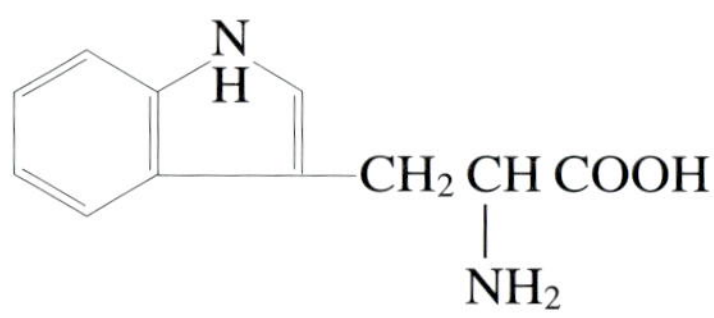

2. 아미노산의 성질

(1) 양성 전해질(兩性電解質, ampholyte)

아미노산은 한 분자 중에 아미노기와 carboxyl기를 가지고 있기 때문에 전기적으로 양이온과 음이온이 분자내염(inner salt), 즉 양성이온(zwitter ion)으로 존재한다.

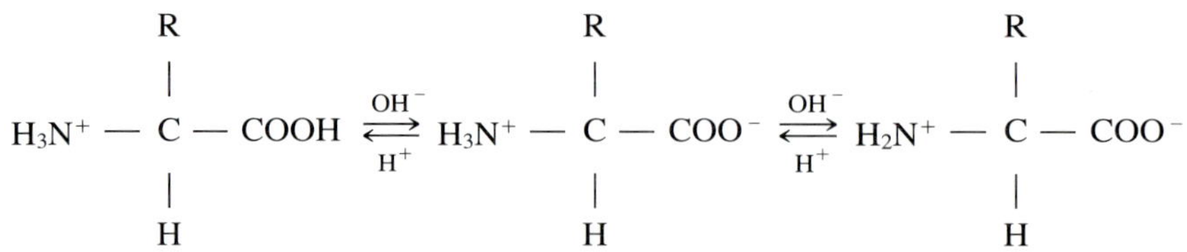

산 성　　　　　　중 성　　　　　　알칼리성

산성 용액 내에서는 양이온이 되고, 알칼리성 용액에서는 음이온으로 존재하며, 그 중간에서는 양전하와 음전하가 같은 수 만큼 함께 존재하므로 아미노산의 전하는 전체적으로 0이 된다. 이와 같이 전하가 (+)이온과 (−)이온을 동시에 갖는 아미노산 용액의 pH 점을 **등전점**(isoelectric point)이라고 한다.

등전점에서 아미노산은 불안정하기 때문에 침전되기 쉽고, 용해도 · 삼투압 · 점도 등은 최소가 되며, 반대로 기포성과 흡착성은 최대가 된다.

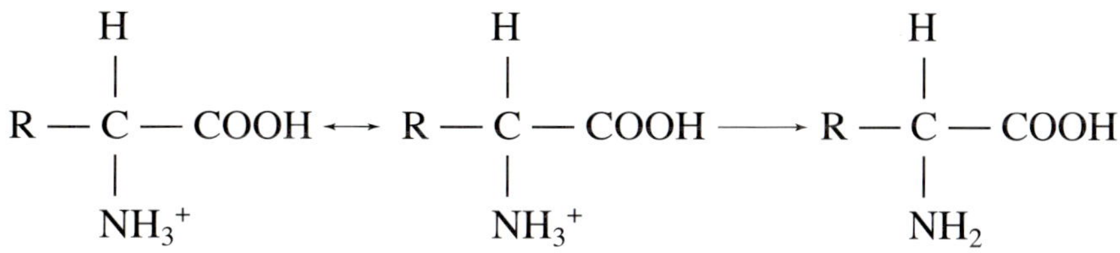

Cation amino acid　　Dipolar amino acid　　Anion amino acid

(1) 선광성(旋光性)

glycine을 제외한 모든 아미노산은 비대칭 탄소원자(asymetric carbon atom)를 가지고 있으므로 광학적으로 활성을 갖는다. 즉 D−형과 L−형이 존재하며, 천연 단백질을 구성하는 아미노산은 모두 L−형이다. 아미노산의 선광도는 아미노산 용액의 농도에 비례하며, 선광성에 영향을 미치는 요인은 용액의 pH, 온도, 용매의 종류, 아미노산의 종류와 측쇄에 영향을 받는다. 그리고 천연의 L−형 아미노산은 가열 또는 알칼리 처리를 하면 광학적 불활성체인 racemic화가 일어난다.

3. 단백질의 분류

단백질의 종류는 다양하기 때문에 구조적 특징에 따라서 섬유상 단백질과 구상 단백질로 분류하며, 출처에 따라서 식물성 단백질과 동물성 단백질로 구분하는 경우가 있고 용해성에 따라서 분류하기도 한다.

단순 단백질은 가수분해했을 때 아미노산만이 생성되는 단백질을 말하며, 복합 단백질은 아미노산과 핵산 또는 당 등과 같은 비단백 성분이 결합된 단백질을 말한다. 유도 단백질은 단순 단백질이나 복합 단백질과 같은 천연 단백질이 물리 화학적 작용이나 산소의 작용을 받아 분해된 단백질을 말한다.

여기에서는 편의상 단백질의 구성 성분에 따라 단순 단백질, 복합 단백질, 유도 단백질 등 크게 3가지로 분류하기로 한다.

(1) 단순 단백질(Simple Protein)

단순 단백질은 아미노산들만으로 구성되어 있는 단백질이다. 따라서 단순 단백질은 가수분해 시에 아미노산 이외에는 다른 분해물질은 생성되지 않는다. 단순 단백질에는 알부민, 글로불린, 젤라틴, 프롤라민, 알부민노이드, 히스톤, 프로타민 등이 있다. 단순 단백질은 단백질의 용해 특성에 따라 분류하며 이런 분류 접근법은 단백질의 분류에서 매우 중요하다. 표 2-19는 단순 단백질의 용해도별 분류를 나타낸 표이다.

① albumin : 물, 묽은산, 묽은 알칼리, 염류 용액에 잘 녹는 단백질로 가열하거나 알코올에 의하여 응고한다. 비교적 분자량이 적은 단백질로 모든 동식물체에 수용액 상태로 존재하고, 75°C에서 응고되며, 특히 약산성(pH 4～6)에서 응고되기 쉽다.

동물성으로는 달걀(ovalbumin), 우유(lactoalbumin), 혈청(serumalbumin), 근육(myogen) 등이 있고, 식물성으로는 보리(leucosin), 콩류(legumelin) 등이 여기에 속한다. 알부민은 인체 피 속에서 여러 물질과 결합하거나 혈관의 삼투압을 유지하는 중요한 역할을 한다.

> Guide
>
> • **Albumin(알부민)**
>
> 알부민은 인제 내 음식물 섭취를 통해 하루 6~15g 정도가 간에서 생성되며, 300g 정도이며 간의 대사가 정상적으로 이루어지 지 않을 경우 혈액에서 추출 후 주사기를 통해 투여

② globulin : 물에는 녹지 않고, 염류 용액이나 묽은산 또는 묽은알칼리 용액에는 잘 녹는다. 가열에 의해 응고하며 동식물성 식품에 많이 존재한다.

동물성 식품으로는 유즙(lactoglobulin), 근육(actin), 난백(lysozyme) 등이 있다. 그리고 식물성으로는 대두(glycinin), 감자(tuberin), 땅콩(arachin) 등이 여기에 속한다.

③ glutelin : 묽은산이나 알칼리 용액에 잘 녹으며, 물이나 중성염류 용액에는 녹지 않는다. 식물성 식품 중에서도 주로 곡류에 존재한다. 보리(hordenin), 쌀(oryzenin), 밀(glutenin) 등이 있다.

④ prolamin : 70～80% 알코올 용액에 잘 녹으나, 물 또는 염류 용액에는 녹지 않는다. prolamin은 주로 곡류에만 존재하며, 다량의 proline과 glutamic acid을 함유한 단백질이다. 옥수수(zein), 밀(gliadin), 보리(hordein) 등이 있다.

표 2-18 단순 단백질의 분류

성분명	특징과 함유 물질	출 처
Albumins	• 물과 묽은 염류 용액에 잘 녹음 • 가열에 의해 응고됨 • 염류 용액의 경우 농도증가 시 결정성 침전 생성	leucosin(맥류), legumelin(두류) phaseolin(강낭콩), myogen(육류), lactalbumin(우유), ovalbumin(난백)
Globulins	• 물에는 불용성 • 중성염의 묽은 용액에는 가용성 • 가열에 의해 응고 • 항산암모늄의 반포화 용액에 의해 침전 • 주로 저장단백질임	legumin(대두), vicilin(대두), conphaseolin(강낭콩), arachin(땅콩), avenalin(호밀), maysin(옥수수), tuberin(감자), myosin(육류), lactoglobulin(우유), ovoglobulin(계란)
Prolamins	• 물 또는 중성염류용액에 불용성 • 70 ~ 80% 에탄올 수용액과 저급 알코올 수용액에 잘 녹음 • 알칼리 용액에도 잘 녹음 • 주로 식물성 식품에 주로 존재 (hordein, gliadin, zein 등)	
Histones	• 물에 잘 녹고, 산성 용액에도 잘 녹음 • 묽은 ammonium hydroxide에는 녹지 않음 • 가열에도 응고되지 않고, 알칼리 용액에 의해 침전됨 • 염기성 단백질로 arginine과 lysine이 많이 함유됨 • 세포의 핵단백질 내에 핵산과 결합하여 존재 • scombrone과 같은 동물성 단백질에만 함유 • globin(적혈구), thymushistone (흉선) 등에 존재	scombrone(고등어)
Glutelins	• 묽은 산과 알칼리에 녹음 • 곡류에 존재 (oryzenin, glutenin 등)	
Protamins	• 물과 묽은 산에 잘 녹음 • 70 ~ 80%가 염기성 아미노산으로 구성 • 분자량이 적어 5000 정도 • 핵단백질 형태로 salmine, culpene, scombrine, sturine 등과 같은 동물성 단백질에 존재	salmine(연어) culpeine(청어) scombrone(고등어) sturine(상어)
Albuminoids	• 물, 유기용매와 소화효소에도 작용을 받지 않음 • 경성단백질이라 부름 • 결체조직, 연골, 손톱, 뿔, 머리카락과 피부의 주성분임 • keratin(머리카락, 손발톱, 피부, 깃털의 주성분), collagen(뼈, 연골, 결체조직 성분의 경단백질), elastin(동맥과 같은 탄력성 결체조직에 존재, 탄성 섬유의 불용성 단백질), fibroin & sericin(누에고치 섬유 구성 단백질)	

⑤ protamine : 묽은산이나 물에 잘 녹으며, 비교적 저분자상태로 arginine을 다량 함유하는 염기성 단백질이다. 가열에 의해서도 응고하지 않으며, 식물성 식품에는 없고 동물성 식품에만 존재한다. 청어(clupeine), 고등어(scombrone), 연어(salmine) 등이 있다.

⑥ histone : 묽은산이지만 수용성을 지니고 있는 것으로 lysine과 arginic acid를 다량 함유하고 있는 염기성 단백질로 함황 아미노산을 가지고 있다. 알칼리 용액에 의하여 침전되며, 주로 동물체의 조직 중에 존재한다. 식품 중에 존재하는 것으로 중요한 것은 없으며, 적혈구(globin)과 고등어(scombrone) 등이 여기에 속한다.

⑦ albuminoid : 섬유상 단백질로 **경단백질**(scleroprotein)이라고도 한다. 물이나 유기용액에 녹지 않으며, protease의 작용도 받지 않는다. 동물체에만 존재하며, 주로 조직을 형성하여 몸을 보호하는 작용을 하는 단백질이다. scleroprotein은 glycine과 proline은 많이 함유하고 있으나 tryptophan, tyrosine, cystine 등이 없기 때문에 영양적인 가치는 낮다. 연골(collagen), 결체 조직(elastin), 모발, 손톱(keratin) 등에 분포한다. collagen은 물과 함께 오랫동안 가열하면 gelatin으로 변화하는 특징이 있다.

(2) 복합 단백질(Conjugated Protein)

① 인단백질(Phosphoprotein) : 단순 단백질에 인산이 결합한 상태의 물질로 단백질 중의 serine의 수산기와 인산이 배합군(prosthetic group)으로 결합되어 있다. 자연상태에서는 Ca^{+}염으로 존재하는 산성 단백질로 묽은알칼리 용액에 잘 녹는다. 식물성 식품 중에는 거의 없고 동물성 식품에 많이 존재한다. 우유(casein), 난황(vitellin), 난황(hematogen) 등이 여기에 속한다.

② 지단백질(Lipoprotein)

리포 단백질은 α - 아미노산에 지방질이 결합되어 있는 것으로 지방질 부분은 종류에 따라서 질과 양이 각각 다르다. 그러나 지질 부분은 lecithin과 cephalin 등의 인지질이 많다. 난황(lipovitellin)이 여기에 속한다.

③ **핵단백질**(Nucleoprotein) : 핵산과 단순 단백질이 결합된 것으로 세포핵 중에 주로 존재한다. 핵단백질의 단백질은 주로 histone과 protamin이며, 식품으로서의 중요성은 식품의 맛과 관련이 있다.

④ **당단백질**(Glycoprotin) : 단순 단백질이 탄수화물 또는 그 유도체와 결합한 것으로 탄수화물의 양이 비교적 많다. 주로 동물계에 존재하며 식물계에는 점질물 내에 일부 들어 있을 뿐이다. 소화액(mucin), 혈청(mucoid), 난백(ovomucoid) 등이 있다.

⑤ **색소단백질**(Chromoprotein) : 색소(pigment)를 가진 단순 단백질로 산소운반, 호흡작용, 산화환원작용에 관계한다. 혈액(hemoglobin), 근육(myoglobin), 체조직(cytochrome), 녹색잎(phyllochlorine), 시홍(rhodopsin) 등이 있다.

⑥ **금속단백질**(Metaloprotein) : 금속단백질은 금속(Fe, Cu, Zn)과 단순 단백질이 결합된 복합 단백질이다. 색소단백질인 hemoglobin과 myoglobin도 철을 함유한 금속단백질이다. 철 단백질로서 췌장(ferritin), 구리 단백질에 연체동물 혈액(hemocyanin), tyrosinase, polyphenolase, ascorbinase 등이 산화효소들이며, 아연단백질로는 췌장(insulin) 등이 중요한 금속단백질로 분류된다.

(3) 유도 단백질(Derived Protein)

단순 단백질 또는 복합 단백질이 화학적 또는 산소의 작용에 의하여 약간 변화되거나 물리적으로 변성된 단백질을 말한다. 유도 단백질은 변성된 정도에 따라서 1차 유도 단백질과 2차 유도 단백질로 나눈다.

유 중의 casein이 응유효소인 rennin의 작용을 받아 응고되어 paracasein으로 된 것과 collagen을 물과 함께 장시간 가열하여 얻은 gelatin 등, 그 밖에도 protean 및 산이나 알칼리와 결합한 metaprotein 등은 **1차 유도 단백질**이다. 그리고 단백질이 약간의 가수분해를 받아서 생성된 proteose나 peptone 등과 같이 아미노산까지 분해되기 전의 중간 생성물을 **2차 유도 단백질**이라고 한다.

4. 단백질의 구조

단백질은 여러 종류의 아미노산들이 아미노기와 카르복실기 사이에 이루어진 펩티드 결합을 한 고분자 화합물이다. 펩티드(Peptide) 결합이란 한 분자의 아미노산이 가지고 있는 카르복실기와 다른 아미노산의 아미노기가 반응하여 탈수축합으로 -CO — NH- 형태로 결합한 것을 말한다.

단백질을 구성하는 폴리펩티드(polypeptide)의 아미노산 배열 순서를 단백질의 **1차 구조**라고 한다. 즉, 다수 아미노산이 펩티드 결합을 이룬 폴리펩티드에 의해서 단백질의 분자가 형성된다.

천연 단백질은 폴리펩티드가 구부러져서 복잡한 입체 구조를 나타내고 있다. 여기에 관여하는 결합을 보면 단백질의 표면에는 이온성의 해리(解離)기와 친수성의 측쇄가 생기며, 내부에서는 소수성의 측쇄와 펩티드 결합을 이룬 형태가 된다.

단백질의 펩티드 결합을 안정하게 하는 것은 나선형의 α-helix 구조와 병풍 모양으로 주름진 β-구조로 생각할 수 있다. 이때 α-helix 구조를 안정하게 하는 것은 **수소결합**(hydrogen bond)이다. 이와 같이 펩티드 사슬 사이의 수소 결합에 의해 안정화된 구조를 **2차 구조**라고 한다.

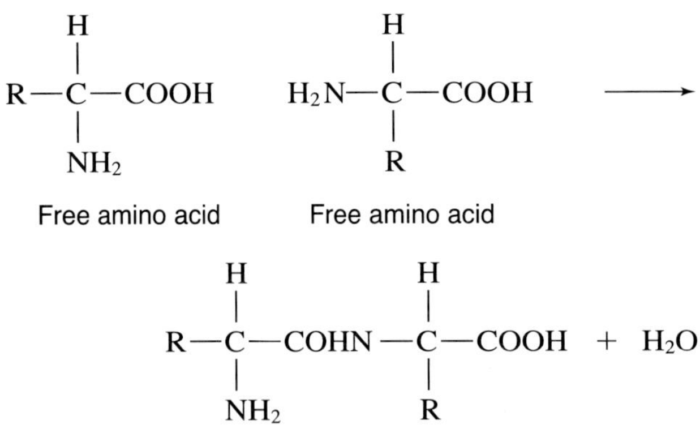

그림 2-22 아미노산의 펩티드 결합 생성

펩티드 사슬에 존재하는 cysteine 잔기에 의해 형성된 disulfide 결합(S-S), 산성 아미노산 잔기의 카르복실기(— COOH)와 염기성 아미노산 잔기의 아미노기 간의 염 결합, alanine 또는 leucine 등과 같은 소수성 아미노산 잔기에 의한 소수성 결합, 수소 결합 등에 의해서 형성되는 공간적 입체배위를 **3차 구조**라고 한다.

몇 개의 단백질 분자가 모여서 한 개의 기능을 갖는 단백질의 집합체를 이룬 상태의 구조를 **4차 구조**라고 하는데, 집합체의 기본 단위가 되는 하나하나의 단백질을 subunit(생물 기본 구성단위)라고 한다.

단백질은 3차 구조에 의해 섬유상 구조와 구상 구조로 구별된다. 섬유상 단백질(fibrous protein)은 섬유 모양의 길다란 사슬로 연결되어 안정하며, 불용성인 것으로 젤라틴(gelatin), 콜라겐(collagen), 케라틴(keratin), 피브로인, 견사(fibroin) 등이 이에 속한다.

구상 단백질(globular protein)은 영양적으로 우리에게 중요한 단백질이고, polypeptide 사슬이 중첩되어 타원형인 것으로 용매에 가용성이며 알부민이나 글로불린 등이 있다.

5. 단백질의 변성

일상에서 단백질 식품은 대부분 열로 가열한 후 섭취하게 된다. 육류들은 직화 혹은 훈제 등의 방법으로 가열처리하고, 달걀 역시 삶거나 frying 처리 후 먹는 일반적인 체내흡수 방법이다. 중국요리의 피단 같은 경우는 오리알을 석회, 점토, 소금과 겨 등에 장기간 침전시킨 후 먹는다.

이러한 처리 과정을 거치게 되면 단백질은 본래의 형태를 잃고 색, 형태, 점도, 맛, 향 등에 변화를 일으키게 된다. 이러한 일련의 과정들은 단백질의 변성(denaturation)이라 지칭한다.

(a) - Lys - Ala - His - Gly - Lys - Lys - Val - Leu - Gly - Ala -
1차 구조(1개의 폴리펩티드 사슬을 구성하는 아미노산의 서열)

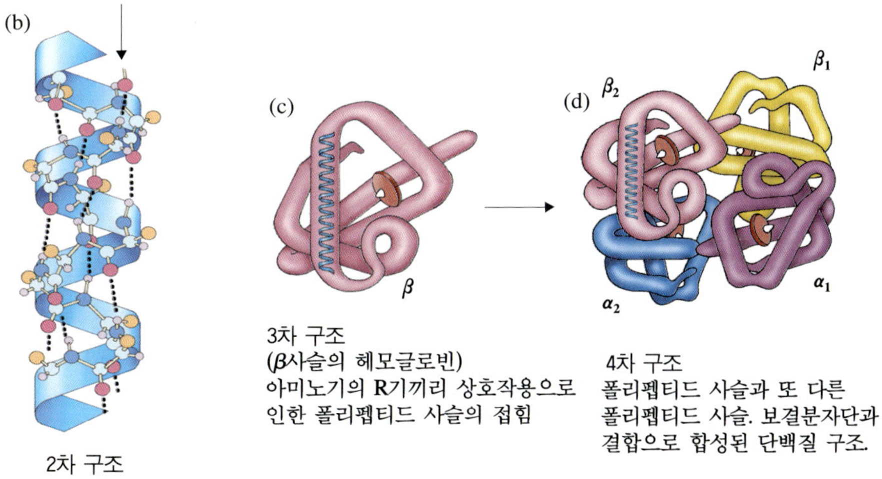

그림 2-23 헤모글로빈의 단백질 구조

단백질의 변성이란 단백질이 물리적 요인(가열, 건조, 교반, 압력, 동결 등)과 화학적 요인(산성, 염기성, 요소처리, 유기용매, 중금속) 등에 의하여 1차 구조의 변화없이 2차, 3차, 4차 구조로 여러 가지 성질로 변화하는 현상을 말한다.

(1) 단백질 변성 시 나타나는 특성의 변화

① 용해도의 감소가 두드러지게 나타난다. 변성되지 않은 단백질의 소수성 부분은 단백질의 내부에 모여 있는 구조를 갖지만, 변성이 일어나게 되면 이들 소수성 부분이 표면으로 나오게 되어 용해도가 급격하게 떨어지게 된다.

② 다른 화학물질에 대한 반응성이 증가하게 된다. 단백질이 변성되면 여러 작용기들이 표면 쪽으로 옮겨지고, 소화효소나 다른 화학물질과의 반응 표면이 증가하게 되어 반응의 전달이 효과적으로 이루어지게 된다.

③ 응고가 되거나 겔화가 일어난다. 용해도의 감소는 단백질의 유동성을 상실시켜 점도를 증가시키고 결과적으로 망상구조의 겔을 형성하게 한다.

④ 생물학적 활성이 소실된다. 삶은 달걀로 살아 있는 병아리를 부화시키는 일은 현실적으로 불가능한 일이다. 즉 변성이 일어나면 단백질의 구조가 변화하기 때문에 단백질이 가지고 있는 생물학적 특성들을 모두 잃어버리게 된다.

⑤ 단백질이 물리적 · 화학적인 요인 발생 후에 고유의 선광도와 등전점의 변화가 나타난다.

(2) 단백질의 변성에 영향을 주는 인자

① 가열에 의한 변성

물리적 요인과 화학적 요인이 있는데, 물리적 요인 중 가장 중요한 것은 가열에 의한 변성이다. 가열을 하게 되면 열에너지의 공급에 의해 수소결합과 같은 약한 화학결합들이 끊어지게 되고 원래의 형태를 잃어버린다. 일반적으로 단백질은 대개 55 ~ 75°C에서 변성과 응고 현상이 일어난다.

② 동결에 의한 변성

수분 동결에 따라 단백질 분자의 상호결합 촉진과 염류의 농축 또는 pH의 감소에 의해 단백질 분자의 상호결합이 촉진되어 변성이 일어난다.

③ 건조에 의한 변성

육단백질의 건조에 의해 염류농축(염석) 및 응집으로 인하여 변성이 촉진된다. 하지만 동결건조의 경우는 변성이 거의 일어나지 않아 흡수성과 복원성이 좋다.

④ 표면장력에 의한 변성

달걀흰자를 강하게 저어서 기포를 형성시키거나 제빵공정에서 글루텐(gluten)의 얇은 막이 형성되는 것과 같은 경우가 바로 여기에 해당된다. 표면장력에 의한 변성은 단백질의 단분자막이 변성되어 불용성의 막을 형성하여 발생하게 된다.

⑤ 산과 알칼리에 의한 변성

화학적 요인으로는 pH에 영향을 주는 산-알칼리에 의한 변성이 있다. 주로 산을 첨가할 경우는 단백질의 이온결합 부위에 변화가 일어나 구조적 변성이 생기게 된다. 생선의 초절임, 카세인(casein)의 등전점을 이용한 젖산 발효제품 등이 여기에 포함된다.

⑥ 알코올이나 아세톤과 같은 유기화합물의 첨가에 의한 변성

단백질에 유기용매가 첨가될 경우는 탈수작용이 일어나 변성, 응고, 침전 등이 발생한다. 계면활성제인 SDS 수용액을 넣을 경우는 친수성 원자단과 소수성 원자단 사이에 개입된 용약이 소수성 상호작용을 방해하여 변성이 일어나게 된다.

금속이온을 넣을 경우, 금속 양이온이 −COOH기와 더불어 염의 가교를 형성하여 변성 · 침전되게 된다. 이는 두부의 응고에서 간수를 넣는 것과 같은 원리이다.

그 밖에도 황산암모늄과 황산나트륨과 같은 중성염을 등전점이 변하지 않는 범위에서 소량 첨가하면 단백질 분자 간의 인력을 약화시켜 단백질의 가용화가 촉진되며, 알칼로이드 시약은 단백질의 아미노기와 극성 결합을 하기 때문에 변성과 침전을 일으킨다. 또한 고압처리에 의해서도 변성이 일어난다.

이상과 같이 단백질의 변성은 많은 물리 · 화학적 요인들에 의해 일어나고, 이는 단백질을 이용하는 생화학 · 미생물학뿐만 아니라 조리에서도 가장 기본이 된다.

6. 단백질의 성질

(1) 용해성

단백질의 분류에 이용되는 것으로 알부민(albumin)과 같이 수용성인 것과 케라틴(keratin)과 같이 불용성인 것이 있다.

단백질의 용해성은 대부분 아미노산 측쇄의 양(+) 또는 음(−) 이온의 해리성에 의해 결정된다. 단백질의 분자 중에 asparagine이나 arginine의 측쇄와 같이 해리성 원자단이 많이 존재하는 것이나 분자표면에 발린(valine), 류신(leucine)의 측쇄와 같은 소수성의 원자단이 존재하는 경우에는 난용성이다.

단백질의 용해도는 등전점에서 최소가 되고, 중성염을 첨가하면 감소되며 침전이 일어난다. 이러한 현상을 염석(salting out)이라고 하며 단백질의 분리와 정제에 이용된다.

(2) 흡수 스펙트럼

단백질은 자외선 흡수대를 갖는데 240nm 부근에서 최소값을 나타내며, 275~285nm에서 최대값을 갖는다.

표 2-19 주요 단백질의 등전점

단 백 질	등전점(Ip)	단 백 질	등전점(Ip)
ovalbumin	4.5	collagen	4.8~5.3
gliadin	6.5	myoglobin	7.0
zein	5.8	casein	4.6~4.9
pepsin	2.2~2.6	hemoglobin	6.8

(3) 전기적 성질

단백질은 아미노산으로 구성되어 있기 때문에 전기적으로 양성 화합물이다. 그리고 단백질은 폴리펩티드를 형성하여 많은 아미노산 측쇄가 존재하므로 아미노산과 같이 등전점(isoelectric point)을 갖게 된다.

① 전기영동(electrophoresis) : 단백질을 완충액에 용해하여 U자관에 넣고 양쪽에 직류전극을 흐르게 하면 단백질은 pH에 대응하는 전하를 띠게 되므로 양극 또는 음극의 어느 한 쪽으로 이동하게 된다. 만약 그 pH에서 다른 전하를 갖는 단백질이 혼합되어 있으면 영동속도는 달라져서 분리된다. 이를 같은 전기적 분리기술이라고 한다.

② 등전점(isoelectric point) : 단백질 분자의 전하가 같은 상태의 pH를 단백질의 **등전점**이라고 하며, 등전점에서는 전기영동이 어느 쪽의 극성에도 이동하지 않는다. 등전점은 단백질의 종류에 따라서 다르며, 중성 단백질은 중성에 가깝고 산성 단백질은 산성 부근에 등전점이 있으며, 염기성 단백질은 염기성 쪽에 등전점이 있다.

(4) 정색 반응(呈色反應 color reaction)

① ninhydrin 반응 : 아미노산이나 peptide 또는 단백질의 중성 용액에 ninhydrin 용액을 넣고 가열하면 황색 → 청자색 → 적자색을 나타낸다.
이 반응은 아미노산에 대해 예민한 정색반응으로 아미노산 정량에 이용된다.

② folin 반응 : phenol 시약(sodium molybdenate, sodium tungstenate)은 단백질 중의 tyrosine, tryptophan, cysteine 등에만 반응하여 청색을 나타낸다.

③ biuret 반응 : 단백질 용액에 진한 알칼리 용액을 가하고 $CuSO_4$를 1～2방울 가하면 청자색을 나타낸다. 이 반응은 분자 중에 peptide 결합의 존재하에서 일어난다.

④ hopkins-Cole 반응 : 단백질 용액에 빙초산을 넣고 다시 진한 황산을 서서히 넣으면 경계면에 보라색이 생기는데, 이 반응은 단백질 분자 중의 트립토판이 가지고 있는 indol기에 의해 일어난다.

⑤ xanthoprotein Test : 단백질 용액에 진한 질산을 몇 방울 떨어뜨리면 흰색 침전이 생기고 다시 가열하면 황색을 나타낸다. 냉각 후 암모니아로 알칼리성화하면 등황색이 되는데, benzene핵을 가진 방향족 아미노산의 확인에 이용한다.

⑥ millon 반응 : 단백질 용액에 밀론시약을 가하면 흰색 침전이 생기고 가열하면 적색이 되는데, 이는 페놀 검출 반응으로 tyrosine의 존재유무를 확인한다.

7. 단백질의 영양가

단백질은 모든 영양소 중에서 가장 중요하며, 단백질이 없으면 생명활동을 유지하기 어렵다. 그러나 단백질의 종류에 따라서 영양효과의 차이가 있다. 일반적으로 동물성 단백질이 식물성 단백질보다 필수아미노산을 많이 함유하고 있기 때문에 영양적으로 우수한 급원식품이다.

식품 중의 단백질은 가공 · 조리 과정에서 변성되며, 저장에 의해서도 다소 변화가 일어난다. 단백질의 영양적인 가치는 구성하고 있는 아미노산의 조성에 의해 좌우된다. 즉, 필수아미노산의 종류와 그 함량에 따라서 결정된다.

단백질의 영양적 가치를 결정하는 방법으로는 여러 가지가 있으나, 일반적으로 단백가(protein score)와 생물가(biological value) 등이 많이 이용된다.

(1) 화학가(化學價, Chemical Score)

사람에 필요한 필수아미노산의 양을 함유하고 있는 전란(全卵) 단백질을 **기준 단백질**(reference protein)로 하여 전란 중의 필수아미노산량에 대한 다른 식품의 필수아미노산의 비를 백분율로 구한다. 이때 가장 적은 값의 필수아미노산을 그 식품 단백질의 **제1제한 아미노산**(first limiting amino acid)이라고 하며, 그 제한 아미노산의 값으로 화학가를 구한다.

$$\text{화학가} = \frac{\text{단백질 중의 제한 아미노산량}}{\text{전란 단백질 중의 해당 제한 아미노산량}} \times 100$$

(2) 단백가(蛋白價, Protein Score)

단백질을 가수분해하여 필수 아미노산 함량을 분석함으로써 단백질의 영양가를 판단하는 방법이다.

1957년에 FAO에서 필수아미노산의 표준 필요량을 정하여 비교 단백질과 식품 단백질이 가지고 있는 필수아미노산 중의 제 1제한 아미노산을 백분율로 구한다.

$$\text{단백가} = \frac{\text{식품 단백질의 제1제한 아미노산}}{\text{FAO의 표준구성 아미노산}} \times 100$$

표 2-20 필수아미노산의 표준 필요량과 쌀의 단백질

(100g 중의 mg 수)

아미노산	표준 단백질	쌀
isoleucine	270	322
leucine	306	545
lysine	270	236
phenylalanine	180	307
methionine	144	222
threonine	180	241
tryptophan	90	65
valine	270	415

(3) 생물가(生物價, Biological Value)

생물가는 섭취된 단백질의 질소 중 체내에 흡수된 질소와 체내에 보유된 질소의 비를 말하며, 체내에 보유된 질소가 많을수록 영양적으로 양질의 단백질이다.

표 2-21 식품 중의 단백가 및 제한 아미노산

식품	단백가	제한 아미노산
달 걀	100	–
우 유	79	methionine
쇠 고 기	81	tryptophan
쌀	70	tryptophan
옥 수 수	42	tryptophan
생 선	70	tryptophan
밀 가 루	47	lysine
감 자	56	tyrosine

위의 '흡수된 질소'란 섭취한 질소와 대변으로 배설되는 질소와의 차이를 말하며, '보유된 질소'란 섭취한 질소와 요(尿)중으로 배설되는 질소의 차이를 뜻한다. 이 때는 무단백식으로 시험했을 때의 대변 중 질소와 요중 질소를 고려해야 한다. 그 이유는 무단백식 외에서도 소화액의 효소 단백질과 소화관 내의 미생물 단백질이 배설되기 때문이다.

$$\text{생물가} = \frac{\text{보유된 질소}}{\text{흡수된 질소}} \times 100 = \frac{\text{섭취한 질소} - \text{뇨중 배설질소}}{\text{섭취한 질소} - \text{대변 배설질소}} \times 100$$

표 2-22 주요 식품의 생물가

식 품	생 물 가	식 품	생 물 가
달 걀	94	gluten	42
쇠고기	67	땅 콩	56
casein	68	쌀	75
생 선	72	옥수수	60

8. 식품 중의 단백질

단백질은 모든 생물체의 세포를 구성하고 있는 성분으로 동·식물성 식품에 존재한다. 특히 축육·어패류·달걀 등은 단백질이 주성분인 식품이며, 쌀·밀·옥수수와 같은 곡류식품도 단백질을 함유하고 있다.

식물성 식품 중에서 콩이나 땅콩 등은 단백질이 풍부한 것으로 지방도 많이 함유하고 있다. 그러나 야자, 과실, 해조류 등은 단백질을 소량 함유하고 있다. 주요 식품의 단백질 함량을 보면, 표 2-23에서 보는 바와 같다.

표 2-23 식품 중의 단백질량

식 품	함 량(%)	식 품	함 량(%)
백 미	6.8	쇠고기(등심)	19.5
찹 쌀	4.2	돼지고기(어깨살)	19.3
밀	10.5	닭고기(다리)	20.7
보 리	10.0	달 걀	12.5
대 두	35.3	오 징 어	17.0
두 부	6.8	고 등 어	19.8
땅 콩	25.4	우 유	2.9
감 자	2.0	치 즈	22.7
당 근	1.2	바 지 락	8.3

(1) 단백질 결핍증

① 콰시오커(Kwashiorkor)

② 마라스무스(Marasmus)

(2) 단백질 과잉증

① 체중 증가

② 체온 · 혈압 증가 (단백질은 특이동적 작용이 매우 강함)

③ 요독증

2-5 무기질(無機質, Mineral)

무기질은 식품을 550~600°C에서 열처리하여 완전히 연소시켰을 때 재로 남는 것을 말하며, 일반적으로 **회분**(ash)이라고 한다. 탄수화물이나 지질 등을 구성하고 있는 C와 H 등은 연소될 때 CO_2와 H_2O로 제거되고, 단백질의 N은 NH_3 또는 N_2로 날아가게 된다.

식품성분표에 나타내는 무기질 총량은 회분으로 표시되며, 식품 중에는 금속 또는 비금속의 형태로 존재하거나 무기염류 혹은 유기 화합물의 구성성분으로 존재하는 것도 있다.

무기질의 종류는 약 20여 종으로 인체 내에서 체중의 2% 정도를 차지하며, 염기성 원소(鹽基性元素 : Ca, Mg, Na, K, Fe, Cu, Co, Mn, Zn 등)와 산성 원소(酸性元素 : P, Cl, S, I, F, Si 등)로 나눈다. 이들 무기질은 식품과 함께 영양소로 섭취된다.

인체를 구성하고 있는 무기질의 원소조성을 보면 표 2-24와 같다.

표 2-24 인체의 원소조성 평균치

원 소	함유율(%)	원 소	함유율(%)	원 소	함유율(%)
O	65	S	0.25	I	0.00004
C	18	Na	0.15		
H	10	Cl	0.15	Co, Zn	흔적
N	3	Mg	0.05	Ni, F	
Ca	2	Fe	0.004	B, Br	
P	1.1	Mn	0.003	Si	
K	0.35	Cu	0.00015		

1. 식품 중의 무기 성분

식품이나 인체의 구성성분으로 존재하면서 중요한 생리적 기능을 가진 무기질은 약 20여 종이 있으며, 이들의 일반적인 기능은 생체 내에서 조절작용을 위하여 가용성 염류로 체액에 존재하거나 체조직의 구성성분으로 또는 유기화합물과 결합하여 생체의 대사에 관여한다.

① 신경의 자극에 대한 감수성 유지 ② 근육의 탄력 유지 ③ 심장박동의 정상유지 ④ 소화액 및 기타 체내 분비액의 산 · 알칼리 조절 ⑤ 체액의 pH와 삼투압 조절 ⑥ 체조직의 구성과 성장발달에 기여 ⑦ 대사과정의 촉매적 기능이 있다.

무기질의 소재와 필요량 및 생리작용은 표 2-25과 같으며, 식품에 들어 있는 함량과 그 형태는 동물성 식품의 경우는 그 부위에 따라 다르며, 식물성 식품의 경우에는 생육 환경에 따라서 다소 차이가 있다.

표 2-25 무기질의 생리작용과 결핍증

무기질	생 리 작 용	결 핍 증	필요량	급원식품
Ca (calcium)	골격형성, 치아형성, 혈액응고 촉진, pH의 조절, 삼투압유지, 근육의 수축작용, 신경 흥분성의 억제, 효소의 활성화	골격과 치아의 발육부진, 골연화증, 구루병, 혈액응고 불량, 내출혈	0.6~1.0g	멸치, 우유, 해조, 콩, 고구마
P (phosphorus)	골격 및 치아의 형성, energy 대사에 관여, 체액의 완충작용, 지방산의 이동, lecithin과 핵단백질의 구성성분	골격과 치아의 발육부진, 골연화증, 성장부진, 곱추병	0.6~0.9g	멸치, 우유, 달걀노른자, 육류, 새우, 야채류

무기질	생 리 작 용	결 핍 증	필요량	급원식품
Mg (magnesium)	골격과 치아의 형성, 신경과 근육의 흥분억제, 당질대사 효소의 조효소 구성성분	신경계의 자극감수성 촉진, 혈관의 확장, 경련 과잉증 : Ca의 배설 촉진, 골연화	0.2~0.7g	곡류, 서류, 육류
K (potassium)	삼투압 유지, pH의 조절, 근육의 수축, 신경의 전달, glycogen 형성과 단백질 합성에 관여	근육의 이완, 발육부진, 체액의 이동, 구토, 설사	4g	곡류, 야채, 과일
Na (sodium)	삼투압 유지, pH의 조절, 근육의 수축, 타액 소화효소(ptyalin)의 활성화	식욕부진, 소화불량, 경련, 체내성분 유지 불량 과잉증 : 삼투압 상승으로 인한 부종	5g	식탁염(NaCl) 동물성 식품에 존재, 우유, 당근, 시금치
Cl (chlorine)	삼투압 유지, pH의 조절, 위액의 산성 유지, 소화에 관여	위액의 산도 저하, 식욕부진, 소화불량	7g	식탁염(NaCl)
Fe (iron)	hemoglobin의 구성성분, 산화적 호흡촉매작용, 조효소의 성분	저혈색소성 빈혈, 피로, 유아발육 부진, 손발톱의 편평	10~15mg	간, 달걀노른자, 육류, 녹황색 야채류
S (sulfur)	함유황 아미노산의 구성성분, Vitamin B_1의 구성성분, 항독소작용, 효소의 활성화	손톱과 발톱의 발육부진, 모발의 발육부진, 체단백질의 질적 저하	함유황 아미노산으로 1.1g	단백질 중의 함유황 아미노산
Cu (copper)	철의 산화작용, hemoglobin의 생성에 Fe와 같이 관여, 철의 흡수와 운반에 관여	저혈색소성 빈혈	2.5mg	간, 해조, 콩, 야채류
I (iodine)	갑상성 호르몬의 구성성분	갑상선종, 비만증	0.1~0.3g	해조류, 간유, 무
F (fluorine)	골격이나 치아에 침착하여 경화, 충치 예방	과잉증 : 반상치아, 심근장해, Vitamin B_{12} 결핍증	상수도 1ppm함유	해산물 특히 해조류
Zn (zinc)	췌장호르몬의 insulin의 성분, carbonic anhydrase의 구성성분	발육장애, 탈모 증상	15mg	곡류, 차, 커피, 야채
Mn (manganes)	발육에 관여, 요소형성 또는 단백질 대사에 관여, 지방산의 합성 반응을 활성화	생장 장애, 생식작용 불능	4mg	곡류, 차, 커피, 야채
Co (cobalt)	Vitamin B_{12}의 구성성분, 적혈구 생성에 관여	Vitamin B_{12}의 결핍, 빈혈		쌀, 콩

2. 무기질을 많이 함유하고 있는 식품

(1) 칼슘(Ca)

식품 중의 칼슘은 인과의 균형이 필요하며 Ca : P의 비율이 1 : 1~2 : 1인 경우가 좋다. 또한 체내에서 칼슘의 흡수를 촉진하는 인자는 비타민 D와 lysine이며, 특히 소장 상부의 pH가 산성일 때 칼슘의 흡수가 증진된다.

시금치에 많이 함유되어 있는 oxalic acid는 칼슘과 불용성의 수산칼슘을 형성하기 때문에 흡수를 방해한다. 콩류와 곡류 중에 존재하는 phytin도 불용성의 Ca 복합체를 형성하여 흡수를 저해한다. 식품 중의 칼슘과 인의 비율, 섭취량과 횟수, 섬유질의 양, 연령 및 생리상태 등도 칼슘의 흡수에 영향을 미친다.

칼슘은 동 · 식물성 식품에 널리 함유되어 있으며, 특히 멸치와 같은 뼈째 먹을 수 있는 작은 생선은 좋은 급원이 된다. 우유나 해조류에도 비교적 많이 함유되어 있으며, 주요 Ca의 급원식품의 함량을 표 2-26에 제시하였다.

표 2-26 주요 식품의 칼슘 함량 및 Ca:P의 비율

식물성 식품			동물성 식품		
식 품	Ca(mg/100g)	Ca/P	식 품	Ca(mg/100g)	Ca/P
미 역	960	2.40	마른 멸치(中)	1860	0.94
파 래	840	1.14	햄	220	0.81
다 시 마	710	3.55	뱀 장 어	140	0.50
참 깨	630	0.97	탈 지 분 유	1100	1.10
대 두	240	0.41	우 유	100	1.11
파 슬 리	190	3.45	계 란	55	0.28

(2) 인(燐, P)

인은 골격과 치아의 구성 이외에도 ATP의 성분으로 에너지 대사에 관여하며, 지질의 대사에도 관여한다. 식품 중의 인은 장에서 흡수되며 그 흡수량은 칼슘과 철 등의 흡수량에 반비례한다. 특히 체내의 인 함량은 흡수량보다 신장에서의 재흡수와 배설에 의하여 조절된다. 비타민 D는 재흡수를 촉진하고 parathormorne은 억제한다. 그리고 곡류에 함유되어 있는 phytin 형태의 인은 흡수되기 어렵다.

인은 모든 식품에 인산염의 형태로 광범위하게 존재하므로 부족하게 되는 경우는 없다. 인을 함유하고 있는 주요 식품은 표 2-27과 같다.

표 2-27 주요 식품 중의 인 함량(mg %)

식 품	함 량	식 품	함 량
백 미	160	생 선 묵	500
밀 가 루	170	오 징 어	1,000
대 두	500	닭 고 기	280
완 두	393	달 걀	230
정 어 리	240	쇠 고 기	210
멸 치	1,500	돼 지 고 기	180
김	510	우 유	90

(3) 나트륨(Na)과 염소(Cl)

나트륨은 식품조직 중의 세포외액에 염화나트륨(NaCl), 인산염, 탄산염 등의 염류로 존재한다. Na은 ① 체액의 산 · 알칼리 평형을 조절하고 ② 삼투압에도 관여하며 ③ 근육의 수축작용과 ④ 신경의 자극감수성에도 영향을 준다.

염소(Cl)는 혈액 중에 식염으로 존재하며, 또 위액 안에 염산(HCl)으로 분비된다. 염소는 신경의 흥분을 촉진하므로 이것을 조절하기 위해서는 Ca이 필요하다.

염소 부족 시 ① 청각기능장애 ② 소화불량 ③ 식욕부진 ④ 위산과다 증세가 나타난다.

식염의 1일 소요량은 약 10g으로 식염의 과잉섭취는 고혈압, 심장병, 부종, 신경과민 등의 질병을 유발한다.

표 2-28 주요 식품 중의 식염 함량(g/100g)

식품(비가공)	NaCl	식품(비가공)	NaCl
미 역	5.7	오징어절임	12.0
김	2.2	대 구 알 젓	6.5
귤	0.2	고 추 장	11.7
사 과	0.1	단 무 지	9.5
새 우	10.7	간 장	20.1
꽁 치	2.2	매 실 절 임	23.9

(4) 칼륨(K)

칼륨은 주로 세포의 내액 중에 염화칼륨(KCl), 인산염(K_2HPO_4), 탄산염(K_2CO_3, 또는 $KHCO_3$)으로 존재하며, Na과 같이 체액의 산 · 염기 평형과 삼투압을 조절한다.

그 밖에도 신경의 자극 전달과 근육의 수축에 관여한다. K은 특히 식물성 식품에 많이 함유되어 있으며, 주요 식품의 K 함량은 표 2-29과 같다.

표 2-29 주요 식품 중의 칼륨 함량(mg/100g)

식 품	K	식 품	K
양 배 추	230	우 유	140
시 금 치	467	달 걀	138
사 과	120	쇠 고 기	333
백 미	130	돼 지 고 기	260
감 자	449	청 어	303

(5) 철(鐵, Fe)

철은 인체 내에 헤모글로빈과 미오글로빈의 구성 성분으로 산소의 운반 및 저장에 관여하며 세포 내 cytochrome, catalase, peroxidase 등의 구성 성분으로 산화환원에서 중요한 역할을 한다. 식품중의 철은 Fe^{2+} 형태로 장에서 흡수되며, 혈액에 들어가서 Fe^{3+}이 되고, 일부는 장 점막과 간 및 골수에서 철단백질인 ferritin과 저장철로 된다.

3. 산성 식품과 알칼리성 식품

식품의 산성과 알칼리성에 대해서는 크게 4가지 개념이 존재할 수 있다.

(1) 산성 식품(Acidic Food)

산성 식품이라 함은 pH가 7보다 낮은 식품을 말한다. 사람들이 섭취하는 대부분의 식품들은 산성 식품들이 많다. 콜라와 같은 경우는 pH 2 정도의 강산이지만 인체의 위에서 분비되는 위액이 위 속의 pH를 1~1.5로 맞추어 놓고 있기 때문에 위액의 pH 정도의 산성 식품은 인간이 섭취하여도 전혀 문제가 되지 않는다.

(2) 알칼리성 식품(Alkalic Food)

위의 산성 식품과 마찬가지로 pH가 7보다 높은 식품을 알칼리 식품이라고 한다. 일반적으로 알칼리성을 띠는 물질들은 인간이 식용하기에는 문제점이 있다. 알칼리가 위에 들어갈 경우 위액을 중화시켜 펩신의 작용을 못하게 하여 소화불량을 일으키기 때문이다.

(3) 산 생성식품(Acid Foming Food)

식품 자체가 산인지 알칼리인지는 상관이 없으나 소화 · 흡수되어 체내에서 산성을 나타내는 식품을 산 생성식품이라 말한다. 식품 중에 함유되어 있는 무기질이 P, S, Cl, Br, I 등이 많을 경우 체내에서 산성을 나타낸다. 따라서 이들을 산 생성 원소라고 부른다.

(4) 알칼리 생성식품(Alkali Foming Food)

위의 개념과 마찬가지로 식품 자체가 산성인지 알칼리인지는 상관이 없으나, 소화 · 흡수되어 체내에서 알칼리성을 나타내는 식품을 알칼리 생성식품이라 말한다. 식품 중에 함유되어 있는 무기질이 Ca, Na, Mg, K, Fe, Cu, Mn, Co, Zn 등이 많을 경우 체내에서 알칼리성을 나타낸다. 따라서 이들을 알칼리 생성 원소라고 부른다.

일반적으로 곡류, 육류, 어류, 난류, 버터(butter), 치즈(cheese) 등은 산성 식품이고, 채소류, 과실류, 감자, 고구마, 대두, 해조류, 우유 등은 알칼리성 식품이다. 사람의 체액과 혈액은 항상 pH 7.3 정도의 약알칼리성이 좋으므로 산성 식품과 알칼리성 식품을 균형있게 섭취하는 게 바람직하다. 산성식품을 과다하게 섭취하면 혈액이 산성으로 기울어져서 산중독증(acidosis)이 일어나며, 질병에 대한 저항력이 감소하게 된다.

식품의 산 및 알칼리의 정도를 각각 산도(acidity) 및 알칼리도(alkalinity)라고 하는데, 식품 100g을 연소하여 얻은 재(ash)를 중화시키는 데 필요한 0.1N－NaOH 또는 0.1N－HCl의 ㎖수로 나타낸다.

식품의 일반 성분 *Question*

1. 식품 중에 존재하는 수분은 크게 자유수(유리수)와 결합수로 구분한다. 자유수는 일반적인 수분과 성질이 같으나, 결합수는 크게 다르다. 결합수의 물리적 성질 중, 자유수와 다른 성질 3가지를 쓰시오.

   (1)

   (2)

   (3)

해설 : 식품 중에 존재하는 수분은 자유수와 결합수의 형태로 존재한다.

(1) 유리수는 건조를 하여 제거할 수 있으나, 결합수는 큰 압력에도 쉽게 제거되지 않는 특성이 있다.

(2) 미생물의 번식이나 발아에 결합수가 활용되지 않는 것에 비해 유리수는 자유롭게 이용될 수 있다.

(3) 유리수의 빙점이 0℃이며, 100℃에서의 비등점을 갖는다면 결합수는 수증기압이 수분보다 이하에 존재하여 100℃ 이상에서 가열하거나 0℃ 이하로 온도가 저하되더라도 동결되지 않는다.

2. 다음 (　　) 안에 해당되는 적절한 시약을 작성하시오.

곡류의 전분은 아밀로오스와 아밀로펙틴으로 구성되어 있다. 아밀로펙틴을 분리하기 위해서 사용되는 (　　　　)을 첨가하면 아밀로펙틴이 (　　　　)로 변화하게 된다. 반면, 글루코오스 α-1, 4-결합을 기본으로 하는 아밀로펙틴은 (　　　,　　　)에 분해되는 특성을 가진다.

해설 : 무색무미의 가루로 수분에 용해되지 않는 아밀로펙틴의 수용액은 (아이오딘)을 첨가할 때 적색을 띤 (보라색)으로 변화하는 특성이 있다. 아밀로펙틴을 분해하기 위해서는 (아밀라아제)나 (포스포릴라아제)를 첨가하면 된다.

3. 식품의 수분활성도(Aw)를 구하려고 한다. 이 식품의 수분함량은 54%이고, 소금 함량은 29.25%이며, 나머지는 수분활성과 무관한 성분으로 구성되어 있다. 이 식품의 수분활성도를 구하기 위한 계산식을 쓰고 수분활성도를 구하시오.
(단, 물의 분자량은 18, 소금의 분자량은 58.50으로 하며, 수분활성도는 소수 셋째 자리에서 반올림하여 구함.)

- 계산식 :
- 수분활성 :

해설 : 식품영양학과 학생들은 매우 재미없어 하는 문제일 듯하다. 본 문제는 식품가공직 임용시험에 출제되었던 문제이다. 가끔 영양사 문제에서도 이런 계산 문제가 출제되어 학생들을 당황하게 하는 경우가 있다. 원리를 알면 전혀 어려운 문제가 아니니 여기서 한 번에 숙지하시길 바란다.

▶▶ 정답 : 여기에 사용되는 계산식은 본문에 있는

$$Aw = Mw / (Mw + Ms)$$

Mw : 식품 시료 중 물의 mole 수
Ms : 식품 시료 중 용질의 mole 수

의 식을 이용하여 구할 수 있다. 여기서 Mw는 식품 시료 중 물의 몰수로 수분함량(%)을 분자량으로 나누면 구할 수 있다. Ms 역시 같은 방법으로 구하면 된다. 위의 조건을 계산식에 넣어 계산하면 다음과 같은 결과가 나온다.

$$\frac{Mw}{(Mw+Ms)} = \frac{\frac{54}{18}}{\frac{54}{18}+\frac{29.25}{58.50}} = \frac{3}{3+0.5} = 0.85714285$$

문제의 조건에서 소수 셋째 자리에서 반올림 하라고 명시하고 있으니 수분활성도는 0.86이라고 쓰면 된다.

4. 식품의 등온흡습곡선은 다음과 같이 전형적인 S형 곡선을 나타낸다. A, B, C 각 부분에서 식품 중에 존재하는 수분의 형태를 쓰시오.

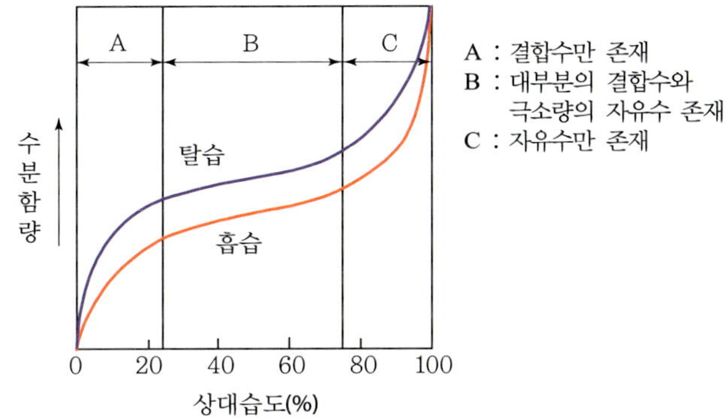

A 부분 :

B 부분 :

C 부분 :

해설 : 등온흡습곡선의 각 영역에 대한 특징을 묻는 문제는 언제 어디서든지 다양하게 출제된다. 이 문제는 각 영역의 수분형태를 묻는 문제이다. 일반적으로 A영역은 결합수 혹은 일부 손상된 결합수가 존재하고, B영역에는 결합수와 약간의 자유수가 존재하고, C영역에는 결합수와 다량의 자유수가 존재한다고 알려져 있다.

5. 다음 글의 빈칸 ①～③에 들어갈 말을 쓰시오.

> β-starch는 아밀로오스(amylose)와 아밀로펙틴(amylopectin) 분자들이 서로 밀착되어 (①) 결합에 의해서 섬유상 집합체인 (②) 구조를 이루고 있으며, X-선을 조사하면 뚜렷한 반점동심원륜(concentric ring)의 회절도를 보여주고 소화효소와의 친화력이 (③).

해설 : 호화되지 않은 β-starch의 특징을 묻는 문제이다. β-starch는 (수소)결합에 의해 서로 밀착되어 있고 (미셀, micelle)구조를 이루고 있다. 이 들은 각각 특유의 X-선 회절도를 가지며 소화효소와의 친화력이 낮고 빛에 대한 투과성 역시 (낮다.)

6. 식품 중의 과일, 물엿, 모유 등에 존재하는 이당류(disaccharides)인 설탕(sucrose), 맥아당(maltose), 젖당(lactose)을 구성하는 각각의 단당류 종류를 빈칸에 결합순서대로 쓰고, 결합형식을 쓰시오.

이당류의 종류	구성 단당류 / 결합형식
설탕	/
맥아당	/
젖당	/

해설 : 탄수화물에서 이당류와 삼당류의 당의 이름과 구성당의 종류와 결합방식은 매우 중요한 내용이다. 설탕 · 맥아당 · 젖당뿐 만 아니라 cellobiose, raffinose 등의 이당류, 삼당류에 대해서도 정확히 내용을 숙지하도록 하자.

7. 경화유의 제조 과정에서 어떠한 촉매와 첨가제가 사용되는지를 쓰고, 제조과정에서 일어나는 지방산 입체 이성체의 변화를 쓰시오.

- 촉 매 :
- 첨가제 :
- 지방산 변화 :

해설 : 수소첨가(경화)는 니켈(Ni)촉매하에서 수소기체를 첨가하여 불포화지방산을 포화지방산으로 만드는 과정이다. 이 과정에서 이중결합의 배위가 일어나고, π-전자의 이동으로 인해 *cis*형인 불포화지방산이 *trans*형으로 바뀌게 된다. 여기서 수소첨가하면 불포화지방산이 포화지방산으로 바뀌게 되는데, 이 둘은 입체이성체 사이가 아니므로 이는 세 번째 질문의 답이 될 수 없다.

* 식품의 수분은 식품의 조직감, 미생물의 성장에 큰 영향을 미친다. 식품 속에 존재하는 수분에 관하여 다음 질문에 답하시오.

8. 건조식품에 있어서 안정성 · 저장성이 가장 좋은 최적 수분함량을 의미하는 것으로, 식품을 안정하게 저장할 수 있는 최소의 필요 수분량인 동시에 최대의 허용 수분량을 말하며, 이 수분함량은 BTE(Brunauer-Emmet-Teller)식에 의해서 구할 수 있다. 이 수분함량을 무엇이라고 하는가?

해설 : 식품의 단분자층에 대한 설명이다. 단분자층은 식품의 저장성과 안정성에 큰 영향을 미친다. 우리들은 BET 공식에 의해서만 단분자층의 수분함량을 구할 수 있다고 생각하지만, 실제로 BET식 외에도 GAB(Guggenheim–Anderson–de Boer)식과 같은 다양한 식들이 있다.

9. 다음은 식품의 여러 가지 성분 중 유지에 관한 설명이다. ①~④에 해당하는 답을 쓰시오.

지방질은 고급 지방산과 글리세린이 복합된 에스테르로서 글리세리드라고도 한다. 지방질의 종류는 상온에서 (①) 상태인 것을 기름, (②) 상태인 것을 지방으로 구분할 수 있다. 지방질의 이화학적 성질은 구성 지방산에 의해 결정되는데, 지방질의 (③) 함량에 따라 상온에서의 상태가 결정되는 특성이 있다. 지방질을 식별하는 방법으로 여러 가지 화학적 성질을 측정하는데, 이 중에서 지방질에 포함되어 있는 (③)(와)과 반응하는 (④)의 양에 따라 식물성 지방질을 건성, 반건성, 불건성으로 나눌 수 있다.

① ②

③ ④

해설 : 지질은 상온에서 액체인 유(oil, 기름)과 고체인 지(fat, 지방)으로 구분할 수 있으며, 포화지방산의 함량에 의해 구분이 된다. 포화지방산의 함량과 불포화지방산의 함량은 서로 양날의 칼로 하나가 올라가면 하나가 내려간다. 즉, 위 문제 3번의 첫 번째 빈칸에는 포화와 불포화지방산 어느 것이든지 들어갈 수 있다. 하지만 두 번째 3번의 빈칸에는 불포화지방산만이 들어갈 수 있으므로 3번에는 불포화지방산이라고 해야 할 것이다. 건성, 반건성, 불건성유는 요오드가에 의해 구분되며, 이는 불포화지방산과 반응하는 요오드의 양을 나타낸다.

10. 아래 빈칸에 알맞은 낱말을 적으시오.

단백질은 3대 영양소 중 한가지로 매우 중요하다. 단백질은 여러 방법에 의해 다양하게 분류할 수 있다. 단백질의 출처에 따라서는 (①), (②), (③) 단백질로 나눌 수 있다. 또는 단백질의 조성에 따라 (④), (⑤), (⑥)으로 나눌 수도 있다. 이 중 (④)는 특정 용매의 용해도에 따라 (⑦), (⑧), (⑨) 등으로 더 세부적으로 분류할 수 있다.

① ② ③

④ ⑤ ⑥

⑦ ⑧ ⑨

해설 : 단백질은 출처에 따라 동물성 · 식물성 · 미생물성 단백질로 나누어지며, 단백질 조성에 따라서는 단순단백질, 복합단백질, 유도단백질로 나누어진다. 이와 더불어 단백질은 용해도 특성에 따라 오래전부터 분류하였는데, 여기에는 albumin, globulin, prolamin, histone, glutelin, protamin, albuminoid가 있다.

* 단백질을 구성하고 있는 단위인 아미노산의 기본구성 원소와 아미노산 분자의 일반 구조를 제시하시오. 그리고 필수아미노산을 섭취해야 하는 이유를 들고, 필수아미노산의 종류와 함유식품을 각각 5가지씩 쓰시오.

11. 필수아미노산의 종류와 함유식품

① 종　　류 :

② 함유식품 :

해설 : 아미노산은 교재에 나와 있는 것처럼 가운데 부제탄소를 중심으로 카르복실산(COOH)과 아민(NH_2)과 수소(H)가 결합하고 나머지 하나는 아미노산의 종류마다 다른 치환기(R)을 가지고 있다. 필수아미노산은 우리가 살아가면서 필요한 아미노산이지만 체내에서 합성하지 못해 외부에서 식품을 통해 꼭 섭취해야 되는 아미노산을 말한다.

필수아미노산은 8종에서 10종이 있다고 알려져 있고, 필수아미노산의 종류는 교재의 20가지 아미노산의 표에서 설명하였다. 우리가 일반적으로 양질의 단백질원이라고 부르거나 단백가가 높은 식품은 이 필수아미노산의 함량이 높은 식품이다.

Chapter 3

식품의 특수성분

3-1 맛 성분

식품의 맛은 혀의 표면에 있는 미뢰(味雷)라는 미각 신경이 정미(呈味)물질의 화학적인 자극을 받아 일어난다. 식품의 맛을 느끼는 정도는 개인의 연령, 성별, 개성 그리고 생리적 상태에 따라 달라진다.

식품의 물리적 여건에 따라서도 변화한다. 또한 혀의 미뢰에 있어서 맛 성분에 따라 강하게 느껴지는 부위가 달라 단맛(甘味)인 경우는 혀의 앞부분(舌先部)에서, 짠맛(鹽味)인 경우는 혀의 옆부분(舌尖部)에서, 신맛(酸味)인 경우는, 혀의 둘레(舌緣部)에서, 그리고 쓴맛(苦味)은 혀의 안쪽 부분(舌根部)에서 각각 예민하게 느끼게 된다.

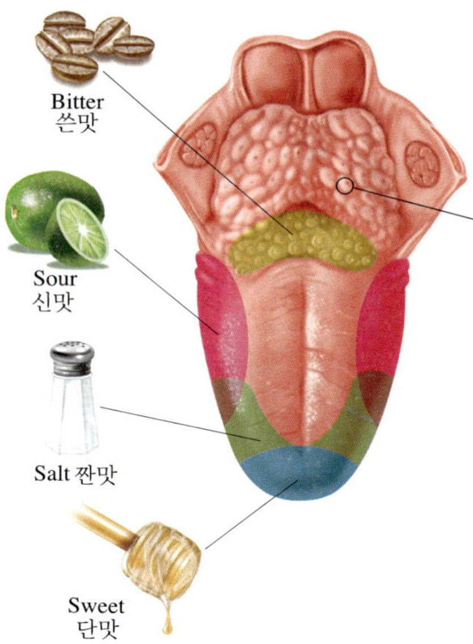

그림 3-1 혀의 부위별 맛의 민감도

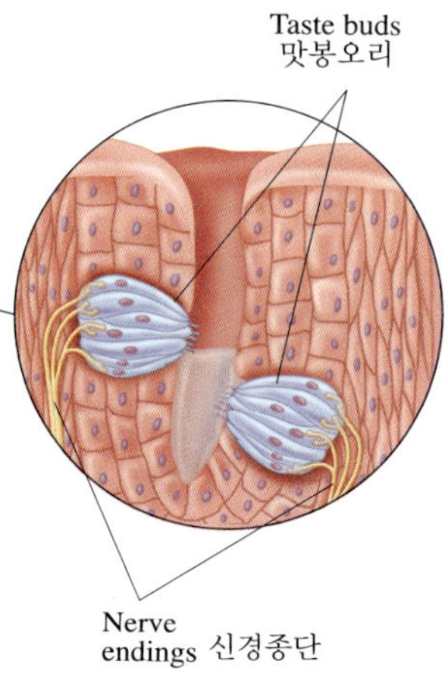

그림 3-2 미뢰 유두의 구조

맛의 종류는 나라와 민족마다 그 구분이 약간씩 다르지만 Henning의 분류에 의하면 4가지 기본맛으로 단맛(sweet taste), 짠맛(saline taste), 신맛(sour taste), 쓴맛(bitter taste)을 들고 있다. 그밖에 혼합맛 또는 보조맛으로서 매운맛(辛味, hot taste), 맛난맛(旨味, palatable taste) 떫은맛(澁味, astringent taste), 금속맛(金屬味, metalline taste), 알칼리 맛(alkaline taste), 아린맛 등이 있다.

1. 미각의 변화

(1) 미각의 역치(閾値)

맛을 나타내는 성분의 미각과 그 정도는 종류에 따라 각각 다르기 때문에 미각의 정도를 비교하는 방법으로 **역치**(threshold value)를 사용한다. 미각의 역치란 맛을 느끼는 물질의 최저농도를 말하는데, 쓴맛 성분이 일반적으로 가장 낮고 단맛 성분이 가장 높다. 또한 미각은 온도, 연령, 성별, 기질 등에 따라 다르다. 그러나 역치는 주로 사람의 미각수용기에 의해 결정되는 것이므로 주관성을 나타내며, 학자들에 따라 그 값이 약간씩 차이를 보인다.

표 3-1 기본 정미성분의 역치

맛의 종류	정미물질	역치(g/dL)
단 맛	설 탕	0.4108
짠 맛	소 금	0.1229
신 맛	주석산	0.0056
쓴 맛	Caffeine	0.0038

(2) 맛의 변화

서로 다른 맛이 혼합되었을 때 주된 정미성분의 맛이 강하게 느껴지는 것을 맛의 **강화현상** 또는 **대비현상**이라고 한다. 단맛 성분에 소량의 짠맛 성분이, 짠맛 성분에 소량의 신맛 성분이 존재할 경우는 주 정미성분의 맛이 강하게 느껴진다.

이와는 반대 현상으로 두 종류의 정미성분이 혼재해 있을 경우는 각각의 맛을 느낄 수 없고 조화된 맛을 느끼는 경우가 있는데, 이를 **맛의 상쇄**(相殺)라고 한다. 김치의 짠맛과 신맛, 간장의 짠맛과 감칠맛, 청량음료의 단맛과 신맛이 상쇄되어 조화미를 나타내는 것이 그 예이다.

또한, 정상적인 정미물질의 맛을 느낄 수 없는 경우가 있는데, 이는 한 가지 정미성분을 맛본 직후 다른 정미성분이 정상적으로 느껴지지 않는 경우로, 이를 **맛의 변조**(變調)라고 하며, 같은 정미성분을 계속 맛보았을 경우에 미각이 둔해져서 역치가 높아지는 현상을 **맛의 피로**(疲勞) 또는 **맛의 순응**이라고 한다.

(3) 미맹(味盲)

쓴맛 성분인 PTC(phenyl thiocarbamide)는 정상적인 사람에게는 쓴맛을 느끼게 하지만 일부 사람들은 느끼지 못하는데, 이를 미맹(taste blind)이라고 한다. 이러한 현상은 유전적 인자에 의해 나타난다. 즉, 인종에 따라 백인의 경우는 약 30%, 흑인은 2~3%, 황색인은 15% 정도가 미맹인 것으로 나타난다. 그리고 성별에 따라 남자의 경우 25.9%, 여자의 경우는 22.2% 정도가 미맹으로 나타난다.

2. 단맛 성분(甘味成分)

(1) 당류(糖類)

단맛을 갖고 있는 물질은 대개 유기화합물이며, 크게 천연 감미료와 인공 감미료로 구분된다. 감미물질에는 당류, 당 알코올, 아미노산, 일부 방향족화합물 및 황화합물 등이 있다.

다당류의 경우는 단맛이 거의 없지만 단당류와 이당류는 단맛을 갖고 있다. 당의 단맛은 구조상 −OH기와 관련이 있으며 또한 온도와 이성체별로 그 세기가 다르다. 설탕(sucrose)는 광학적 이성체가 존재하지 않아서 일정한 단맛을 나타내기 때문에 단맛의 표준물질로 사용되며, 이를 기준으로 하여 당류의 상대적 감미도를 비교한 것은 표 3-2와 같다.

표 3-2 당류 및 당 알코올의 상대적 감미도

물 질	상대적 감미도	물 질	상대적 감미도
sucrose	100	lactose	39
glucose	50~70	invertose	65
fructose	170	raffinose	22
mannose	59	dulcitol	41
galactose	63	sorbitol	51
xylose	67	mannitol	69
rhamnose	33	glycerol	78
maltose	46	invert sugar	130

① **단당류** : 헥소오스(hexose) 중 가장 단맛이 강한 것은 플럭토오스로서 설탕의 1.03~1.73배의 감미를 나타내며 β형이 α형의 3배의 감미를 갖고 있다. 글루코오스의 감미는 α형 : β형=3 : 2이며 수용액 상태에서나 온도를 가하면 α형이 β형으로 전환되므로 감미가 약해진다. 만노오스의 α형은 단맛을 갖고 있으나 β형은 약간 쓴맛을 나타내며, 펜토오스 중 아라비노오스(arabinose), 크실로오스(xylose), 람노오스(rhamnose)가 비교적 강한 감미를 갖고 있고 그 α형이 β형보다 강하다.

② **이당류** : 말토오스(maltose)의 단맛은 비교적 온화한 단맛으로 β형보다 α형이 감미가 강하고, 이의 수용액 상태에서는 α형으로 되어 감미가 강해지며 락토오스(lactose)인 경우는 α형보다 β형이 감미가 세다. 수크로오스(sucrose)는 α, β 이성체가 존재하지 않기 때문에 감미의 변화가 없으며 invertase에 의해 가수분해되면 글루코오스와 플럭토오스의 등량 혼합물인 전화당(轉化糖, invert sugar)이 되어 감미가 강해진다.

(2) 당 alcohol

당이 환원되어 형성된 것으로 솔르비톨(sorbitol), 만니톨(mannitol), 둘시톨(dulcitol), 이노시톨(inositol) 등이 있다. 모두 단맛을 갖고 있지만 영양효과가 없으므로 병원식이의 감미료로 사용된다. 소르비톨(sorbit, glucitol)은 수크로오스(sucrose)의 0.5~0.7배의 감미를 갖고 있으며 식물체, 해조류에 널리 분포하고 글루코오스를 환원하여 공업적으로 제조한다.

만니톨(mannitol)은 만나나무(*fraxinas ornus*)의 성분으로 글루코오스 정도의 감미를 갖고 있으며 둘시톨(dulcitol, dulcit, galacitol)도 비슷한 감미를 갖고 있다. 이노시톨(inositol)은 일명 근육당(筋肉糖, muscle sugar)이라고 하며, 이성체 중 메소-이노시톨(meso-inositol)이 가장 많이 존재하고 기타 당 알코올로는 에리스리톨(erythritol), 리비톨(ribitol), 크실리톨(자일리톨, xylitol) 등이 있다.

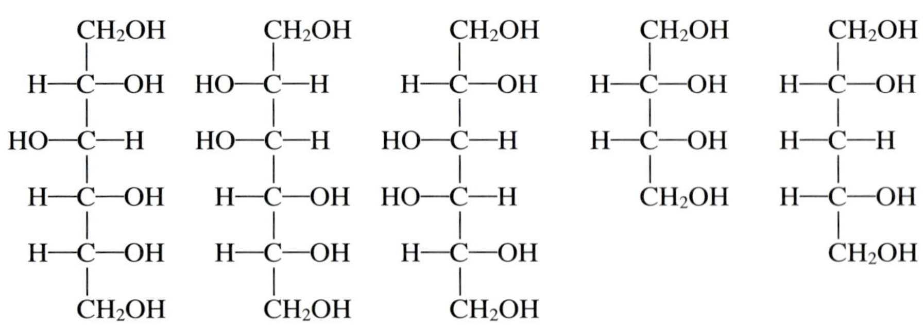

D-sorbitol　D-mannitol　D-dulcitol　D-erythritol　D-ribitol

(3) Amino Acid

글리신(glycine)을 제외한 아미노산들은 광학적 활성으로 D형과 L형 이성체가 존재하며 각기 맛이 다르다. 감미를 갖고 있는 아미노산은 대개가 D형의 아미노산이며, 글리신, 알라닌(alanine), 세린(serine) 등 저분자 아미노산들이 감미가 있는데, 이들 감미를 갖고 있는 아미노산들은 흔히 맛난맛(旨味)을 함께 갖고 있다.

(4) 방향족 화합물

글리시리진(glycyrrhizin)은 감초의 감미성분으로 트리테르펜(triterpene)에 2분자의 글루쿠론산(glucuronic acid)이 결합한 형태이며, 0.5ppm의 저농도에서 감미를 나타내지만 독성을 갖고 있어 직접 식품에 사용할 수 없다. 필로둘신(phyllodulcin)은 플라보노이드계 감미물질로서 감차(甘茶) 중에 존재하며 페릴라르틴(perillartin)은 수크로오스의 약 2,000배의 강한 감미를 갖는 물질로 청소엽 중에 존재하는데, 독성 때문에 식품에는 사용하지 못하고 담배 향료로 이용한다. 스테비오사이드(stevioside)는 수크로오스의 약 300배의 감미를 갖는 남미 파라과이의 스테비아(stevia) 식물에 존재하는 물질로 맛이 수크로오스와 비슷하고 산 · 알칼리 · 열에 안정하여 새로운 감미자원으로 각광을 받고 있다.

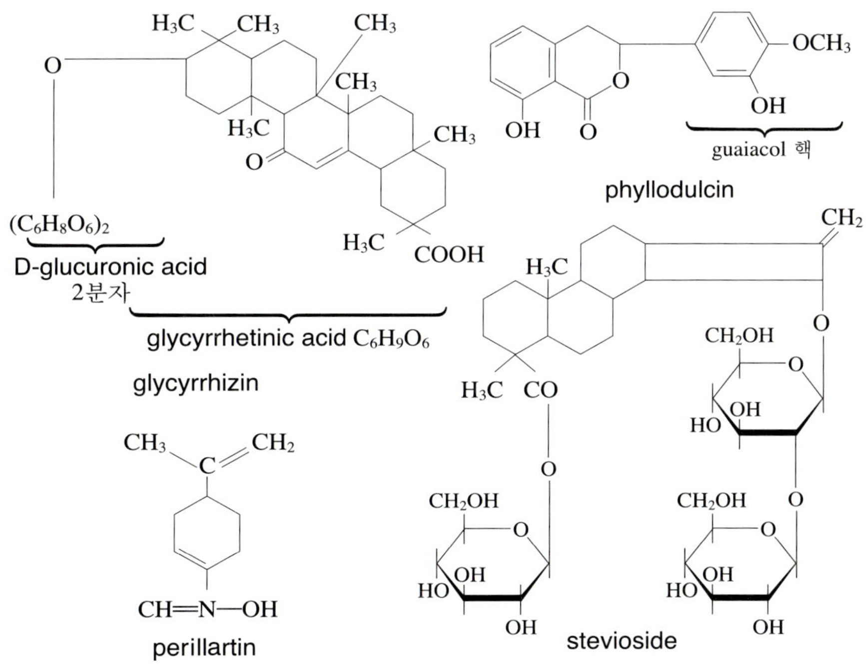

(5) 황화합물(黃化合物)

methyl mercaptan(CH_3SH), propyl mercaptan ($CH_3CH_2CH_2SH$)은 무와 양파 및 마늘의 단맛 성분인데, 이들은 alkyl sulfide 류의 신미 성분이 열에 의하여 변화한 물질들이다.

(6) 인공감미료(人工甘味料)

인공감미료는 대부분 인체에 유해하므로 그 허용과 사용량을 식품위생법에 규정해 놓고 있다. 사카린(saccharin)은 설탕의 400~500배의 감미를 가지며 물에 잘 녹지 않으므로 보통 Na염이나 K염으로 이용하고 있는데 다량 섭취 시에 소화효소의 작용에 지장을 주며, 신장장해를 일으키고 뒷맛이 약간 쓴맛을 내는 결점을 갖고 있다.

둘신(dulcin)은 설탕의 250배 정도의 감미를 가진 물질로 체내 분해산물인 phenacetin과 *p*-amino phenol에 의한 소화장애나 발암 등으로 사용이 금지되고 있으며, sodium cyclamate(cyclohexyl sulfamate)도 설탕의 30~40배의 감미료 설탕과 같은 온화한 감미를 갖고 있으나 독성으로 인하여 사용이 금지되고 있다.

아스파탐(Aspartame)은 L-aspartic acid와 L-phenylalanine의 methylester로서 설탕의 단맛과 비슷하며 상쾌한 단맛을 가진 새로운 감미료로서 기대된다. 또한 이성화 당액 및 커플링 슈거(coupling sugar) 등도 당류의 기능적 식품으로 개발되어 주목을 받고 있다.

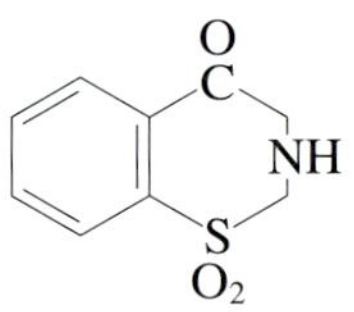

saccharin

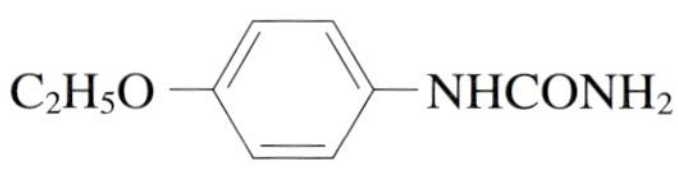

dulcin

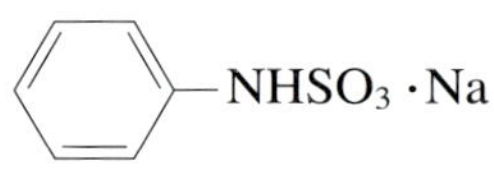

sodium cyclamate

3. 신맛 성분(酸味成分)

신맛 성분은 산이 해리되어 생성된 H^+이온에 의한 맛으로 그 강도는 수소 이온 농도에 정비례하지 않지만 H^+이온을 내는 무기산, 유기산, 산성염 등이 신맛을 갖고 있다.

무기산은 H^+이온 농도가 높지만 대부분 해리되어 있어 혀 끝에 접촉하면 바로 중화되기 때문에 신맛이 소멸된다. 그러나 유기산은 H^+이온의 농도는 낮지만 해리도가 낮아 서서히 해리되기 때문에 신맛이 강하게 느껴진다. 또한 무기산의 산미는 신맛 이외에 쓴맛과 떫은맛 등이 혼합되어 불쾌한 맛을 내나 유기산은 감칠맛이 있는 상쾌한 신맛을 갖고 있어 미각을 흥분시키고 식욕을 증진시켜 준다.

(1) 무기산(無機酸)

탄산 · 염산 · 인산 이외의 무기산은 불쾌미를 갖고 있으며, 탄산음료에 청량한 맛을 내기 위해 사용되는 탄산과 인산 이외에는 식품과 관계가 적다.

(2) 유기산(有機酸)

대부분 상쾌한 신맛을 나타내고 일반 식품 중에 널리 분포되어 있으며 이 중 주요 유기산은 표 3-3과 같다.

표 3-3 식품 중의 주요 유기산

종 류	구 조 식	소재식품	비 고
acetic acid (초산)	CH_3COOH	식초 · 김치류	식초 중 3~4%
lactic acid (젖산)	$CH_3CHCOOH$ OH	발효유제품 · 김치류 젖산음료	품위 있는 산미 방부성
citric acid (구연산)	CH_2COOH HO — C — COOH CH_2COOH	감귤류	상쾌한 산미
malic acid (사과산)	CH_2COOH HO — CHOOH	사과 등 과실	상쾌한 산미
tartaric acid (주석산)	HO — CHCOOH HO — CHCOOH	포도, 파인애플	K염으로 존재
succinic acid (호박산)	CH_2COOH CH_2COOH	사과, 딸기, 청주	지미를 갖는 산미
oxalic acid (수산)	COOH COOH	시금치, 상추, 양배추	Ca와 불용성염 형성
butyrlic acid (낙산)	$CH_3(CH_2)_2COOH$	부패 김치 · 산패식품	불쾌한 산미
gluconic acid	$CH_2OH(CHOH)_4COOH$	양조식품 · 건시	풍미 있는 산미
fumaric acid	CHCOOH	일반 동식물체	쾌적한 산미
ascorbic acid	CHCOOH	감귤류	산화방지(비타민 C)

4. 짠맛 성분(鹽味成分)

짠맛 성분은 우리 식생활과 가장 밀접한 정미물질로서 대부분이 염류이고 이 중 대표적인 물질이 NaCl이다. 짠맛은 무기 · 유기염류의 해리된 이온의 맛으로서 음이온이 짠맛을 나타내고 양이온은 부가적인 맛을 나타낸다. 국물의 소금 농도는 1%가 바람직한 짠맛이며 감미료는 0.1%, 식염은 약간의 단맛이 있다. 젓갈의 소금 함량은 10~30%, 된장 10~15%, 간장 18~20% 정도이다.

(1) 무기염(無機鹽)

대부분 쓴맛과 혼합된 맛을 나타내며 순수한 짠맛을 나타내는 무기염류는 NaCl, KCl, NH_4Cl, NaI 등으로 주로 halogen ion에 기인한다.

(2) 유기염(有機鹽)

유기산의 알칼리염으로 disodium malate, diammonium malonate, diammonium sebacinate, sodium gluconate 등이 식염에 가까운 짠맛을 갖고 있다. 이들은 신장이나 간장 장애 환자들의 식염 대용이나 무염간장 제조에 이용된다.

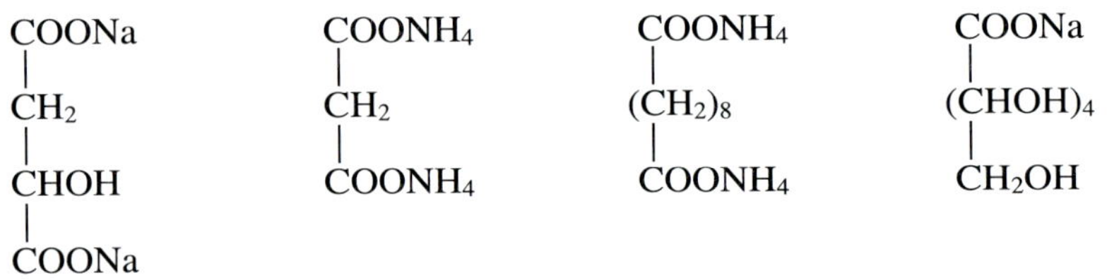

disodium malate　diammonium malonate　diammonium sebacinate　sodium gluconate

5. 쓴맛 성분(苦味成分)

쓴맛 자체는 식품의 기호성을 감소시키지만 다른 맛 성분과 조화된 약간의 쓴맛은 오히려 기호성을 높이며 커피 · 맥주 · 코코아 등이 그 예이다. 식품 중의 쓴맛 성분은 크게 알칼로이드(alkaloid), 배당체, 무기염류, 케톤(ketone) 류 및 황화합물 등으로 구분된다. 가장 대표적인 쓴맛 물질로는 퀴닌(키니네, quinine)을 들 수 있고 이들 쓴맛 성분은 대부분 강한 약리작용과 생리작용을 갖고 있다.

(1) 알칼로이드 (Alkaloid)

식물체 속에 들어 있는 함질소 염기성 물질의 총칭으로, 차나 커피 중의 카페인(caffeine), 코코아에 들어 있는 테오브로민(theobromine) 등이 이에 속한다.

(2) 배당체

> *Guide*
>
> **• 배당체(配糖體)**
>
> 당 성분이 포도당으로, 당을 함유한 여러 천연식물에 함유

포도당 분해효소로 식물계에 널리 분포하며 과일이나 채소의 쓴맛 성분으로 감귤류 과피에 존재하는 나린진(naringin), 오이 꼭지부의 쿠쿠르비타신(cucurbitacin), 양파 껍질에 들어 있는 케르세틴(quercetin) 등이 있다.

(3) 케톤류 (Ketones)

쓴맛을 갖고 있는 케톤류로는 hop의 암꽃에 존재하는 후물론(humulone)과 루풀론(lupulone)을 들 수 있다. 이들은 맥주에 쓴맛을 부여할 뿐 아니라 강한 항균성을 갖고 있어 방부 작용도 한다. 또한 고구마의 흑반병 발생 시에 생성되는 이포메아마론(ipomeamarone)도 쓴맛을 나타낸다.

(4) 그 밖에 쓴맛 성분

무기염류 중 간수 성분인 $CaCl_2$, $MgCl_2$와 아미노산 중 L-tryptophan, L-leucine, L-phenylalnine 등은 쓴맛을 갖고 있으며 콩이나 도토리 등에는 쓴맛 성분인 사포닌(saponine)이 존재한다.

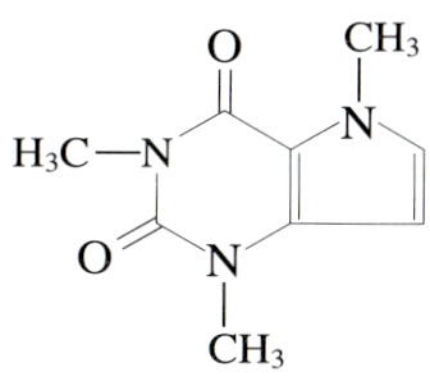

caffeine

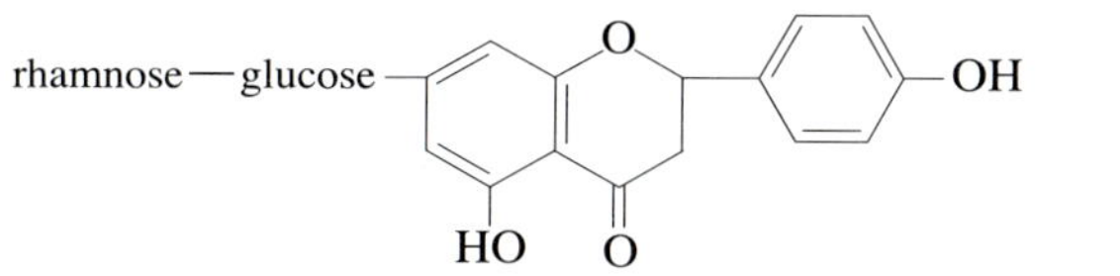

naringin

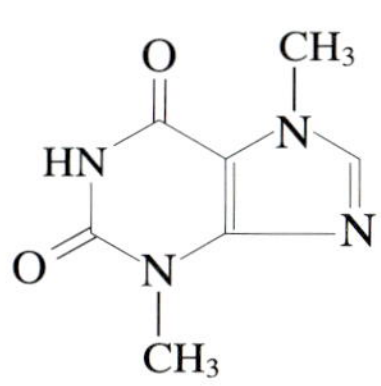

theobromine

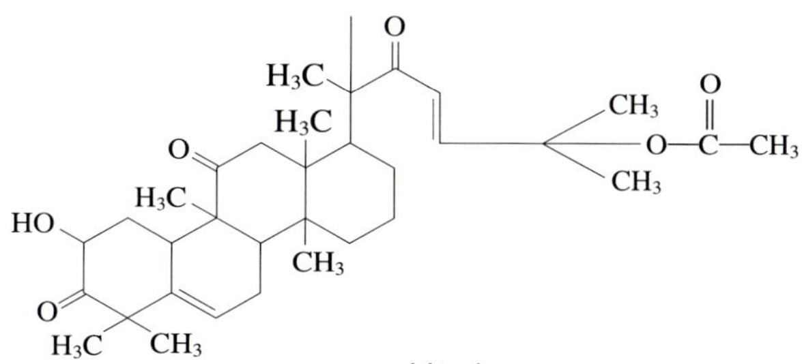

cucurbitacin

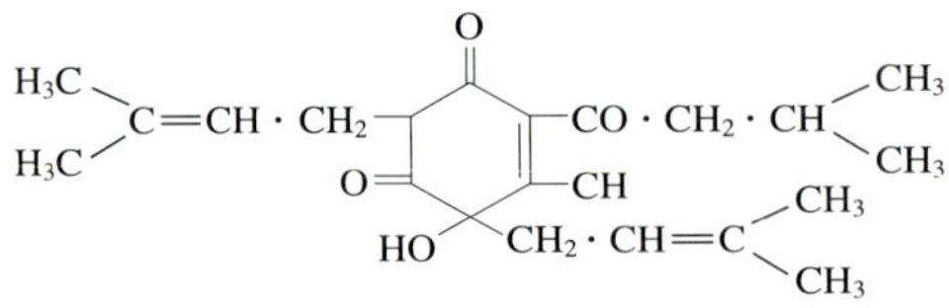

humulone

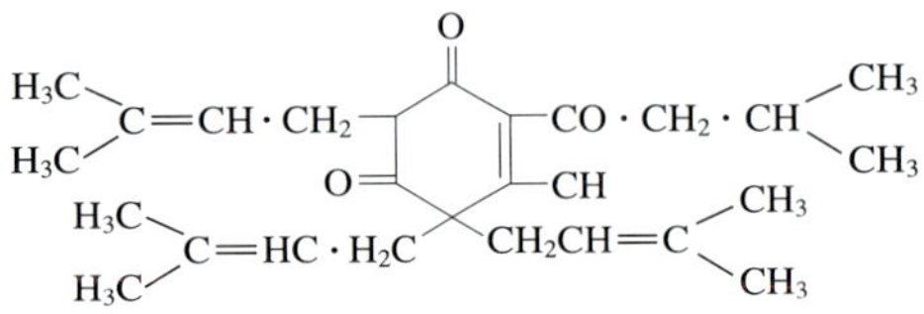

lupulone

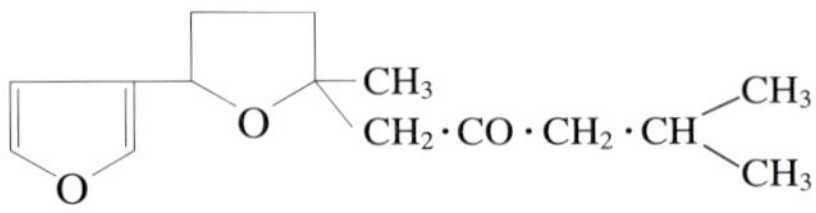

ipomeanarone

6. 매운맛 성분(辛味成分)

매운맛은 순수한 미각 성분으로 볼 수 없고 미각 신경을 자극하는 일종의 통각(痛覺)이라고 할 수 있으며, 적당한 양의 미각 성분은 소화액의 분비를 촉진하고 식욕을 증진하는 작용을 한다. 식품 중의 매운맛 성분은 크게 황화합물, 산 amide류, amine류, 그리고 방향족 aldehyde류로 나눌 수 있다.

(1) 황화합물(黃化合物)

겨자유(芥子油 : mustard oil)는 십자과 식물속에서 배당체의 아글리콘(aglycone)으로 존재하며 흑겨자유와 백겨자유가 있다. 흑겨자유의 매운맛의 본체는 시니그린(sinigrin)으로 이 물질이 미로시나아제(myrosinase)의 작용으로 가수분해되어 알릴 이소시오시아네이트(allyl isothiocyanate) 형태로 매운맛을 나타내며 백겨자유의 성분은 시날빈(sinalbine)으로 흑겨자유와 마찬가지로 가수분해되어 *p*-hydroxy benzyl isothiocyanate 형태로서 매운맛을 낸다.

또한 마늘 · 파 · 양파 · 부추 등 나리과의 파류의 정유 성분을 부추유라고 한다. 이들의 매운맛 성분은 diallyl sulfide, divinyl sulfide, propylallyl sulfide, diallyl di(tri, tetra) sulfide 등이다. 알리신(allicine)은 마늘과 양파의 매운맛 성분으로 알리이나아제(alliinase)의 작용으로 알리인(alliin)으로부터 생성된다.

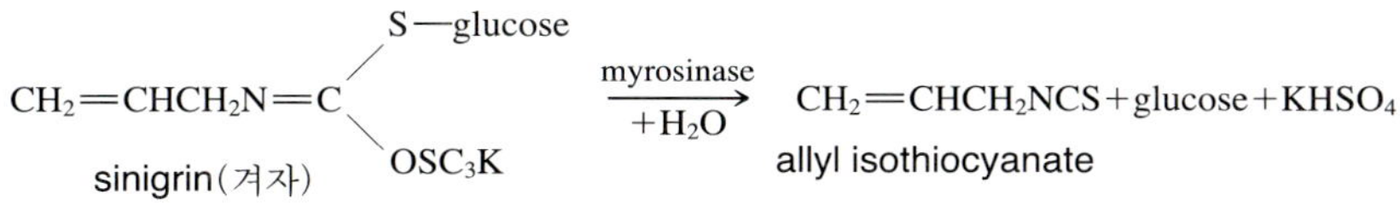

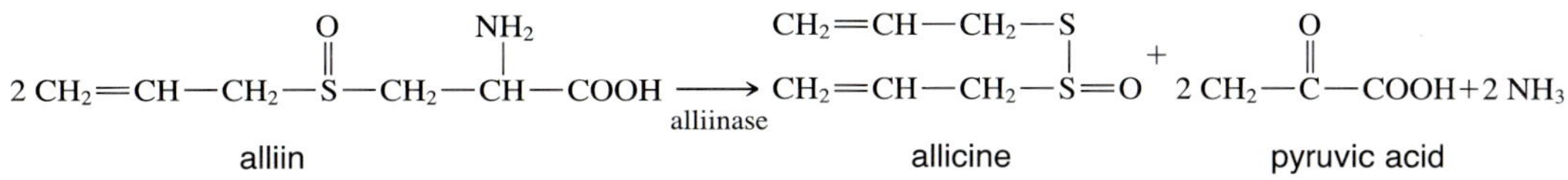

(2) 산(酸) Amide 류

가장 대표적인 물질은 고추의 매운맛 성분인 캡사이신(capsaicin)으로 이의 유도체인 디하이드로 캡사이신(dihydro capsaicine)도 매운맛을 갖고 있으며 후추의 매운맛은 차비신(chavicine)이고 차비신과 피페린(piperine)은 입체이성체로서 트랜스형인 피페린은 매운맛이 없다. 산초(山椒)의 매운맛 성분은 산시올(sanshol)이다.

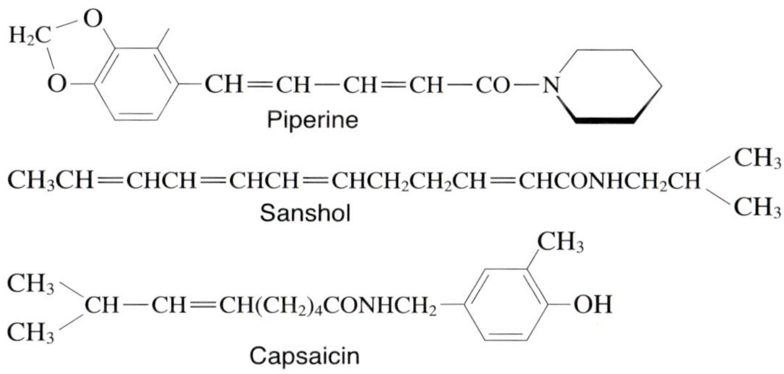

(3) Amine류

아민류는 약간 불쾌한 매운맛을 내는 물질로 아미노산이 세균에 의해 탈탄산되어 생성되며 어류의 선도가 좋지 않거나 부패한 간장에서 느끼는 매운맛은 히스타민(histamine)이나 티라민(tyramine)에 의한 것이다. 이들은 일반적으로 유독하고 각각 히스티딘(histidine)과 티로신(tyrosine)에서 생성된다.

(4) 방향족(芳香族) Aldehyde, Ketone류

진저론(zingerone), 쇼가올(shogaol), 진저롤(gingerol)은 생강의 매운맛 성분으로 guaiacol핵을 갖고 있으며, 그 밖에 울금 중의 쿠르쿠민(curcumine), 계피 중의 cinnamic aldehyde도 매운맛을 갖고 있어 향신료로 사용한다.

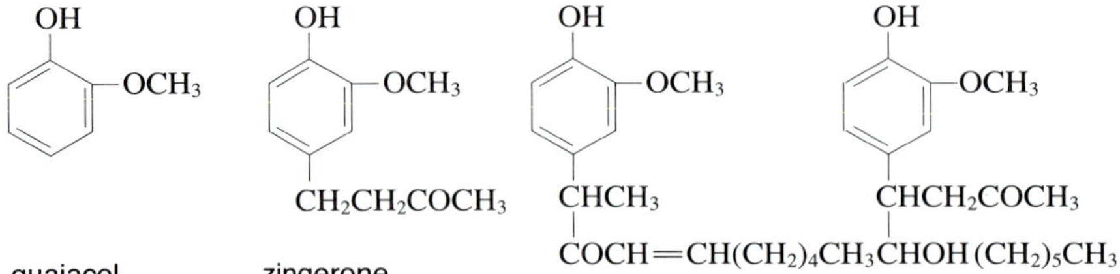

guaiacol zingerone shogaol gingerol

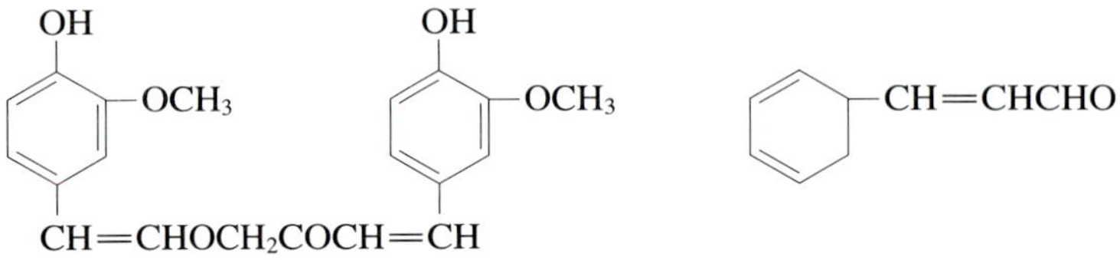

curcumine cimnamic aldehyde

7. 지미성분(旨味成分)

일종의 혼합미로서 단맛, 짠맛, 신맛, 쓴맛이 조화된 맛이다. 대표적인 물질은 mono sodium glutamate(MSG)이고 육류의 추출물에 많이 들어 있으며, 아미노산, 펩티드, 뉴클레오티드, 유기염기, 그리고 일부 유기산 등에 지미성분이 들어 있다.

(1) Amino Acid

가장 대표적인 물질로는 글루탐산이 있으며, mono sodium glutamate 형태로 D형은 맛이 없고 L형에만 맛이 있으며, disodium염은 맛난맛을 내지 않는다. 처음에는 다시마의 열수추출액에서 분리하였지만 현재는 glutamic acid 발효균인 *Brevibacterium lactofermentus, B.roseum, B.flavum* 등을 이용한 발효법에 의하여 생산한다.

오징어, 새우, 게 등의 지미성분은 글리신(glycine)으로 겨울철에 감지미(甘旨味)를 나타내고, 여름철에는 글리신의 메틸화한 유도체인 베타인(betaine)이 지미를 나타내며, 그 밖에 어류와 육류의 지미성분인 크레아틴(creatine)과 크레아티닌(creatinine), 그 밖에 아미노산 유도체인 글루타민, 테아닌(theanine), 아스파라긴(asparagine) 등이 있다.

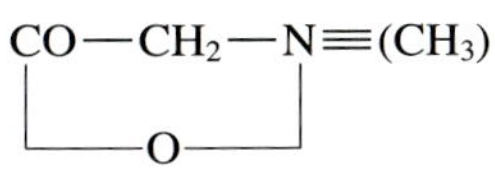
betaine

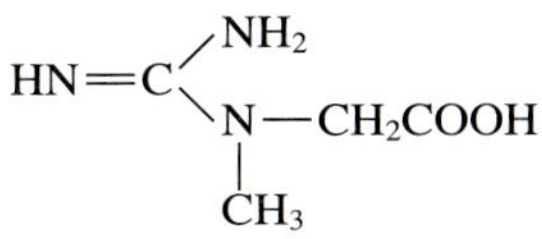
creatine

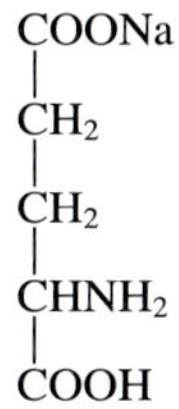
monosodium glatamate

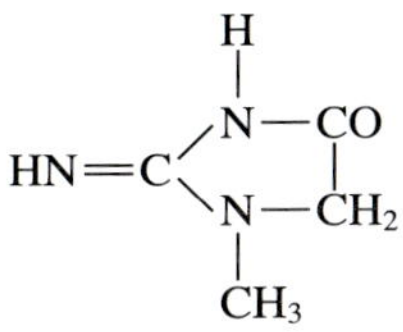
creatinine

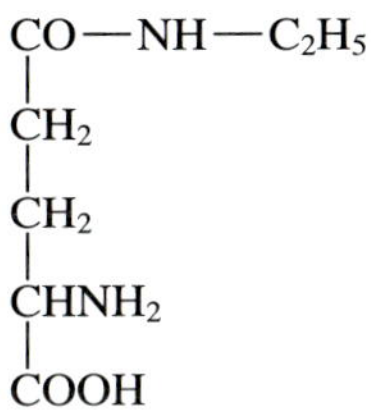
theanine

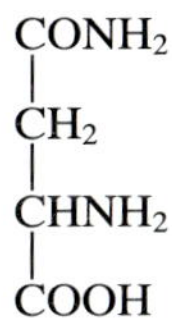
asparagine

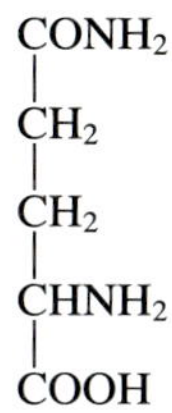
glutamine

(2) Peptides

카르노신(carnosine), 안세린(anserine, methyl carnosine)은 디펩티드로서 육류와 어류의 지미성분이고, 트리펩티드인 글루타티온(glutathione)은 일반 동식물성 식품에 널리 들어 있는 지미성분이다.

Guide

• 펩티드 류(peptides)

아미노산을 화학적으로 중합한 것으로 2개의 아미노산으로 된 것을 dipeptide, 3개로 이루어진 것을 tripeptide, 4개로 이루어진 것을 tetrapeptide라고 한다.

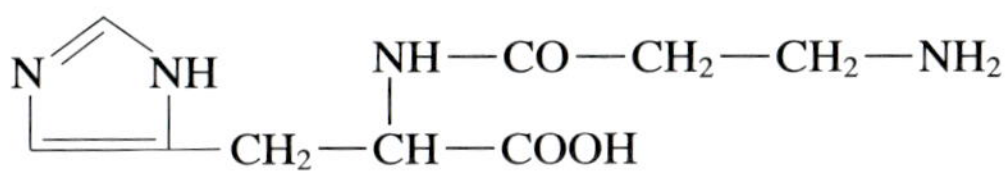
carnosine

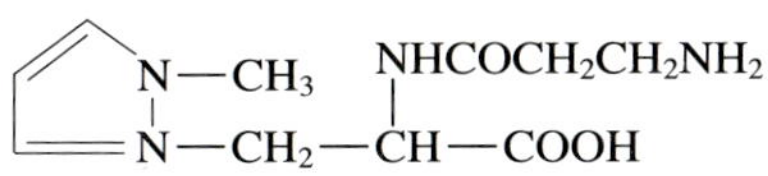
anserine

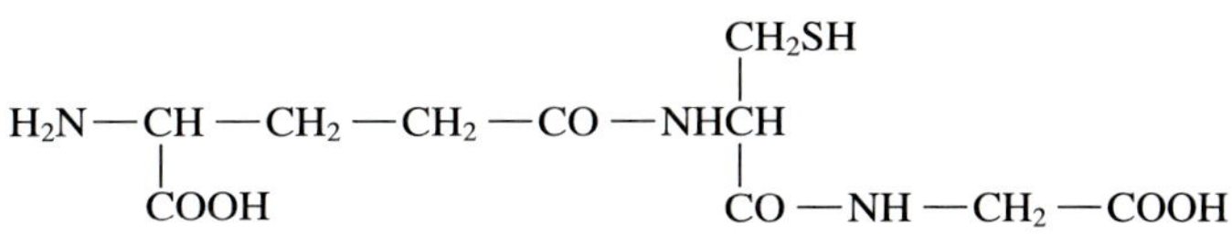
glutathione

(3) 뉴클레오티드(Nucleotides)

육류와 어류의 지미성분으로 구조상 유기염기가 purine 염기이고 오탄당이 리보오스(ribose)이며 리보오스의 $C^{5'}$ 위치에 인산이 결합되고, 푸린(purine) 염기의 C^{6}위치에—OH 기가 결합되어 있는 뉴클레오티드는 모두 지미를 갖고 있다. 이들 뉴클레오티드에는 guanylic acid(GMP), inosinic acid(IMP), xanthylic acid(XMP)가 있다.

이들 성분들의 맛난맛의 세기는 5′-GMP 〉 5′-IMP 〉5′-XMP 순이고 5′-AMP는 지미가 극히 약하다. 어육의 리보뉴클레오티드(ribonucleotide)는 근육 중의 ATP가 ATP-ase에 의해 AMP가 된 다음, AMP-deaminase에 의해 IMP로 전환되어 지미에 관계된다.

Guide

• Nucleotide (뉴클레오티드)

핵산이 nuclease의 작용에 의해 분해되어 형성되는 화합물로서 염기, 당 및 인산염으로 형성

(4) 유기염기(有機鹽基)

콜린(choline)과 이의 유도체인 베타인(betaine), 카르니틴(carnitine)은 일반식품에 널리 분포하고 있으며, 푸린 염기인 아데닌(adenine), 구아닌(guanine), 하이포크산틴(hypoxanthin), 크산틴(xanthine)도 육류나 어류 등의 지미성분으로 존재한다.

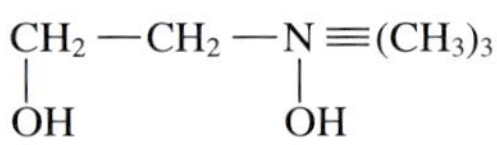

choline

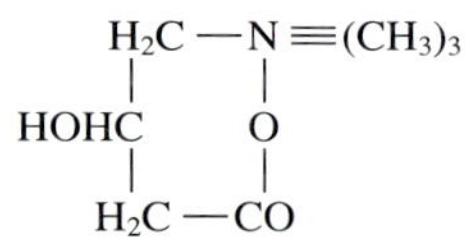

carnitin

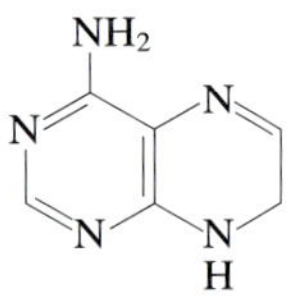

adenine

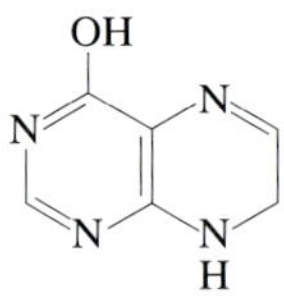

hypoxanthin

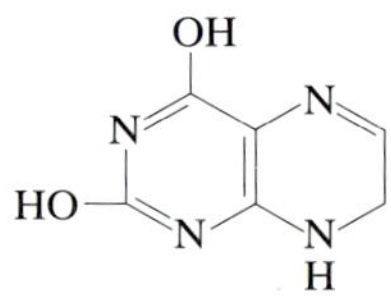

xanthin

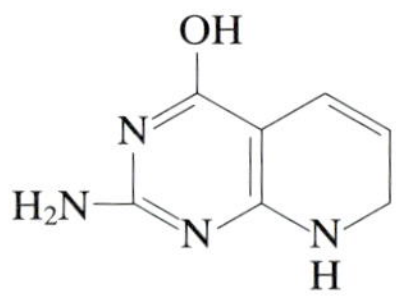

guanine

(5) 그 밖의 지미성분

청주 등 발효식품과 패류에 들어 있는 숙신산(succinic acid)이나 오징어 또는 문어 중의 타우린(taurine, amino sulfonic acid) 등은 지미성분이다. 생선의 Trimethylamine oxide도 독특한 지미를 갖고 있다.

(1) Carotinoid계 색소

카로티노이드계 색소는 산소를 갖고 있는 크산토필(xanthophyll)계 색소와 산소를 갖고 있지 않은 카로틴(carotin)계 색소로 구분된다. 카로틴계 색소는 석유에틸에는 녹지만 에탄올에는 난용이다. 여기에는 α-carotene, β-carotene, γ-carotene, 리코펜(lycopene)이 있다.

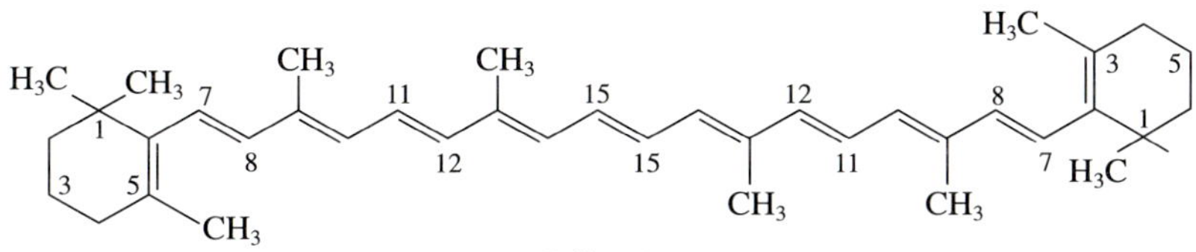

β-Carotene

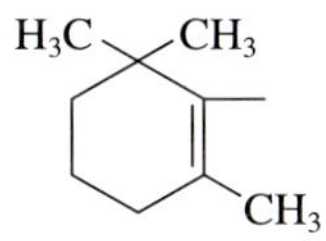

β-ionone 핵

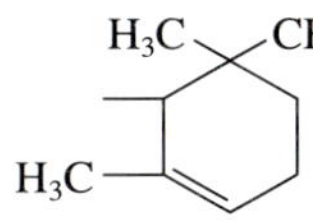

α-ionone 핵

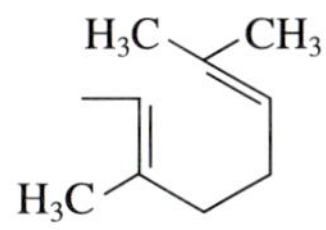

pseudo-ionone 핵

α-carotene, β-carotene, γ-carotene은 당근 · 고구마 · 호박, 그리고 일반 녹색식물에 존재하며, 분자 중에 β-ionone 핵을 갖고 있어 프로비타민 A 작용이 있지만 리코펜(lycopene)은 pseudo ionone 핵을 갖고 있어 프로비타민 A의 작용이 없고 토마토나 수박 및 감 등에 존재하는 색소이다.

크산토필(xanthophyll)계 색소는 에탄올에 가용이고 석유 에틸에는 불용이며 카로틴계 색소의 산화유도체이다. 여기에 속하는 색소 성분으로는 옥수수, 밀감의 크립토크산틴(cryptoxanthin), 옥수수이나 녹엽의 루테인(lutein), 난황이나 옥수수의 제아크산틴(zeaxanthin, 갈조류의 푸코크산틴(fucoxanthin), 버섯의 칸타크산틴(canthaxanthin), 고추의 캅산틴(capsanthin) 등이 있다. 이 중 크립토크산틴(cryptoxanthin)은 provitamin A의 작용을 갖고 있다.

(2) Chlorophyll

클로로필은 식물의 녹색 부위의 엽록체(葉綠體, chloroplast)에 존재하며 식물의 광합성 작용에 관여한다. 구조는 4개의 피롤(pyrrol)핵이 메틴(methine)기로 연결된 테트라피롤(tetrapyrrol) 환 형태의 포르피린(porphyrin)으로 중심 부위에 Mg원자가 결합되어 착염을 이루고 있고 클로로필 α와 클로로필 β의 2종류가 있는데 a는 청록색이고 β는 황록색을 띠며, 일반 식물의 엽록소에는 $\alpha : \beta = 3 : 1$의 비율로 존재한다.

Guide

- **Chlorophyll**(클로로필)
  수용성 클로로필 유도체 제제는 주로 클로로필의 나트륨 및 칼슘염의 동(銅) 복합체로 형성되며 탈취와 정상조직 복원 및 각종 피부병변에서의 소양증에 활용산으로 처리되면 중심 부위의 Mg이온이 H+이온으로 치환되어 갈색의 페오피틴(pheophytin)으로 변화했다가 나중에는 피톨(phytol)기가 분리된 갈색의 페오포르비드(pheophorbide)로 변화한다.

알칼리 처리 시에는 피톨기만 분리된 짙은 초록색의 클로로필리드(chloro-phyllide)를 거쳐 메틸기도 분리된 형태의 클로로필린(chlorophylline)으로 되며 Cu나 Fe의 존재 시에는 중심 부위의 Mg이 이들 금속이온과 치환되어 청록색의 Cu−chlorophyll이나 갈색의 Fe−chlorophyll로 변화하는데, 이들 색깔은 매우 안정한 편이다.

한편 엽록소 중에 존재하는 클로로필라아제(chlorophyllase)는 클로로필을 chlorophyllide 형태로 가수분해하며, 이때 불용성의 클로로필이 수용성 형태로 전환된다.

주로 해조류에 존재하며, 클로로필은 홍조류에 존재한다. 수용성 클로로필 유도체의 경구적 투여용 제제는 특정한 괴사성이나 괘양성 병변의 악취를 없애는데 이용되기도 한다.

(3) 플라보노이드(Flavonoid)계 색소

넓은 의미의 flavonoid계 색소에는 안토크산틴(anthoxanthin) 외에 안토시아닌(anthocyanin), 카테킨(catechin), leucoanthocyan 등이 속하지만 일반적으로 anthoxanthin을 플라보노이드계 색소라 하고 catechin, leucoanthocyan으로 분류한다.

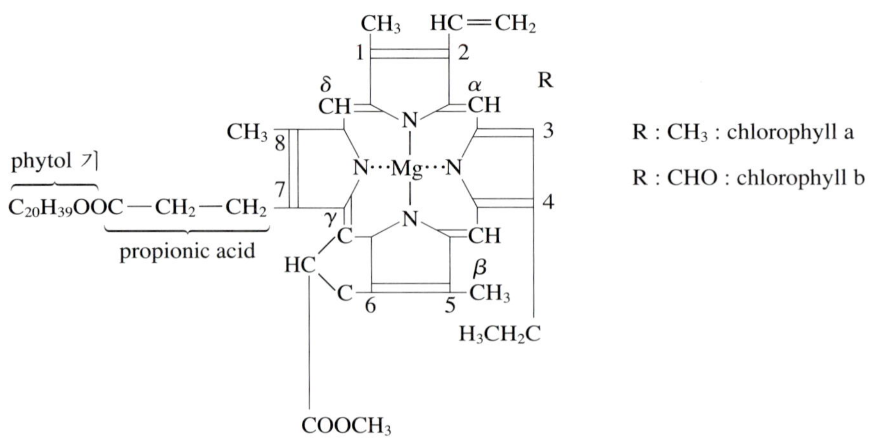

chlorophyll

안토크산틴계 색소는 보통 화황소(花黃素)라고 하는데, 녹엽 · 과피 · 꽃 등의 담황색~황색의 색소로 대개는 당류와 결합한 배당체 형태로 존재한다.

이는 2-phenyl benzopyrone을 기본 구조로 플라본(flavone), 플라보놀(flavonol), 플라바논(flavanone), 플라바노놀(flavanonol) · 이소플라본(isoflavone)의 다섯 계통으로 분류한다.

플라보에 속하는 색소로는 옥수수의 아피게닌(apigenin), 파슬리(parsley)의 아핀(apiin), 밀의 트리틴(tritin) 등이 있고, 플라보계에는 양파 외피의 케르세틴(quercetin)과 메밀, 토마토의 루틴(rutin)이 있으며, 플라바논에는 감귤 과피의 헤스페리딘(hesperidin), 에리오딕틴(eriodictin), 나린진(naringin) 등이 있다. 플라바노놀계는 플라바논계 색소의 환원 형태로 디하이드로케르세틴(dihydroquercetin)이 있고 이소플라본계에는 콩의 다이진(daizin)이 있다.

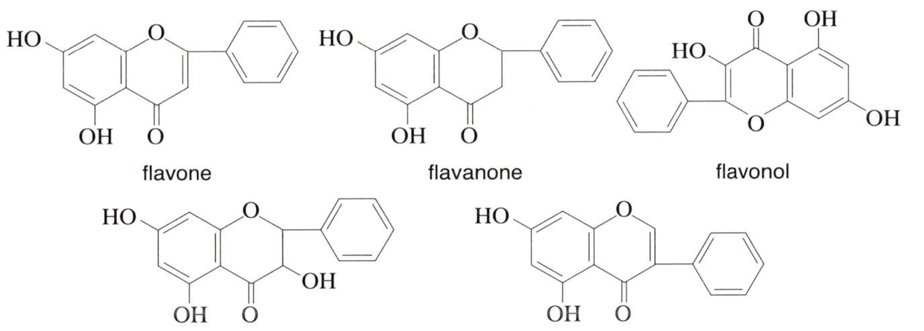

flavone flavanone flavonol flavanonol isoflavone

(4) Anthocyan계 색소

화청소라고 하며 꽃이나 과일 등의 적색 · 청색 · 자색 색소이다. 이 계통의 색소도 anthoxanthin계 색소와 마찬가지로 배당체로 존재하는데 그 아글리콘(aglycone)을 안토시아니딘(anthocyanidin)이라고 하며, 매우 불안정하여 pH에 따라 그 색이 달라지는데 산성에서는 적색, 중성에서는 무색~자색, alkali 성에서는 청색을 띤다.

안토시안계 색소는 기본구조에 연결된 OH기의 수에 따라 펠라고니딘(pelargonidin), 시아니딘(cyanidin), 델피니딘(delphinidin), 그리고 OH기가 메톡시(methoxy)기로 치환된 페튜니딘(petunidin)과 말비딘(malvidin)으로 분류한다.

필라고나이딘계 색소로는 양딸기의 프라가린(fragarin), 나팔꽃의 펠라고닌(pelargonin)이 있고, 시아니딘계 색소에는 소엽, 장미의 시소닌(shisonin) 및 시아닌(cyanin)과 검정콩이나 뽕의 크리산데민(chrysanthemin), 버찌의 케라시아닌(keracyanin) 등이 있으며, 델피니딘계에는 포도의 에닌(oenin), 자주감자의 니글리틴(negletin) 등이 있다.

탄닌류(tannins)는 일반식물에 널리 분포되어 있는 떫은맛을 가진 물질로 자체는 무색이나 산화되면 갈색~흑색을 띤다. 대체로 카테킨류(catechins), 류코안토시아닌(leucoanthocyanin), 클로르겐산(chlorogenic acid) 같은 히드록시산(hydroxy acid)들이 이에 속한다.

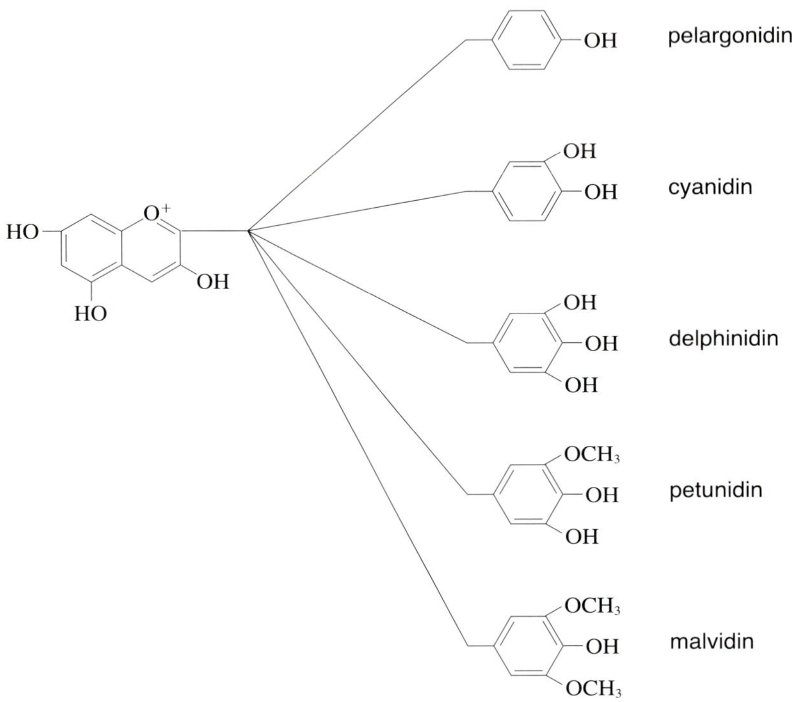

2. 동물성 식품의 색소

동물성 식품의 색소에는 혈색소인 헤모글로빈(hemoglobin)과 근육 색소인 미오글로빈(myoglobin), 그리고 일부 카로티노이드(carotenoid) 색소들이 있다.

(1) Hemoglobin

동물의 혈색소로 철(Fe^{++})을 갖고 있는 포르피린(porphyrin), 즉 페로프로토포르피린(ferroprotoporphyrin)인 heme 4분자에 globin 1분자가 결합해 있는 형태로서 철 함량은 0.34%이다.

헤모글로빈은 생체 내에서 산소 운반 작용을 하며 산화되면 옥시헤모글로빈(oxyhemoglobin)을 거쳐 중심 Fe원자가 ferroprotoporphyrin(Fe^{++})에서 ferriprotoporphyrin(Fe^{+++})으로 전환된 메트헤모글로빈(methemoglobin)으로 된다.

$Hb(Fe^{++}) + O_2$		$Hb(Fe^{++}) \cdot O_2$		$Hb(Fe^{+++})$
hemoglobin	$\rightleftarrows$ 산소화	oxyhemoglobin	$\longrightarrow$ 산화	methemoglobin
(적자색)		(선홍색)		(갈색)

또한 수육 가공 시에 헤모글로빈의 선명한 빛깔을 고정하기 위해 질산칼륨(KNO_3)이나 아질산칼륨(KNO_2)을 작용시키면 nitroso-hemoglobin으로 되어 선홍색을 유지시킬 수 있다.

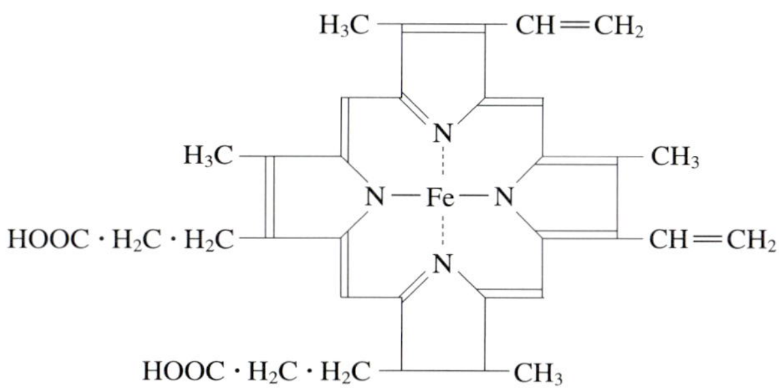

heme의 구조

(2) Myoglobin

육색소(肉色素)라고 하며 구조는 헤모글로빈과 같은 포르피린(porphyrin)으로 헤모글로빈이 4분자의 heme에 1분자의 globin이 결합한 데 비해 미오글로빈은 1분자의 heme에 1분자의 globin이 결합한 형태이다.

미오글로빈(myoglobin)의 색깔은 적자색이지만 공기 중에 방치하면 적색인 옥시미오글로빈(oxymyoglobin)을 거쳐 갈색~회색인 메트미오글로빈(metmyoglobin)으로 변화하는데 가열 시에는 더욱 변화하여 메트미오글로빈의 globin이 분리되고 페리프로토포르피린(ferriprotoporphyrin) 부분이 유리된 헤마틴(hematin)으로 변화한다. 육가공시에는 선홍색의 육색을 보존하기 위하여 미오글로빈에 KNO_3를 작용시켜 니트로소미오글로빈(nitrosomyoglobin) 형태로 변화하게 한다.

$Mb(Fe^{++})+O_2 \longrightarrow$	$Mb(Fe^{++})\cdot O_2 \longrightarrow$	$Mb(Fe^{+++}) \xrightarrow{\text{가열}}$	hematin+globin
myoglobin	oxymyoglobin	metmyoglobin	(갈~회색)
(적자색)	(적색)	(갈색)	

$KNO_3 \xrightarrow{\text{세균}}$	$KNO_2 \xrightarrow{\text{lactic acid}}$	$HNO_2 \xrightarrow{\text{lactic acid}}$	$NO \xrightarrow{+Mb}$	nitrose Mb
nitrate	K-nitrite	nitrous acid		

(3) Carotinoid계 색소

어패류 · 우유 · 달걀 등의 색소로서 도미의 표피에는 크산토필(xanthophyll)이 존재하고 새우나 게 등의 갑각류를 가열하였을 때 적색으로 변화하는 것은 이들 껍질에 있는 색소인 아스타크산틴(astaxanthin)의 단백질이 유리되면서 산화하여 아스타신(astacin)으로 변화하기 때문이다.

또 피조개의 근육 중에는 카로텐(carotene)과 황체(lutein)가 들어 있다. 달걀노른자의 황색은 루테인(lutein), 제아크산틴(zeaxanthin), 크립토크산틴(cryptoxanthin)에 의한 것이고 우유 중에도 카로텐(carotene)과 크산토필(xanthophyll)이 약간씩 들어 있다.

3. 식품의 착색

식품의 기호성과 상품의 가치를 높이기 위해 원래의 빛깔을 보완하고자 인공적으로 착색하는 경우가 있는데, 착색료에는 천연 색소와 인공 색소가 쓰여진다. 천연 색소는 인체에 해가 없는 반면에 고가이므로 주로 허용된 인공 색소를 많이 사용한다.

(1) 천연 착색료(天然着色料)

β-카로틴은 황색 색소로 착색료 기능 외에 영양 성분으로도 이용되며 중남미의 연지나무 종자에서 얻는 빅신(bixin)이 있다. 노르빅신(norbixin)은 황색 색소로 버터와 치즈에 사용한다. 캡산틴(capsanthin)과 캡소르빈(capsorbin)은 고추의 과피에서 추출하는 적색 색소이고 chlorophyll은 녹색 착색료로 이용하며, 울황 중의 쿠르쿠민(curcumin)도 황색 착색료로 이용한다.

그 밖에 크로세틴(crocetin), laccaic acid, carmic acid, 카르타민(carthamin) 등이 천연착색료로 식품가공에 이용된다.

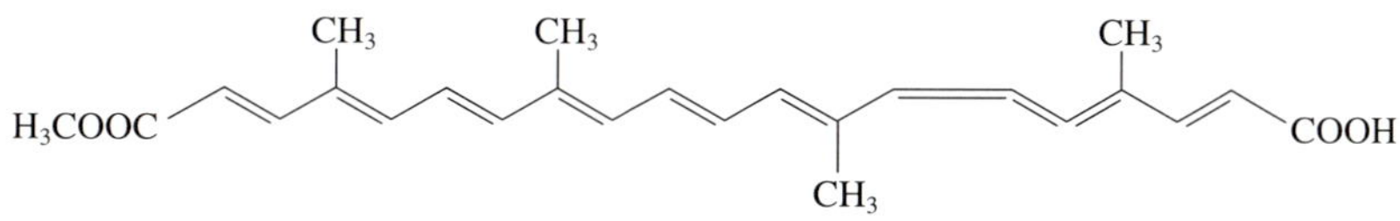

bixin

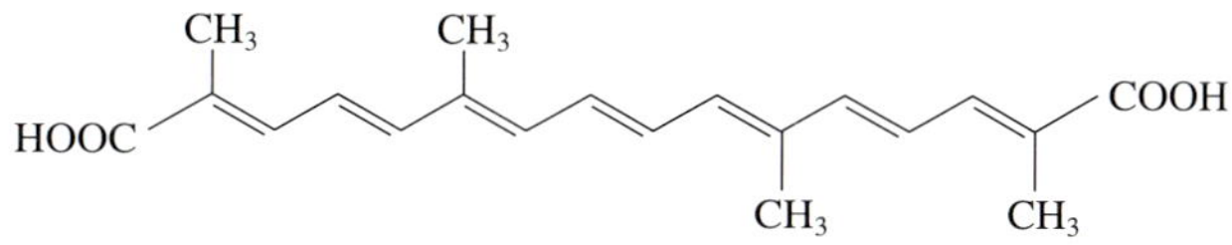

crocetin

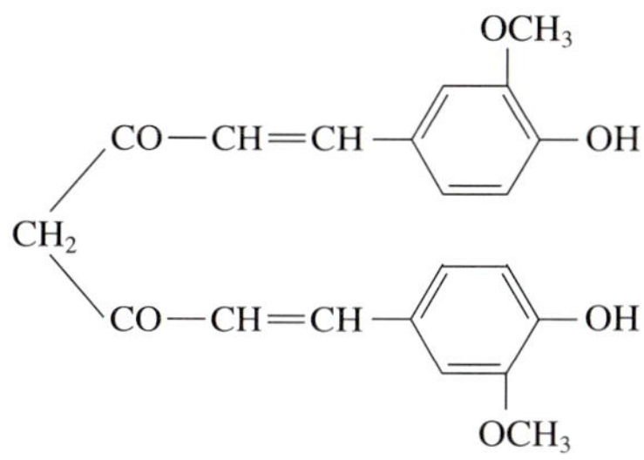

curcumin

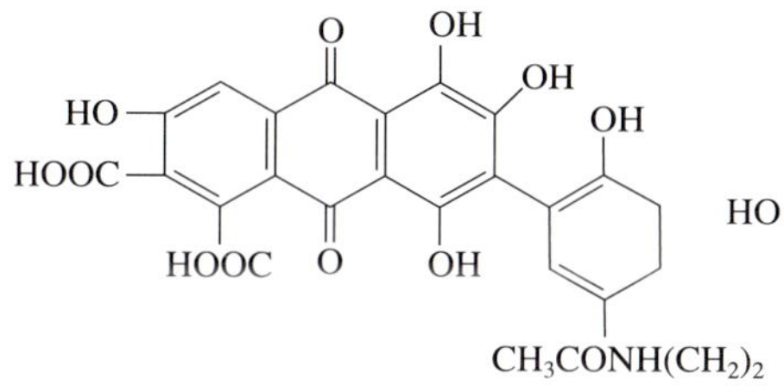

laccaic acid

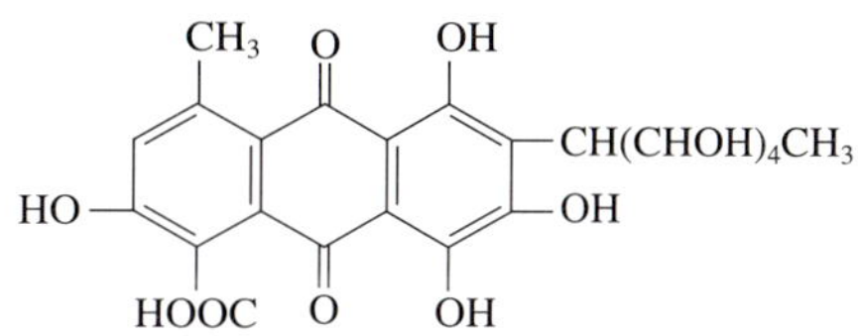

carmic acid

(2) 인공 착색료(人工着色料)

식품가공에 이용하는 인공착색료는 보통 화학적으로 합성한 타르 색소로서 인체에 유해하기 때문에 그 종류와 사용량이 제한되어 있다. 또한, 이들 타르계 색소는 Al을 첨가해서 lake 형태로서 사용하며, 식품위생법에서 허가하는 타르계 인공착색료는 표 3-4와 같다.

표 3-4 Tar계 인공 착색료

색 소 명	별 명	비 고
식용색소 녹색 제3호	Fast green FCF	Al-lake
식용색소 적색 제2호	Amaranth	Al-lake
식용색소 적색 제3호	Erythrosine	Al-lake
식용색소 청색 제1호	Brilliant blue FCF	Al-lake
식용색소 청색 제2호	Indigo carmine	Al-lake
식용색소 황색 제4호	Tartrazine	Al-lake
식용색소 황색 제5호	Sunset yellow FCF	Al-lake
식용색소 적색 제40호	Alura red	

비 타르계 색소로서 허가된 착색료는 7종으로 클로로필 유도체와 황산구리 및 캐러멜, 그리고 β-carotene 등이 있다.

3-3 냄새 성분

식품의 냄새는 맛이나 색과 더불어 식품을 평가하는 데 있어서 매우 중요하다. 냄새에는 우리에게 즐거움을 주는 좋은 냄새(香 : perfume, aroma)와 불쾌감을 주는 냄새(臭 : stink)가 있는가 하면 처음에는 역겨운 냄새가 익숙해지면 호감을 주는 냄새도 있다. 또한 농도에 따라 느낌이 다른 경우도 있는데 인간의 취각은 개인의 차가 심하고 건강 상태에 따라 크게 달라진다.

냄새의 본질에 있어서는 우리들이 느낄 수 있는 종류만도 10만 가지 이상이고 각각의 냄새들이 많은 성분들로 복합적으로 이루어져 있으며, 그 함량이 매우 적고 변화하기 쉽기 때문에 정확하게 냄새 성분을 규명할 수는 없으나 최근 G.C.(gas chromatography), HPLC(high perfermance liquid chromatography), 질량분석기(mass spectrometer) 등의 기술 발달로 많은 연구가 이루어지고 있다.

냄새는 보통 Henning의 분류에 따르며, 다음과 같은 6가지 기본 냄새가 있다.

① **꽃향**(花香, flowery odor) : 백합, 장미, 매화
② **과실향**(果實香, fruity odor) : 밀감, 사과, 레몬
③ **향신료향**(香辛料香, spicy odor) : 정향, 생강
④ **수지향**(樹脂香, resinous odor) : 송정류, 발삼(balsam)
⑤ **썩은 냄새**(腐敗臭, putrid odor) : 부패육, 부패란(썩은 달걀)

⑥ 탄 냄새(焦臭 : burnt odor) : coffee, caramel

1. 식물성 식품의 냄새

식물성 식품의 냄새 성분은 주로 alcohol류, ester류, aldehyde류, ketone류 및 황화합물 등이다.

(1) 야채의 냄새 성분

엽채류의 냄새 성분은 신선한 향기 성분으로 주로 헥세놀(hexenol)과 같은 저분자의 불포화 알코올이나 불포화 알데히드(aldehyde)이며, 파나 마늘 등은 유기황화합물로서 allyl sulfide, alky sulfide, alkyl mercaptan 형태로 들어 있다.

① 무 : methyl mercaptane, thiomustard oil
② 오이 : 2, 6-nonadienal, 2-nonenal, propanal
③ 양배추 : allyl isothiocyanate, 3-butenyl isothiocyanate
④ 당근 : terpinene-4-ol, bornyl acetate, α-terpineol, sabinene, heptanal
⑤ 셀러리(celery) : limonene, sedanolide, sedanoic anhydride
⑥ 감자 : pentanol
⑦ 송이 : 1-octen-3-ol
⑧ 토마토 : ethyl acetate, isovaleraldehyde, isoamyl alcohol, hexenol
⑨ 파류 : methyl disulfide, methyl mercaptane, allyl mercaptane, diallyl disulfide, allyl propyl disulfide, propyl disulfide
⑩ 마늘 : alliin, diallyl sulfide, diallyl disulfide, diallyl trisulfide, propyl allyl disulfide, divinyl sulfide
⑪ 생강 : citron, hexeanol
⑫ 표고 : lenthionine
⑬ 미나리 : myrcene
⑭ 고추 : capsaicin

(2) 과일의 냄새 성분

과일의 냄새는 다른 식품에 비해 품질을 평가하는 데 있어 그 비중이 크다. 최근 분석기술의 발달로 과일 중의 많은 향기 성분이 동정 분리되고 있다. 이들 성분은 대개 방향족 알코올과 지방산 에스테르, 그리고 terpene 계통의 성분들이다.

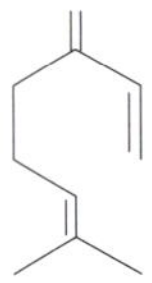

myrcene

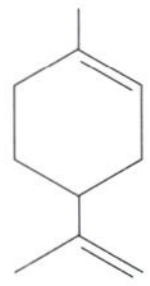

limonene

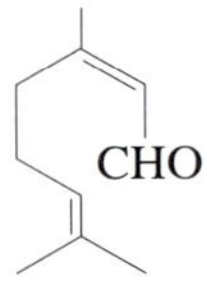

citral

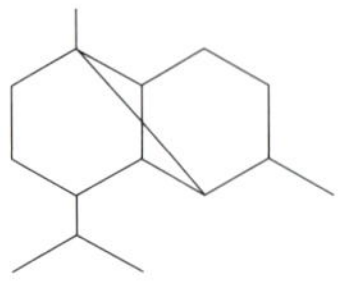

copaene

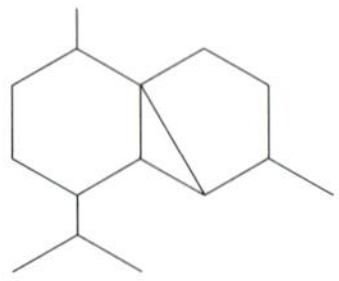

cubebene

① 사과 : methyl butyrate, amyl formate, isoamyl acetate, propanol, pentanol
② 복숭아 : amyl formate, ethyl formate, decalactone
③ 배 : isoamyl formate, ksoamyl acetate
④ 포도 : methyl acetate, ethyl acetate
⑤ 밀감류 : ethyl acetate, ethyl butyrate, limonen, eitral, copaene, cubebene
⑥ 바나나 : isoamyl isovalerate, amyl acetate
⑦ 파인애플 : ethyl acetate, butyro lactone

(3) 그 밖에 식물성 식품의 냄새 성분

기호식품인 커피의 냄새 성분은 가공 과정 중 생성되는 furfuryl alcohol과 같은 furfural 유도체에서 기인하며 향신료인 후추, 겨자, 계피 등은 맛 성분과 동일한 성분인 piperine, 후추(chavicine), 겨자(allyl isothiocyanate), 계피(cinnamic aldehyde, citral, eugenol) 등에 의하여 생성된다. 테르펜(terpene) 화합물인 멘톨(menthol)과 멘톤(menthone)은 박하의 향기 성분이고, 미르센(myrcene)은 미나리의 향기 성분이며, 투존(thujone)은 쑥에 있어서의 냄새 성분이다.

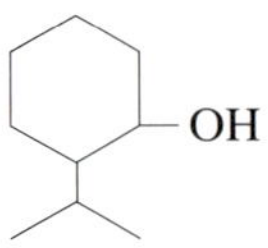

menthol

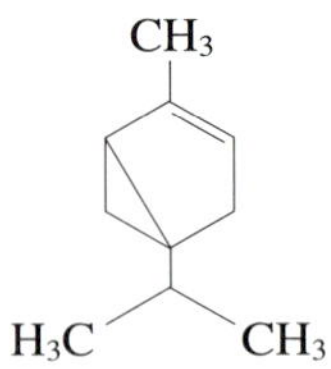

thujone

2. 동물성 식품의 냄새 성분

동물성 식품의 냄새 성분은 일부 알데히드류나 알코올류의 성분들도 관여하나 주된 성분들은 휘발성 아민 화합물과 지방산 및 카르보닐(carbonyl) 화합물 등이다.

(1) 수육(獸肉)의 냄새 성분

신선한 수육의 냄새는 아세트알데히드(acetaldehyde)에서 기인하며 일단 신선도가 저하되면 단백질 분해 세균작용에 의해 생성된 ammonia, methyl mercaptane, H_2S, indole, skatole 등에 의하여 불쾌한 냄새가 생성된다. 가열 조리시의 냄새 성분은 육류의 지방 성분이 산화하여 생긴 카르보닐 화합물인 methanal, ethanal, propanone, butanone 등과 일부 알코올, 그리고 아세트산(acetic acid), 프로피온산(propionic acid) 등에 의한다.

(2) 어패류의 냄새 성분

어패류 비린내의 주된 성분은 trimethylamine(TMA)으로 어패류가 죽은 뒤에 trimethylamine oxide(TMAO)로부터 생성된 것이다.

해수어와는 달리, 담수어는 TMA 대신 piperidine, δ-amino valeraldehyde, δ-amino valeric acid에 의하며 신선도가 떨어지면 육류와 마찬가지로 methyl meracaptan, ammonia, H_2S, 휘발성 지방산, 인돌(indole), 스카톨(skatole), 카다베린(cadaverine) 등이 생성되어 냄새를 이룬다.

(3) 유(乳)와 유제품의 냄새 성분

신선한 우유의 냄새 성분은 저급 지방산인 propionic acid, butyric acid와 acetone, acetaldehyde, 그리고 methyl sulfide 등에 의한다. 신선도가 떨어지면 δ-amino acetophenone에 의해 불쾌한 냄새가 난다. 버터에 있어서는 디아세틸(diacetyl)과 아세토인(acetoin)이 냄새의 주를 이루며 치즈의 냄새 성분은 복잡하고 그 종류에 따라 냄새 성분이 다르지만 주로 ethyl-β-methyl mercaptopropionate을 비롯하여 diacetone, methyl ketone, 2-heptanone, 2-nonanone, 2-pentanone과 같은 케톤류, 그리고 일부 지방산과 그 에스테르 등이 냄새를 낸다.

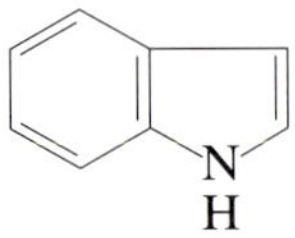

indole

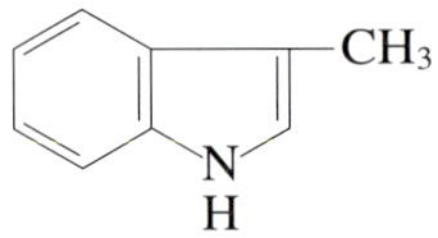

skatole

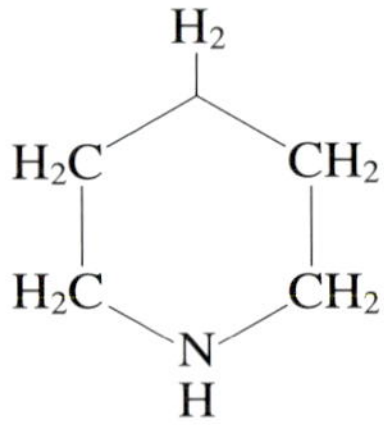

piperidine

3-4 유독성분

식품 중의 유독성분이라 함은 식품 본래의 기능에 어긋나고 우리가 섭취함으로써 건강에 장해를 일으키는 식품과 관련된 성분을 말하며, 그 종류가 대단히 많아 식품을 취급하는 데 있어서 세심한 주의를 요한다.

여기에는 자연식품 자체가 함유하고 있는 내인성 유독물질과 오염된 미생물이 분비하는 독성물질 · 제조 과정 중 혼입되는 유독물질 · 인위적으로 첨가되는 유독첨가물과 같은 외인성 유독물질(外因性有毒物質) 등이 있다.

1. 식물성 식품의 유독성분

식물성 유독성분에는 일부 배당체와 알칼로이드(alkaloid), 펩티드(peptide), 그리고 유기염기에 속하는 성분들이 많다.

(1) 배당체(配糖體)

cyanogenic glycoside로서 신살구, 복숭아씨 속의 아미그달린(amygdalin), 수수류 속의 두린(dhurrin)이 존재한다. 일반식물, 특히 시금치나 콩 속에 존재하는 사포닌(saponin)도 용혈성 유독배당체이다. 솔라닌(solanin)은 감자에 들어 있고 특히 발아 중인 감자에 다량 함유되어 있는 독성 물질이다.

(2) Alkaloids

솔라닌(solanin)의 가수분해 산물인 솔라니딘(solanidin)과 꽃무릇 구근의 리코린(lycorin), 토마토의 배당체 성분인 tomatine의 aglycon인 토마티딘(tomatidine) 등도 독성을 나타낸다.

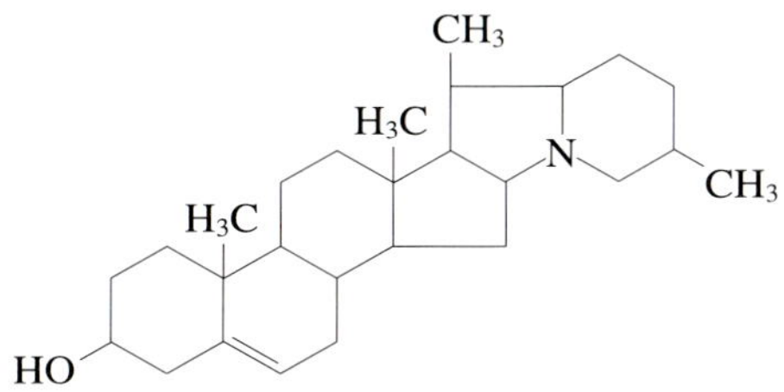

solanidin

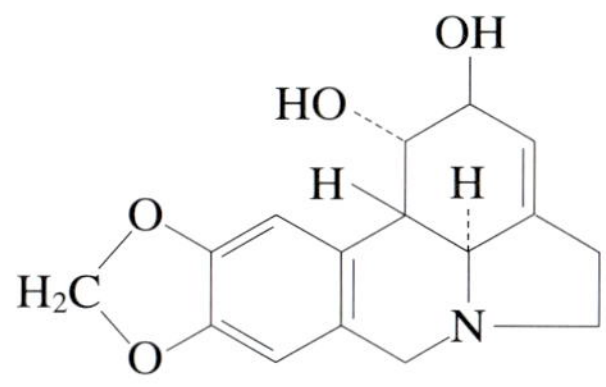

lycorin

(3) Peptides

독버섯 중에는 cyclic heptapeptide인 팔로이딘(phalloidin)과 octapeptide인 아마니틴(amanitin)이 들어 있다. 또한 단백질인 리신(ricin)과 sojin은 각각 피마자와 콩 속에 들어 있는 독성물질이며, 콩 · 난백 속의 trypsin inhibitor도 일종의 유독물질이라고 할 수 있다.

(4) 유기염기

콜린(choline) 유도체로서 독버섯에 뉴린(neurine)이나 무스카린(muscarine) 같은 유독물질이 존재하고 커피와 차의 카페인과 데오브로민(theobromine)과 같은 성분도 다량 섭취하면 독성을 일으킨다. 그밖에 면실의 고시폴(gossypol)도 독성을 갖고 있으며, 식물체 속에 존재하는 phenol성 화합물의 일부도 독성을 나타낸다.

2. 동물성 식품의 유독성분

주로 어패류에 함유되어 있으며, 독성물질이 체내에서 직접 합성되는 것이 아니라 독성을 함유하는 플랑크톤 등을 어패류가 섭취함으로써 독성을 지니는 것으로 알려지고 있다. 복어에는 테트로도톡신(tetrodotoxin)이란 비교적 강력한 독성을 지닌 물질이 존재하는데, 복어의 전체 부위에 존재하지만 특히 난소와 간장에 다량 함유되어 있다.

조개류에 있어서는 모시조개나 굴 등에 베네루핀(venerupin)이란 유독물질이 존재하고, 담치의 유독성분은 mytilotoxin이며, 그 밖에 아직 확실하게 확인되고 있지 않은 몇몇 독성물질이 어패류에 존재하는 것으로 알려져 있다.

최근 우리나라에서도 굴과 홍합에서 발견된 마비성 독성물질인 고니오톡신(gonyautoxin)과 삭시톡신(saxitoxin)도 유독성 물질이다. 이들은 식물성 플랑크톤인 편모조류를 먹이로 섭취한 패류 등에서 발견된다.

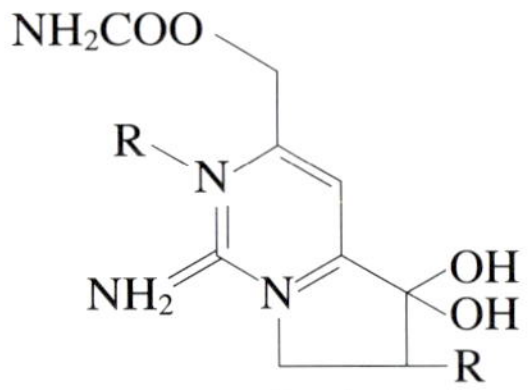

saxitoxin

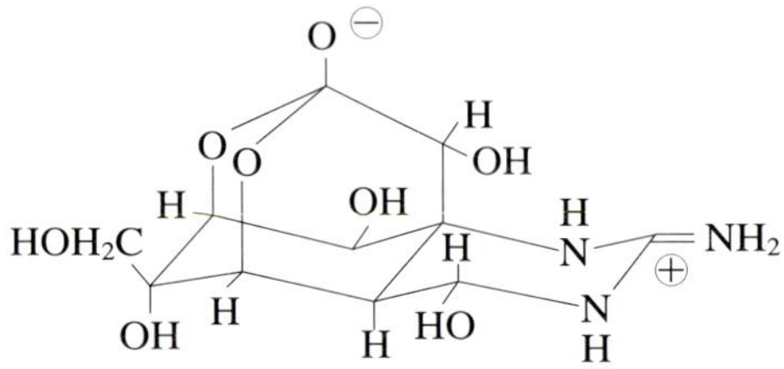

tetrodotoxin

3. 미생물 유독 대사물질

식품을 저장 또는 가공하는 과정에서 오염되거나 식품 자체에 기생하는 미생물에 의해 생성되는 독성물질에 대해 최근 많은 연구가 이루어지고 있다. 이들 독성물질을 생성하는 미생물은 주로 곰팡이로서 곰팡이에 의해 생성되는 독성물질을 총칭해서 곰팡이독(mycotoxin)이라 하며, 그 종류도 150여 종 이상이다.

이들 미코톡신(mycotoxin)은 기후나 식습관, 기질 등 특이성에 따라 발생이 다양하여 원인식품 · 생성조건 · 균주 등을 연구 검토하여 사전에 방비하는 것이 중요하다.

(1) Aflatoxin

가장 대표적인 mycotoxin으로 생성균은 *Asp. flavus*이며 *Aspergillus* 속 곰팡이들은 아플라톡신(aflatoxin) 생성능이 있다는 연구 보고를 고려해 볼 때 간장이나 된장 등 곰팡이를 이용하는 발효식품 제조 시 아플라톡신에 대한 대책이 필요하다. 이들의 중독 증세는 주로 간장 장애이며, 아플라톡신에는 B_1, B_2, G_1, G_2, M_1, M_2 등 10여 종이 알려져 있다.

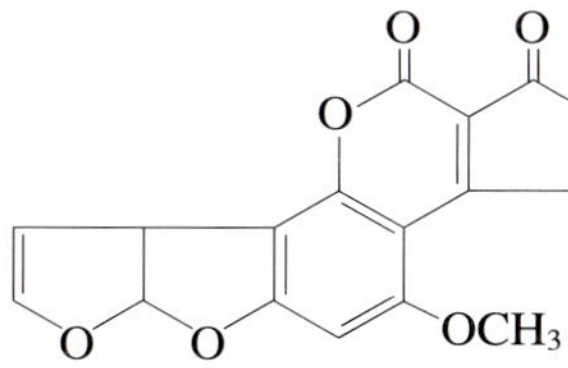

Aflatoxin B_1

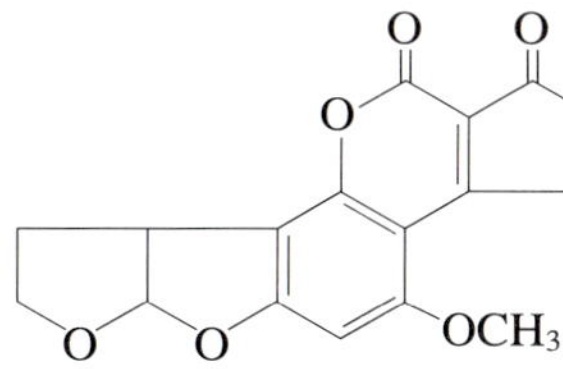

Aflatoxin B_2

(2) 맥각 중독(麥角 中毒)

맥각 중독 성분은 맥각균(*Claviceps purpurea*)이 보리 · 호밀 · 밀 등에 기생하여 생성하는 균핵(菌核)이며, 알칼로이드 성분이다. 여기에는 에르고타민(ergotamine), 에르고메트린(ergometrine), 에르고톡신(ergotoxin)균이 있으며, 중독되면 근육수축이나 괴저 등을 일으킨다.

표 3-5 맥각 알칼로이드(Alkaloid)

군	명칭	분자식	융점	비선광도
Ergotamine	Erogotamine	$C_{33}H_{35}O_5N_5$	180°C	−155°
	Erogosine	$C_{33}H_{37}O_5N_5$	228°C	−179°
	Ergotaminine	$C_{33}H_{35}O_5N_5$	241∼3°C	+385°
	Ergosinine	$C_{33}H_{37}O_5N_5$	222°C	+420°
Ergotoxine	Ergotoxine	$C_{35}H_{39}O_5N_5$		−226°
	Ergocomine	$C_{31}H_{39}O_5N_5$	182∼4°C	−188°
	Ergocyptine	$C_{32}H_{41}O_5N_5$	212°C	−187°
	Ergocristine	$C_{35}H_{39}O_5N_5$	100°C	−183°
	Ergotoxinine	$C_{35}H_{39}O_5N_5$		
	Ergocminine	$C_{31}H_{39}O_5N_5$	228°C	+409°
	Ergocryptinine	$C_{32}H_{39}O_5N_5$	240∼2°C	+408°
	Ergocristinine	$C_{35}H_{39}O_5N_5$	226°C	+366°
Ergometrine	Ergometrine	$C_{19}H_{23}O_5N_3$	162∼3°C	−44°
	Ergobasinine	$C_{19}H_{23}O_2N_3$	195∼7°C	−414°

(3) 황변미 중독(黃變米 中毒)

저장쌀에 *Penicillium* 속 곰팡이가 번식하면 쌀이 황색으로 변하게 되는데 이때 독성물질이 생성된다. 여기에 관여하는 곰팡이는 *P. citrinum*, *P. islandicum*, *P.toxicarium*으로 시트리닌(citrinin), 시트레오비리딘(citreoviridin), 아일란디톡신(islanditoxin), 루테오스키린(luteoskyrin) 등의 독성물질을 생성한다. 이들 독성물질은 체내에서 간장 장애와 신경 장애를 일으킨다.

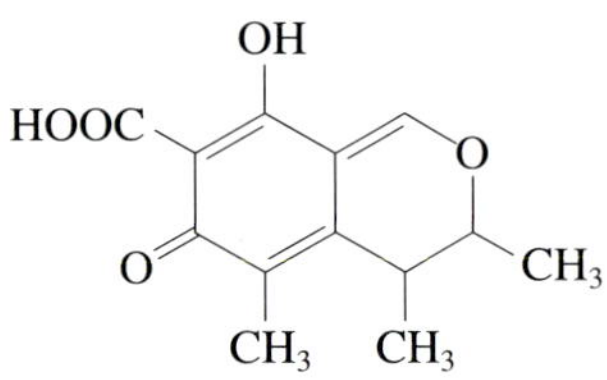

citrinin

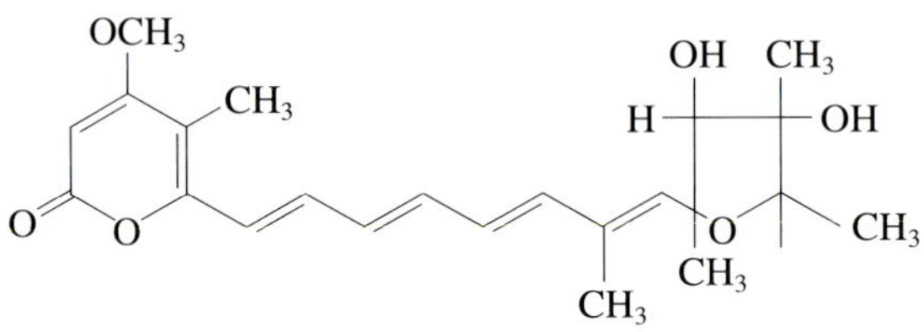

citreoviridin

(4) Fusarium 독

Fusarim 속 곰팡이가 옥수수나 밀 등에 기생하여 생성된 여러 가지 독성물질로 이들은 scirpenc계 물질로 trichodermin(*Trichoderma viride*), trichothecin (*Trichoderma roseum*), diacetoxy scirphenol(*Fusarium roseum*), T−2 toxin (*Fusarium tricinctum*), zearalenone(*Fusarim graminearum*) 등으로 중독시에 각종 생리장애를 일으킨다.

기타 *Penicillium rubrum*에 의한 루브라톡신(rubratoxin), *Asp. ochraceous*에 의한 오크라톡신(ochratoxin), *Asp. versicolor*에 의한 스테리그마토시스틴(sterigmatocystin), 말토리진(maltoryzine), 파툴린(patulin) 등이 잘 알려진 미코톡신(mycotoxin)이다.

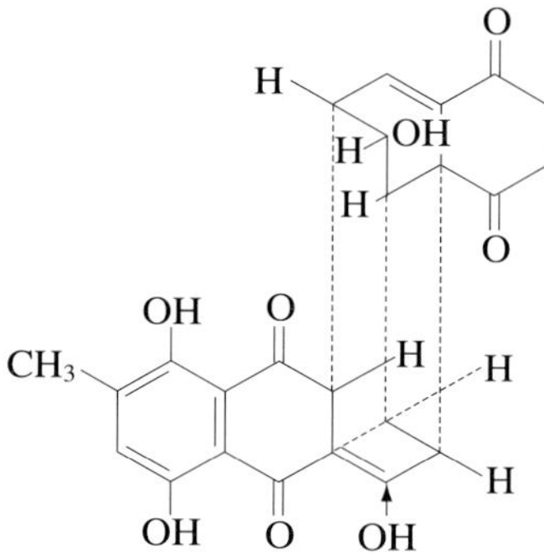

luteoskyrin

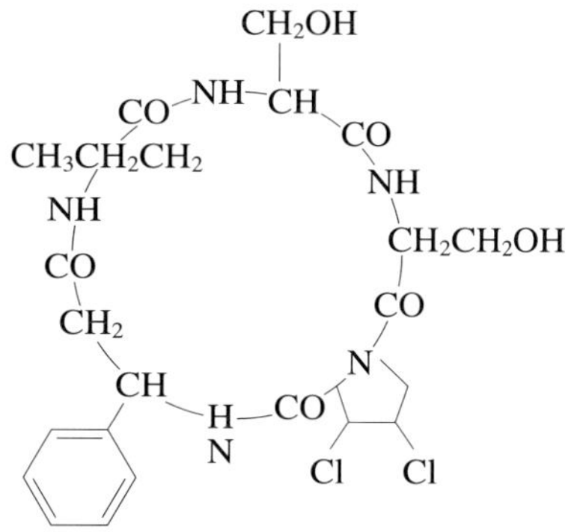

islanditoxin

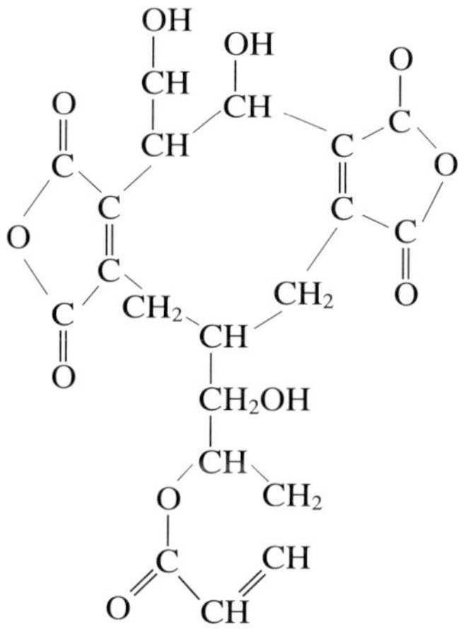

rubratoxin B

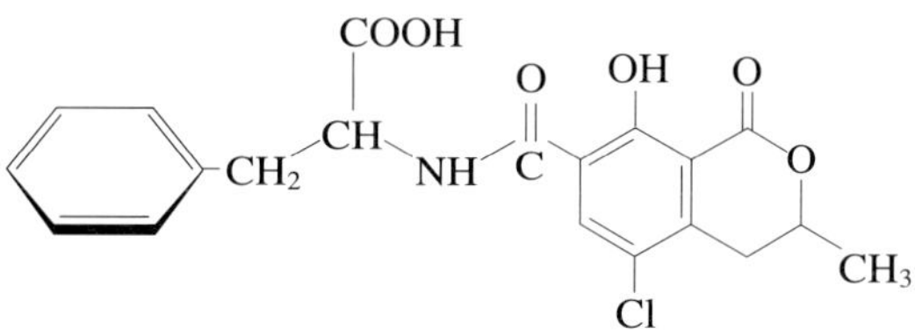

ochratoxin A

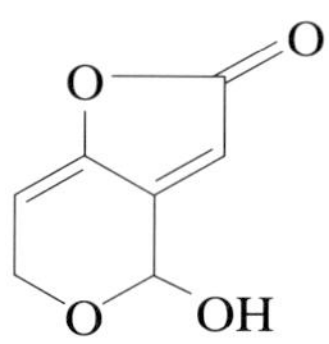

patulin

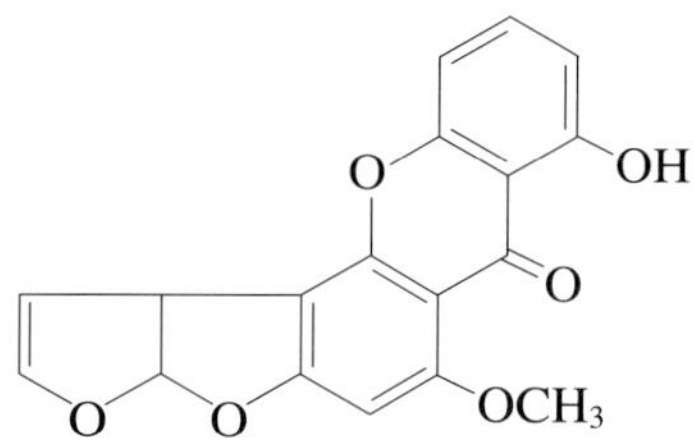

sterigmatocystin

식품의 특수성분 *Question*

1. 식품의 유독성분에는 어떤 것들이 있을까?

(1) (2)

(3) (4)

▶ 정답 : (1) solanine, (2) amygdalin, (3) saponin, (4) aflatoxin

2. 쌀 및 곡류에 미량 함유된 용혈성 유독성분은?

▶ 정답 : lysolecithin

3. 버섯에 함유되어 있는 유독성분에는 어떤 것들이 있을까?

▶ 정답 : (1) neurine, (2) phalloidine, (3) phaline, (4) muscarine

4. 다음 중 곰팡이가 생성한 독성물질로 발암성이 높은 것은?

▶ 정답 : aflatoxin

5. 육류 및 어류가 부패하여 생성되는 유독성분은?

▶ 정답 : ptomaine

6. 다음 중 물 속에서 거품이 잘 나고 쓴맛이 있으며, 약효나 독성을 가진 배당체는?

▶ 정답 : saponin

7. 시금치를 뜨거운 물로 데치면 선명한 녹색을 나타내는 이유는?

▶ 정답 : chloropyllide의 생성으로

8. Flavonoid 계 색소는 어떻게 나타나는 것인가?

▶ 정답 : 밀가루에 중소를 섞어 만든 빵의 황변

9. 식초에 절인 생강이 발갛게 되는 이유는?

▶ 정답 : 생강에 들어 있는 anthocyan 때문에

10. 빵이나 비스킷과 같은 것을 가열했을 때 갈변이 되는 현상은?

▶ 정답 : Caramel화의 반응으로

Chapter 4 식품의 효소

효소(enzymes)란 극미량으로 생체의 여러 가지 복잡한 화학 반응을 촉진 또는 지연시키는 일종의 생체 촉매이다.

효소의 본체는 고분자 물질로서 단순단백질로 되어 있는 것과 복합단백질(단순단백질에 비단백질 부분이 결합된 물질)로 되어 있는 것이 있다. 복합단백질로 되어 있는 경우, 단순단백질 부분을 **불완전 효소**(apoenzyme)라고 하며, 비단백질 부분을 **조효소**(coenzyme)라고 한다. 그리고 이들 두 부분이 결합된 형태를 **완전 효소**(holoenzyme)라고 한다.

효소가 반응속도를 촉진하는 것은 반응물이 필요로 하는 활성화 에너지를 낮춰서 많은 반응물이 쉽게 반응할 수 있도록 돕기 때문이다.

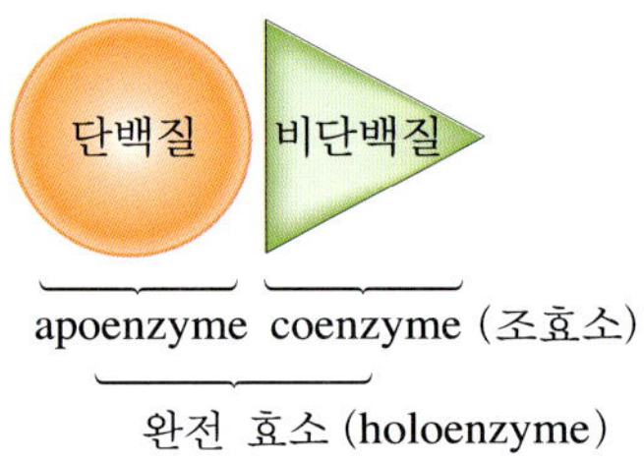

4-1 효소의 명명법

효소의 명칭은 관용적으로 사용하는 명칭과, 효소작용의 대상이 되는 물질인 기질과 관련한 명칭, 효소가 관여하는 반응에 따른 명칭들이 있다. 관용적 명칭은 초기에 효소들이 많이 발견되면서 비롯한 것으로 특별한 규칙 없이 명명되었다. 펩신(pepsin), 트립신(trypsin), 디아스타아제(diastase) 등이 초기에 명명된 이름들이다.

그 후 1964년 국제생화학연합회(IUB)의 효소위원회에서 효소를 여섯 종류로 분류하고 기질이나 반응을 기본으로 하여 어미에 −ase를 붙이기로 하였다.

또한 일반적으로 효소명은 어떤 화합물이 어떤 화학적인 변화를 받는지 알 수 있도록 '기질명+반응형식+ase'의 형태로 표현하기도 한다. 즉, glucose isomerase는 포도당 이성화 반응을 촉진하는 효소임을 알 수 있다.

1. 효소의 기본적인 명명법

1) 관용적 명칭

① 펩신(pepsin) : 위(胃)에 존재하는 단백질 분해효소

② 트립신(trypsin) : 이자(췌장)액에 존재하는 단백질 분해효소

③ 디아스타아제(diastase) : 전분 분해효소

2) 기질 + ase

① 말타아제(maltase) : 맥아당(maltose)을 가수분해하여 포도당(glucose) 생성

② 셀룰라아제(cellulase) : 섬유소(cellulose)를 가수분해하여 셀로비오스(cellobiose) 생성

③ 프로테아제(protease) : 단백질(protein)을 가수분해하여 아미노산이나 펩티드 생성

④ 리파아제(lipase) : 지질(lipid)을 가수분해하여 지방산과 글리세롤을 생성시키거나 반대로 지방산과 글리세롤로부터 중성 지방질을 합성

3) 반응명 +ase

① 가수분해효소(hydrolase) : 가수분해반응을 촉진하는 효소

② 탈수소효소(dehydrogenase) : 탈수소반응을 촉진하는 효소

③ 산화효소(oxidase) : 산화반응(oxidation)을 촉진하는 효소

4-2 효소의 분류

효소는 그 종류가 대단히 많고 성질이나 기능, 반응형태, 반응기질 등에 따라 여러 가지 방법으로 분류할 수 있으나 국제생화학연합회(International Union of Biochemistry)의 효소위원회에서 다음과 같이 6가지 그룹으로 분류한 방법이 흔히 채택되고 있다. 이 중 식품과 비교적 관계가 많은 그룹은 가수분해효소와 산화환원효소이다.

표 4-1 효소의 분류

Group	계통번호	계통효소명	반 응
Ⅰ	1	oxidoreductase (산화환원효소)	산화 및 환원 반응
Ⅱ	2	transferase (전이효소)	원자단의 전달 반응
Ⅲ	3	hydrolase (가수분해효소)	기질 결합의 가수분해 반응
Ⅳ	4	lyase (탈리효소, 제거효소)	비가수분해적인 기질의 원자단의 이탈 반응
Ⅴ	5	isomerase (이성화효소)	입체 이성화 및 분자내 전이 반응
Ⅵ	6	ligase (합성효소)	결합 및 합성 반응

4-3 효소의 성질

효소반응에서 효소의 작용을 받는 물질을 **기질**(S : substrate)이라고 하며 효소분자(E)는 일단 기질과 결합하여 효소-기질 결합체(ES)를 형성한 후, 재조합을 일으켜 새로운 물질(P : 생성물)을 만든다. 기질과 결합하는 효소의 특정부위를 활성부위(active site)라고 한다.

$$E + S \rightleftharpoons ES \longrightarrow E + P$$

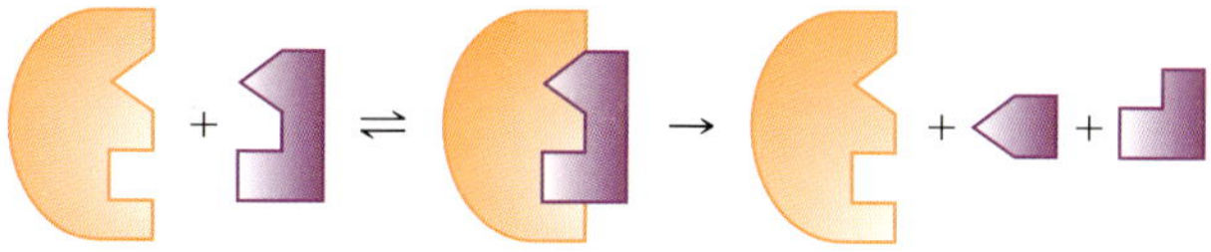

효소는 특정한 물질에만 작용을 하는 특이성을 갖고 있는데, 이것을 **기질 특이성**이라고 하며, 여기에는 **절대적 특이성**(absolute specficity)과 **상대적 특이성**(relative specificity) 그리고 **광학적 특이성**(optical specificity)이 있다.

절대적 특이성이란 한 종류의 기질에만 특이적으로 작용하는 것을 말하고, 상대적 특이성은 우선적으로 작용하는 기질이 있고 다른 기질에도 약간은 작용하는 것을 말하며, 광학적 특이성은 광학적 구조에 따라 특이성을 보이는 경우를 말한다.

4-4 효소반응에 영향을 주는 인자

1. 온 도

효소의 활성은 온도와 깊은 관계가 있다. 일반적으로 10°C 상승 시에 효소 반응속도는 약 2배로 증가하지만 효소는 단백질이므로 일정온도 이상이 되면 활성이 저하되다가 나중에는 변성하여 활성을 잃게 된다. 대부분의 효소는 30~40°C에서 최대의 활성을 가지며, 80°C 이상에서는 활성을 잃는다.

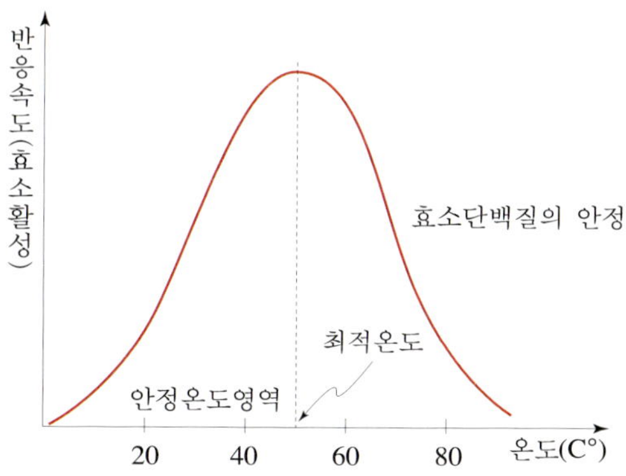

그림 4-1 효소활성과 온도와의 관계

효소의 활성이 최대가 되는 온도를 그 효소의 최적온도(optimum temperature)라고 한다.

2. pH

pH 역시 온도와 마찬가지로 효소의 활성에 큰 영향을 미친다. 효소의 활성이 최대가 되도록 하는 pH를 그 효소의 최적 pH(optimum pH)라고 한다. 그 이상이나 이하의 pH에서는 활성이 저하된다.

효소에 따라 최적 pH가 다르지만 대개 pH 4.5~8.0 범위이며, 기질의 종류에 따라 최적 pH가 달라질 수 있다. 따라서 효소를 이용한 식품가공에 있어서는 기질에 대한 효소활성이 높으면서도 안정성이 있는 pH 범위로 유지해 주어야 한다.

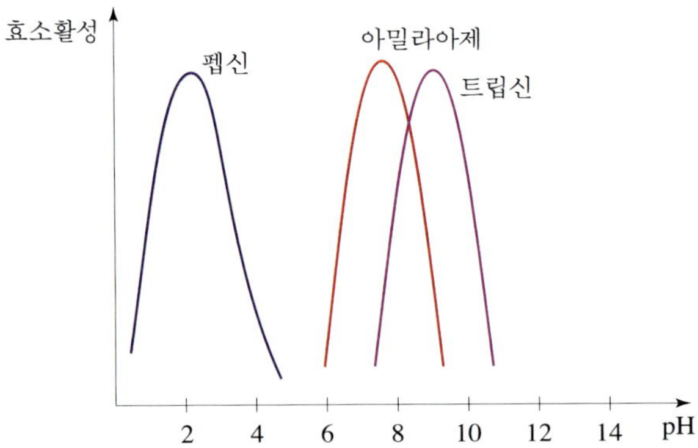

그림 4-2 효소활성과 pH와의 관계

3. 효소농도와 기질농도

기질의 농도가 일정할 때 초기에는 효소의 농도에 직선적으로 비례하여 반응속도가 증가하지만 반응이 진행되면 반응 생성물에 의해 효소의 작용이 저해를 받아 정비례하지 않는다. 또한, 효소의 농도가 일정할 경우에 기질의 농도가 낮을 때는 반응속도는 기질의 농도에 정비례한다. 그러나 기질의 농도가 높으면 정비례하지 않고 고농도에서는 반응속도가 일정하게 된다. 이 때의 반응속도를 **최대속도**라 하며 V_{max}로 표시한다.

기질의 농도가 충분히 높은 반응 초기단계에서의 효소반응속도는 효소의 농도에 의해 영향을 받는다. 그러나, 반응 후기단계에서는 기질의 양이 감소하였기 때문에 효소반응속도는 기질의 농도에 의해 영향을 받는다. 따라서 최대 효소 반응속도를 유지하기 위해서는 효소농도와 기질의 농도를 적당하게 조절하는 것이 매우 중요하다.

4. 효소활성 저해(酵素活性 沮害)

효소의 작용은 여러 가지 조건에 의해 저해를 받는데, 대체로 경쟁적 저해(competitive inhibition)와 비경쟁적 저해(non-competitive inhibition)로 나누어 볼 수 있다. 경쟁적 저해란 기질의 구조와 유사한 물질(경쟁적 저해제)이 기질과 함께 존재하면 기질과 경쟁적 저해제가 효소의 활성 부위를 두고 서로 경쟁하여 효소의 반응이 저해되는 현상을 말한다. 이 때는 기질의 농도를 높여 주면 효소의 활성이 회복된다.

비경쟁적 저해는 저해제가 효소의 활성 부위나 다른 중요부위에 결합하여 저해를 일으키는 경우에 기질의 농도를 높여 주어도 회복되지 않는 경우이다. 이러한 저해제로는 Ag^{+}, Hg^{2+}, Pb^{3+}와 같은 중금속이온이나 황화물, cyanide, 계면활성제와 같은 물질들이 있다. 단백질을 변성시키는 물질들도 비경쟁적 저해제가 된다.

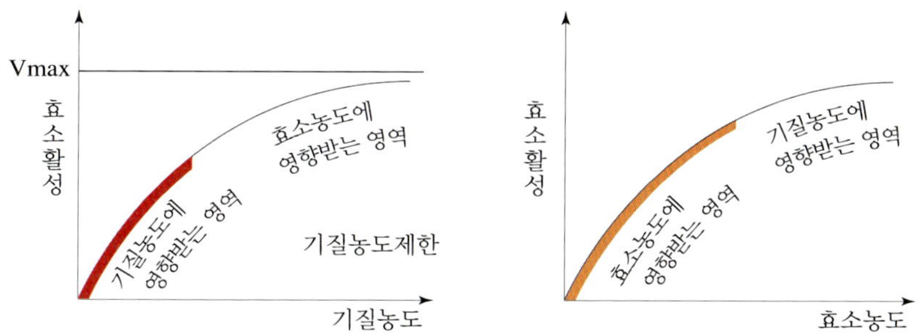

그림 4-3 기질농도와 활성농도에 따른 효소 활성

4-5 식품과 관계있는 효소

1. 산화환원효소(Oxidoreductase)

산화환원효소는 여러 가지 산화환원반응을 촉매하는 효소이다. 여기서 어떤 물질이 산화된다는 의미는 어떤 물질이 산소와 결합하거나 수소나 전자를 잃는 반응을 말하며, 환원은 그 반대의 반응을 말한다.

효소의 이름은 대개 수용체-산화환원효소의 형식으로 표시하거나 탈수소효소 또는 환원효소(reductase)로 표시한다. 산소가 수용체일 때만 산화효소라는 용어가 사용된다.

이들은 주로 세포 내에서 생체성분을 산화적으로 분해하여 에너지를 방출하는데 관계하므로 호흡효소라고도 하며 복합 단백질로 구성되어 있다.

산화환원반응에 관여하는 효소로는 과산화효소(peroxidase), 카탈라아제(catalase), 티로시나아제(tyrosinase) 및 페놀 분해효소(phenolase)와 같은 산화효소(oxidase)와 alcohol dehydrogenase, lactate dehydrogenase와 같은 탈수소효소(dehydrogenase)가 있다.

2. 전이효소(Transferase)

전이효소는 한 기질에서 다른 기질로 작용기 또는 원자단(原子團)을 옮기는 반응을 촉매하는 효소를 말한다. $-NH_2$, $-COOH$, $-RCO$, H_2PO_3 등이 전이된다. 효소의 이름은 대개 수용체기-전이효소의 형태로 표시한다. 이러한 전이효소에는 아미노기 전이효소(transaminase), 메틸기 전이효소(methyltransferase), 헥소키나아제(hexokinase) 등이 있다.

이들 효소 중에서 인산 전이효소가 중요한데, ATP(adenosine triphosphate) 말단의 인산기를 다른 물질로 옮기는 효소를 키나아제(kinase)라고 한다.

$$AX + B \longrightarrow A + BX$$

3. 가수분해효소(Hydrolase)

가수분해효소는 물 분자를 더하면서 기질 내의 에스테르(ester), 에테르(ether), 펩티드(peptide), 글리코실(glycosyl) 결합, 또는 탄소 사이의 공유결합을 분해시키는 효소이다. 대부분은 가수분해효소로 표시하거나 기질명에 접미어 -ase를 붙인다. 이들은 생체성분의 큰 분자를 작은 구성분자로 가수분해하는 효소로서 단순 단백질로 구성되어 있다.

이 효소들은 영양소의 소화 및 식품의 조리 · 가공 · 저장 등과 밀접한 관계가 있다. 가수분해효소에는 아밀라아제(amylase), 말타아제(maltase), 락타아제(lactase), 펙티나아제(pectinase) 및 프로테아제(protease), 리파아제(lipase) 등이 있다.

$$AB + H_2O \longrightarrow AOH + BH$$

4. 제거효소와 탈리효소(Lyase)

제거효소와 탈리효소는 가수분해가 아닌 방법으로 기질에서 카르복실기, 알데히드기, 물 또는 암모니아 등의 원자단을 분리하고 기질에 이중결합을 생성하기도 하며, 반대로 이중결합에 이들 원자단을 부가시키는 반응을 하기도 한다.

효소의 이름은 기질-기-lyase로서 표시하거나 데카르복실라아제(decarboxylase), 알돌라아제(aldolase), 디히드라타아제(dehydratase) 등으로 나타낸다.

5. 이성화효소(Isomerase)

이성화효소는 분자 내에서 상호변화, 즉 이성화 반응을 촉매하는 효소로서 분자의 D형, L형, 입체배위(立替配位)를 바꾸는 한편, 에놀(enol)형을 케토(keto)형으로 바꾼다. 그러나 기질을 분해하거나 산화시키지는 않는다. 대표적인 이성화효소로는 포도당 이성질화효소(glucose isomerase) 등이 있다.

6. 합성효소(Ligase)

합성효소는 두 개의 화합물을 서로 연결시킴으로써 C-O, C-S, C-N 혹은 C-C 등의 결합형성을 위한 반응을 촉매하는 효소이다. 효소의 이름은 X : Y ligase로 표시하거나 X : Y synthetase가 사용된다.

식품의 효소 *Question*

1. 효소를 영문 용어로 표현할 때 용어의 끝에 붙는 접미사로 알맞은 것은?

▶ **정답** : –ase

2. 다음 효소 중 한 기질 내에서 다른 기질로 작용기 또는 원자단을 옮기는 반응을 촉진하는 효소는 무엇인가?

▶ **정답** : 전이효소

3. alcohol dehydrogenase나 tyrosinase는 다음의 어느 효소에 속하는가?

▶ **정답** : 산화환원효소

4. 합성효소를 뜻하는 영문용어는 무엇인가?

▶ **정답** : ligase

5. 효소가 특정한 기질하고만 작용하는 성질을 무엇이라고 하는가?

▶ **정답** : 기질특이성

6. 효소가 가장 높은 활성을 보이는 온도를 무엇이라고 하는가?

▶ **정답** : 최적온도

Chapter 5

식품 성분의 변화

식품의 성분은 수분 · 온도 · 산소 · 광선 등의 주위 여건에 따라 변화하며, 특히 미생물과 효소의 영향으로 그 변화가 증진된다. 식품성분의 변화는 성분 간의 복잡한 관계로 매우 다양하며, 가공 조리 또는 유용한 미생물의 이용으로 유익한 경우도 있지만 자연 상태에서의 변화는 단백질의 부패나 유지의 산패 등 유해한 경우가 많다.

5-1 전분의 변화

1. 전분의 호화(糊化)

전분은 아밀로오스(amylose)와 아밀로펙틴(amylopectin)의 분자들이 수소 결합에 의해 형성되어 있으며, 이들 분자들이 부분적으로 결정과 같이 규칙적으로 배열되어 있는 부분을 미셀(micelle)이라고 한다. 전분에 물을 혼합 · 가열하면 미셀 구조 사이에 물분자가 침투하고 더욱 많은 물분자가 흡수되어 팽윤하면 전분 입자가 붕괴하고 미셀 구조가 파괴되어 콜로이드 용액 형태로 된다. 이와 같은 현상을 **전분의 호화**(gelatinization, α-화)라고 하는데 생전분을 **β-전분**이라고 하며 호화된 전분을 **α-전분**이라고 한다.

전분의 호화는 수분, 전분의 종류, 온도, pH 및 염류에 의해 영향을 받는다. 가장 큰 영향을 받는 것은 수분과 온도로서 수분이 많을수록, 또 온도가 높을수록 호화가 빨리 일어난다.

전분은 그 종류에 따라 입자 구조가 다르므로 호화되는 정도가 각기 다른데 일반적으로 곡류 전분보다는 서류 전분이 호화되기 쉽다. 또한 산성에서보다는 알칼리성에서 쉽게 호화되며, 일부 염류의 음이온들은 팽윤제로서 작용하는데 그 강도는 $OH^- > CNS^- > I^- > Br^- > Cl^-$ 순이다.

2. 전분의 노화(老化)

α-화된 전분을 실온에서 장시간 방치하면 결정되어 침전되는데, 이러한 현상을 **전분의 노화**(retrogradation, β-화)라고 한다. 밥 · 떡이나 빵을 실온에서 오래 방치할 때 굳어지는 것은 이러한 노화현상 때문이다.

α-전분은 물 분자와 수화된 형태로 제각기 떨어져서 존재하는데, 실온에서 방치하면 다른 인접 분자와 수소결합을 일으킴으로써 하나의 **분자회합점**(association point)을 이루고 이러한 분자회합점이 증가하여 micelle 상태로 배열되는 β-전분으로 되돌아가는 것이다.

전분의 노화는 전분의 종류에 따라 다르며 아밀로오스(amylose)와 아밀로펙틴(amylopectin)의 함량에 따라 차이가 있는데 아밀로오스의 함량이 많은 전분은 노화가 쉽게 일어나고 아밀로펙틴의 함량이 클수록 노화하기가 어렵다. 즉, 감자와 고구마의 전분보다 옥수수와 밀 등의 전분이 노화하기 쉽고 찰옥수수인 경우는 잘 노화되지 않는다.

노화는 1~5°C에서 가장 잘 일어나고 60°C 이상에서는 거의 일어나지 않으며 0°C 이하에서도 노화 현상이 감소한다. 또 식품의 수분함량이 30%~60% 정도일 때 노화가 가장 잘 일어나고 그 이상이나 이하에서는 감소한다. 식품의 pH도 관련이 있는데, pH 7 이상에서는 잘 일어나지 않는 것으로 알려져 있다.

따라서 노화를 방지하려면 α-화된 전분을 급속히 건조시켜 수분을 15% 이하로 감소시키거나 기름에 튀겨서 수분을 급속히 제거하거나 급속 냉동시킨다. 즉, −18°C 이하에서 저장하면 노화를 방지할 수 있다.

생전분 —(물, 가열)〈호화〉→ 호화전분(α-전분) —(수분, 0~4%, 젤화)〈노화〉→ 노화전분(β-전분)

소화율 나쁨 / 소화율 좋음 / 소화율 나쁨

그림 5-1 전분의 분자 내 수소결합

3. 전분의 호정화(糊精化)

전분을 묽은 산이나 효소로 가수분해하거나 수분이 없는 상태에서 160~170°C로 가열해서 어느 정도 분해하는 것을 전분의 호정화(dextrinization)라고 한다. 호정화된 전분은 전분보다 분자량이 적은 덱스트린으로 분해되었기 때문에 물에 녹기 쉽고 효소 작용을 쉽게 받을 수 있으므로 소화가 잘 된다.

쌀이나 옥수수 등을 튀긴 팽화식품이나 볶은 식품 및 토스트 등은 전분을 호정화한 식품의 예이다.

5-2 유지(油脂)의 변질(變質)

유지 식품은 가공 저장 중 변질을 일으켜 악취와 나쁜맛을 내며 때로는 독성을 일으키는 경우도 있다. 이것은 화학적 · 물리적 작용에 의하기도 하고 미생물의 작용을 받아 변질되는 등 여러 가지 요인에 의한다.

유지의 변질 중 가장 대표적인 예는 산패이다.

그 밖에도 열에 의한 중합 반응에 따른 이물질 생성, 가수분해 산물, 변향 등에 의하여 변질된다.

1. 유지의 산패(酸敗)

유지의 산패(rancidity)는 크게 자동 산화에 의한 산패와 생화학적 산패로 나눌 수 있다. 자동 산화에 의한 산패는 유지가 공기와의 접촉으로 산소를 흡수하고 흡수된 산소에 의해 유지가 산화하여 산화생성물을 형성하는 것이다.

자동 산화과정은 처음에 열이나 빛, 금속이온에 의해 자유 radical이 형성되는 초기반응을 거쳐서 다음과 같이 전파반응과 hydroperoxide 분해 단계를 지난 후에 종결반응으로 진행된다.

초기 반응 : RH ⟶ :R· + ·H
free radical

전파 반응 : R· + O_2 ⟶ :ROO·
free hydroperoxide

ROO· + RH ⟶ :ROOH + R·
hydroperoxide

hydroperoxide 분해 : ROOH ⟶ :RO· + ·OH
free oxide

종결 반응 : R· + R· ⟶ :R—R

R· + ROO· ⟶ :ROOR

ROO· + ROO· ⟶ :ROOR + O_2

이와 같은 반응이 진행되면서 각종 알데히드(aldehyde), 알코올(alcohol), 케톤(ketone), 에폭시드(epoxide) 및 산(acid)이 생성되어 산패의 원인이 되는 것이다. 처음 유지가 산소를 흡수하는 속도는 일정하나 일정기간이 지난 후에는 흡수 속도가 급격히 커진다. 이때 처음의 산소흡수 속도가 일정한 기간을 **유도기간**(induction period)이라고 하며, 유도기간이 지난 후 비로소 산패가 일어나기 시작하는 것이다.

생화학적 산패는 주로 효소에 의한 가수분해 작용으로 일어나는 산패로서 lipase에 의한 산패와 케톤형 산패로 구분할 수 있다. 산패에 관여하는 효소로는 lipoxidase와 lipohydroperoxidase가 있는데 lipoxidase는 불포화지방산이 산화되어 hydroperoxide가 생성되는 반응을 촉매하며 여기서 생성된 hydroperoxide를 lipohydroperoxidase가 촉매하여 알데히드 등으로 전환한다.

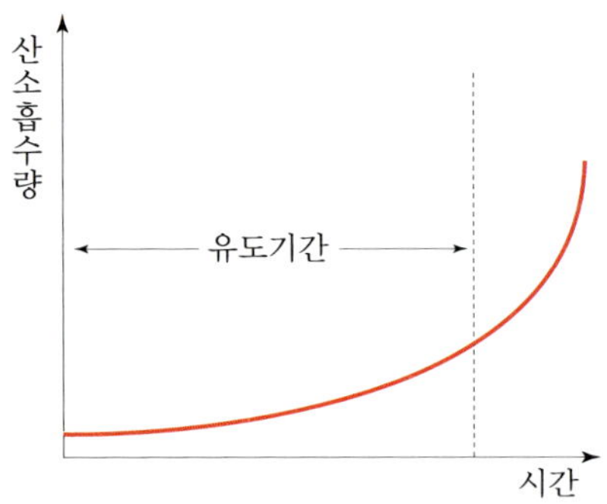

그림 5-2 유지산패의 효소흡수곡선

$$-CH=CH-CH_2-CH=CH- \xrightarrow[O_2]{lipoxidase} -CH=CH-CH-CH+OOH$$

unsaturated fatty acid

$$\rightarrow -CH=CHCH=-\underset{|}{\overset{OOH}{CH}}- \xrightarrow[O_2]{lipohydroperoxidase} -CH=CHCH=CHCHO$$

hydroperoxide → aldehyde

케톤(ketone)형 산패는 산화효소에 의하여 지방산이 ketone산을 거쳐서 탄수소가 적은 methyl ketone으로 가수분해되는 것으로, 야자유와 palm유 등에서 잘 일어나는 산패이다.

$$RCH_2CH_2COOH \xrightarrow{+O} RCHOHCH_2COOH \xrightarrow{-2H} RCOCH_2COOH \xrightarrow{-CO_2} RCOCH_3$$

fatty acid → hydroxy fatty acid → keto fatty acid → methyl ketone

지방산의 산화를 촉진하는 물질로는 heme화합물, Cu · Fe · Ni · Co · Mn 등의 금속이온, 그리고 NaCl과 같은 염류 등이 있다.

이러한 유지산패의 유도기간을 연장시켜 주는 물질을 항산화제(산화방지제, antioxidant)라고 한다. 항산화제로는 토코페롤(tocopherol), 세사몰(sesamol), 고시풀(gossypol) 등과 같은 천연 항산화제와 BHA, BHT, PG, EP 등과 같은 인공 항산화제가 있고, 아스코르브산(ascorbic acid), 시트르산(citric acid), 피트산(phytic acid) 등과 같은 물질들은 항산화력을 상승시키는 상승제(synergist)이다.

항산화제와 상승제의 작용기작은 다음과 같다.

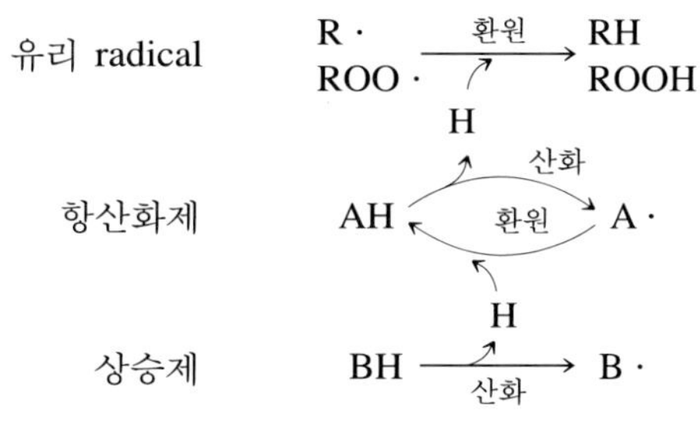

유지의 산패를 막기 위해서는 산패의 원인인 산소와 산패를 촉진시키는 열이나 광선, 금속에 노출되지 않도록 해야 하므로 유지는 개봉 후 가능한 한 빨리 사용하는 것이 좋다.

산소와의 접촉을 최소화하기 위해서는 사용 후 마개를 빨리 닫아 냉암소에 보관하는 것이 좋다. 또 구리나 쇠로 된 그릇의 사용을 피하고 사용하다가 남은 기름을 새 기름과 섞지 않는 것이 좋다.

2. 중합에 의한 변질

유지의 중합체는 주로 유지를 가열하였을 때 형성되며, 유지의 불포화도가 클수록 잘 일어나고 온도나 촉매 등에 따라 중합체의 종류와 그 생성량이 다르다.

유지의 중합은 이중결합이 있는 부분에서 일어나게 되는데, 결과적으로 이중결합의 감소로 요오드가는 작아진다.

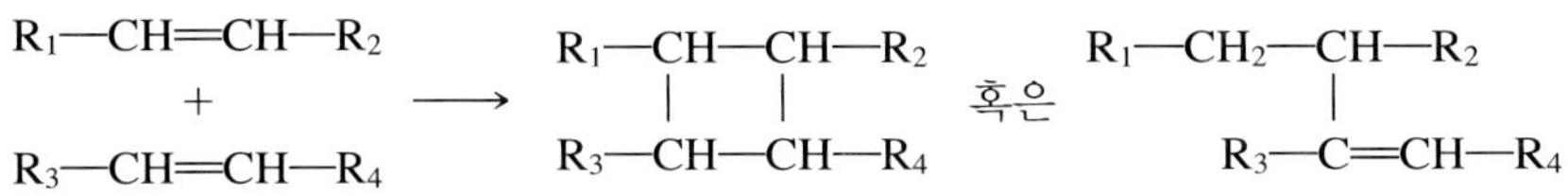

또한 중합 반응에 의하여 생성된 중합체로 인해 유지의 비중과 점성이 증가하고 색깔도 짙게 변화하며 향미와 소화율도 나빠지며 때로는 유독성을 나타내기도 한다.

3. 유지의 변향(變香)

일부 유지는 외부로부터 냄새를 흡수하지 않아도 이취 현상을 갖게 되는데, 이러한 현상을 **변향**(flavor reversion)이라 한다. 변향과 산패는 구별하기가 어려우나 변향은 유지가 산패하기에 앞서 일어나며 산패에 의한 냄새와는 구별이 된다.
변향의 기작에 대하여는 명확히 밝혀지지 않았으나 산패와는 그 반응이 다른 것으로 추정된다. 또한 변향은 온도와 금속과 같은 촉매에 의해 상승하는 것으로 알려졌다.
그 밖에 유지가 변질되는 원인 중의 하나는 가열에 의한 유지의 분해이다. 유지를 가열하면 트리글리세리드(triglyceride)는 글리세롤(glycerol)과 유리지방산으로 분해된다. 글리세롤은 다시 탈수되어 아크롤레인(acrolein)으로 변하고, 유리지방산은 알데히드, 케톤, 카르보닐 화합물, 저급지방산 등으로 분해된다.

5-3 단백질의 변성(變性)

천연의 단백질이 여러 가지 물리적 · 화학적 작용을 받으면 고유의 고차 구조(단백질의 2차, 3차, 4차 구조)가 달라지고 그 성질이 변화되는데 이것을 단백질의 변성(denaturation)이라고 한다. 이 때는 용해도, 수화성, 효소 반응, 기타 생물학적 특성이 변하게 된다.

이들 변성 단백질은 대부분 비가역적으로 변화하며 적당히 변성된 것은 효소작용을 쉽게 받을 수 있어 소화율이 높아지지만 지나치게 변성된 것은 오히려 소화율이 떨어진다. 단백질의 변성은 식품의 조리, 가공 또는 저장 시에 많이 일어나므로 이런 경우에는 세심한 주의가 요망된다.

변성의 요인은 크게 물리적 요인과 화학적 요인으로 구분할 수 있으며, 물리적 요인으로는 가열 · 자외선 · 방사선 · 초음파 · 동결 · 탈수 · 압력 등을 들 수 있고 화학적 요인으로는 산 · 알칼리 · 금속염 · 유기용매 · 염류 · 계면활성제 등에 의한 변성이 있다.

1. 열에 의한 변성

단백질의 열에 의한 변성은 응고 형태로 나타난다. 단백질의 응고는 먼저 단백질 분자의 형태가 변하여 변성형태로 된 다음, 분자 간의 회합에 의해 일어난다.

단백질의 응고는 대개 60～70°C에서 일어나며, 수분이 많이 존재할 경우에는 비교적 저온에서 일어나고 단백질의 등전점(electric point)에서 가장 잘 일어난다. 또한 염화물이나 황산염 및 인산염 등 전해질이 존재하면 응고 온도가 낮아지고 변성 속도가 빨라진다.

2. 동결에 의한 변성

식품 단백질은 동결에 의해서도 변성이 일어난다. 식품은 저장성을 향상시키기 위해 동결시키는 경우가 많다. 동결이 시작되어 식품의 온도가 −1～−5°C인 영역에서 얼음결정이 가장 많이 생성되는데, 이 영역을 최대빙결정생성대(最大氷結晶生成帶)라고 한다.

육류는 대개 −1～−5℃에서 가장 변성이 심하며, 그 이하의 온도에서는 변성 속도가 감소되는 경향을 보인다.

식품(특히 육류)의 동결 중에 발생하는 품질의 저하를 최소화시키기 위해 대부분 급속동결을 시키는데, 급속동결은 최대빙결정생성대를 빠르게 통과시킬 수 있으므로 단백질의 변성도 최소화할 수 있다.

3. 산과 알칼리에 의한 변성

단백질은 등전점에서 변성을 일으켜 침전하게 된다. 요구르트나 치즈 등은 우유의 카세인(casein)을 그 등전점(pH 4.6)에서 변성 · 침전시켜 제조하는 것이고 생선 조리 시에 식초의 사용이나 달걀의 기포성 이용 등은 식품 단백질의 산도 조절에 의한 변성을 이용한 식품가공법이다.

4. 그 밖의 화학물질에 의한 변성

알코올이나 아세톤 등의 유기용매는 단백질을 변성 · 침전시키는 화학 물질이며, 두부 제조 시에 Mg이나 Ca염($MgCl_2$나 $CaCl_2$)을 사용하는 것은 두유의 glycinin단백질이 염류에 의해 변성 · 침전되는 성질을 이용한 것이고 그 외에 NaCl과 Na_2SO_4와 $(NH_4)_2SO_4$, $(NH_4)_2CO_3$ 등도 단백질을 변성시키는 중성염이다.

5-4 식품의 갈변현상(褐變現像)

식품을 저장하거나 가열조리 시에 갈색화되는 경우가 흔히 있는데, 이를 식품의 갈변현상이라고 한다. 식품이 갈변하면 외관이나 풍미가 나빠지고 성분의 변화를 일으켜 대부분 식품의 외관상으로는 불리해지지만, 홍차 · 맥주 · 커피 및 제빵 제조 시와 같이 식품의 품질을 향상하는 경우도 있다.

식품의 갈변현상은 광범위하게 일어나는데 효소의 관여에 따라 효소적 갈변현상과 비효소적 갈변현상으로 구분할 수 있다.

1. 효소적 갈변현상

식품에 있어서 효소적 갈변에 관여하는 효소로는 폴리페놀 화합물의 산화에 관여하는 폴리페놀 산화효소(polyphenol oxidase)와 티로신(tyrosine)의 산화에 관여하는 티로시나아제(tyrosinase)가 있다.

폴리페놀 산화효소는 카테콜(catechol)이나 그 유도체들을 산화시켜 퀴논(quinone) 및 퀴논 유도체를 생성하며 이들 생성물이 중합 · 축합되어 멜라닌과 같은 갈색물질을 형성한다.

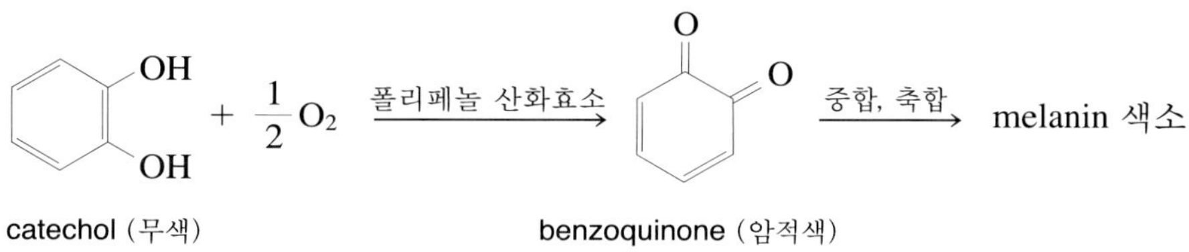

폴리페놀 산화효소는 Cu를 함유하고 있으며 최적 pH가 5.7~6.8이고 그 작용이 Cu와 Fe에 의해 활성화되며 Cl이온에 의해 억제된다. 따라서 사과나 배가 공기 중에 방치될 때 일어나는 갈변은 폴리페놀 산화효소에 의한 갈변으로 구리나 철로 된 도구를 피하고 소금물에 담근 다음에 처리하면 갈변을 방지할 수 있다.

티로시나아제(tyrosinase)도 페놀산화효소로서 tyrosine, DOPA(dihydroxy pheny-lalanine), catechin, chlorogenic acid 등과 같은 페놀 화합물에 작용하여 이들 산화물을 생성하며, 중합에 의하여 멜라닌 등이 생성되어 갈변한다.

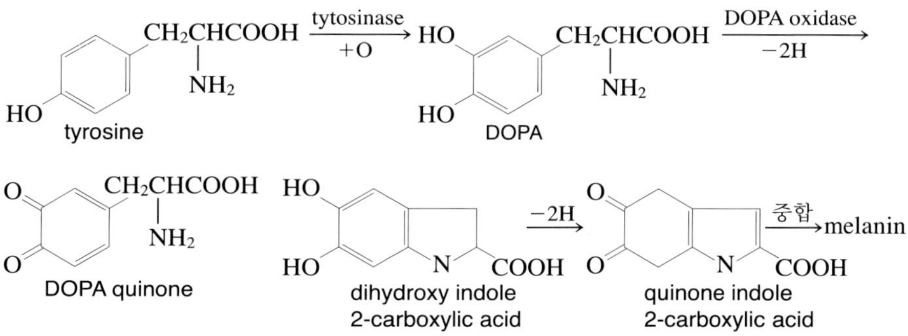

티로시나아제는 Cu를 함유하고 있는데 Cu이온에 의해서 활성화되며 Cl이온에 의해서는 그 활성이 억제된다. 티로시나아제에 의한 갈변현상은 과일과 야채의 갈변 현상과 밀접한 관계가 있으며, 특히 감자의 갈변에 관여하는데 이 효소는 수용성이므로 깎은 감자를 물속에 보관하면 갈변이 일어나지 않는다.

2. 비효소적 갈변

식품의 비효소적 갈변반응은 그 성분과 반응 단계가 복잡하여 어느 한 가지 반응으로 이루어지는 것이 아니라 몇 가지 반응이 복합적으로 일어나는데, 크게 다음의 세 가지 반응으로 분류할 수가 있다.

① Amino-Carbonyl 반응(Maillard 반응)
② Caramel화 반응(Caramelization)
③ Ascorbic Acid의 산화 반응

(1) Amino-Carbonyl 반응

이 반응은 아미노기와 카르보닐기가 공존할 때 일어나는 반응으로 카르보닐기의 급원으로는 유리 알데히드(aldehyde)나 케톤(ketone)기 등 카르보닐기를 갖는 당류, 당의 가수분해 산물, 지방의 산화로 생긴 카르보닐 화합물이다.

아미노기의 급원은 아미노산, 펩티드 및 단백질들로서 이들이 자연적으로 쉽게 반응하여 멜라노이드(melanoid)라는 갈색 물질을 형성한다.

아미노-카르보닐 반응의 진행 과정은 초기 단계, 중간 단계, 최종 단계로 나눈다. 먼저 초기 단계에서는 환원당과 아미노 화합물이 축합반응에 의해 질소배당체를 형성하고 형성된 질소배당체가 amadori 전위를 일으켜 glucosyl amine이 fructosyl amine으로 전위된다.

중간 단계에서는 산화, 탈수, 분해가 계속 일어나서 osone, 불포화 3,4-dideoxyosone, reductone 등이 생성되며 당의 분해산물이 형성되어 갈변에 관여하고 특유한 냄새가 난다.

최종 단계에서는 여러 분해생성물이 중합 · 축합되어 불포화도가 크고 갈색을 띤 melanoidine 색소가 형성되는데 aldehyde와 CO_2가 생성되는 Strecker 반응과 aldol 축합반응, 그리고 melanoidine 형성반응 등에 의하여 일어난다.

amino-carbonyl 반응은 반응 온도에 크게 영향을 받으며 온도가 10°C 오르면 갈변속도가 2~3배 증가된다. 또한 pH와의 관계에서 pH 3 이하에서는 갈변 속도가 느리나 pH 3 이상에서는 pH의 증가에 따라 반응속도가 증가한다. 또한, 당과 아미노 화합물의 종류에 따라 반응속도가 달라지는데 일반적으로 헥소오스

(hexose)보다 펜토오스(pentose)의 반응속도가 크며, 아미노 화합물에 있어서는 아미노산 사슬 길이가 클수록 반응속도가 증가하고 염기성 아미노산의 반응속도가 일반적으로 빠르다.

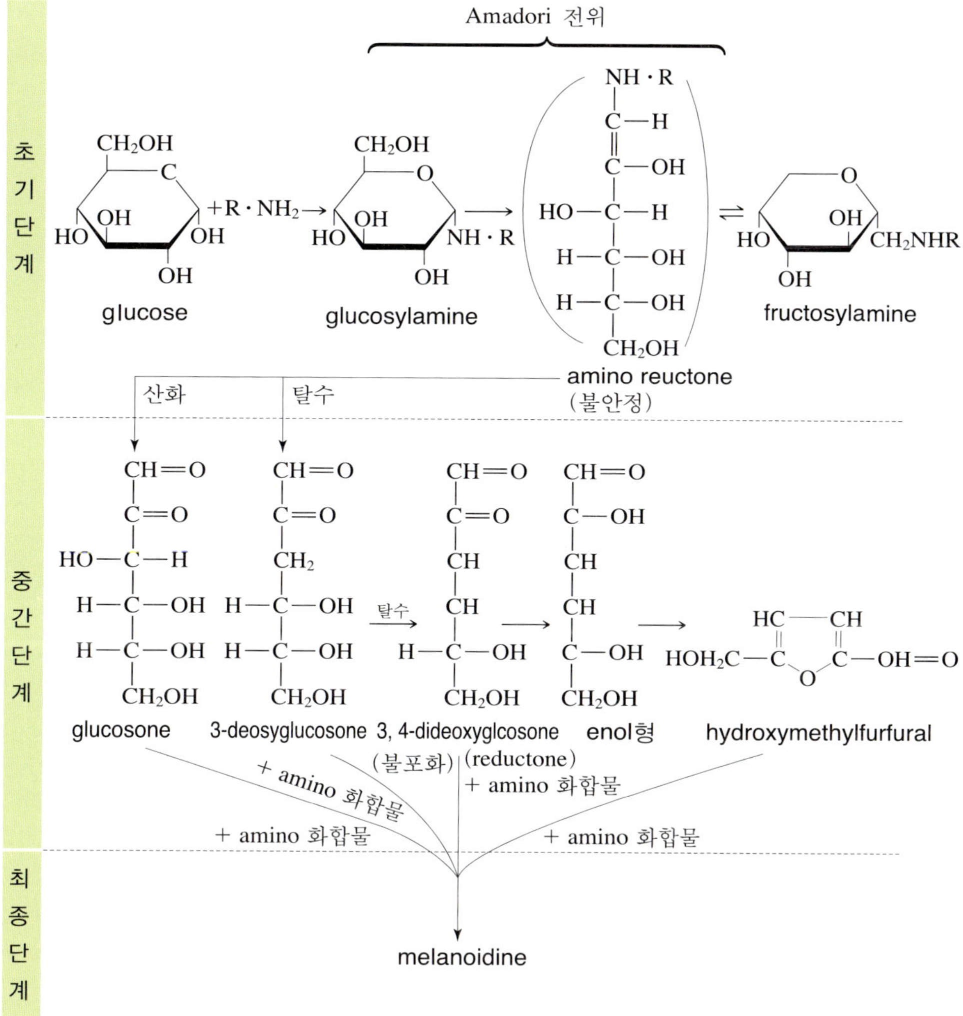

그림 5-3 amino-carbonyl 반응기작

(2) Caramel화 반응

캐러멜화 반응(caramelization)은 당류를 180~200°C의 고온으로 가열했을 때 산화 및 탈수, 분해산물의 중합 또는 축합으로 생성되는 갈색 물질에 의해 착색되는 갈변현상이다.

이 반응은 산성 조건과 알칼리 조건하에서의 반응형식이 다른 형태로 나타나는데 산성 조건에서는 5-HMF(5-hydroxy methyl-2-furaldehyde)나 2-furaldehyde 등을 거쳐서 reductone, furan 유도체, levulinic acid, lactone 등을 형성하고 이들 분해산물들이 다시 산화 · 중합 · 축합을 하여 흑갈색의 휴민(humin)물질, 즉 캐러멜을 형성한다.

알칼리 조건하에서는 포도당으로부터 1,2-endiol형이 형성되고, 이어 glyceraldehyde, triose endiol로 분해되었다가, 다시 중합과 축합을 거쳐 흑갈색의 물질을 형성한다.

(3) Ascorbic Acid의 산화반응

아스코르브산(ascorbic acid)에 의한 갈변 반응은 감귤류의 가공품인 오렌지주스나 분말 등에서 나타나는 갈변현상이다.

반응기작은 아스코르브산이 dehydroascorbic acid로 산화하여 2,3-diketo gluconic acid를 거쳐 L-xylosone으로 된 다음 furan 유도체인 5-methyl-3,4-dihydroxytetron의 형태로 자체 중합 · 축합반응을 일으키거나 메일라드(maillard) 갈변반응에 관계하여 갈색 물질을 형성한다.

아스코르브산의 산화반응에 의한 갈변반응은 pH에 영향을 받으며 pH가 낮을수록 갈변현상이 많이 일어난다.

식품 성분의 변화 *Question*

1. 생전분에 물을 넣고 가열할 때, 전분입자가 팽윤되면서 micelle 입자가 파괴되고 점도가 높아지는 현상을 무엇이라고 하는가?

▶▶ **정답 :** 호화

2. 노화에 대해 간단히 설명하라.

▶▶ **정답 :** 호화된 전분이 겔화되어 결정성을 갖게 되는 현상이다, 1~5℃에서 잘 일어난다, 호화 전분에서 수분을 급속 제거하면 노화를 억제할 수 있다.

3. 식품의 산패와 관련된 요인으로 적절하지 않은 것은?

① 높은 온도의 가열　② 다량의 수분 첨가　③ 자외선의 노출
④ 이중결합의 감소　⑤ 구리, 니켈과의 화합

▶▶ **정답 :** 식품을 공기중에 장기간 방치하여 본래의 상태를 잃어버리는 산패현상과 관련된 요인은 온도, 수분, 자외선, 금속물질과의 결합 등을 예로 들 수 있다.

4. 식품의 변화와 관련된 다음의 화학반응을 무엇이라고 하는가?

> 펩티드가 단백질과 반응하여 갈색빛의 색소를 형성하는 것을 의미하는 것으로 발생요인으로는 영양결핍을 비롯하여 수분함유량이 10~15%일 경우 가장 잘 일어나게 된다.

▶▶ **정답 :** 메일라드(갈변) 반응은 browing reaction이라고도 지칭되는 것으로 병리적인 원인으로 발생된다.

5. 유지의 산패를 방지하기 위한 방법은?

▶▶ **정답 :** 개봉 후 가급적 빨리 사용한다, 유지는 냉암소에 보관하는 것이 좋다, 새 유지를 오래된 유지에 섞지 않는다.

6. 효소적 갈변현상과 관련이 깊은 효소를 나열하라.

▶▶ **정답 :** tyrosinase, polyphenol oxidase

Chapter 6

식품의 물성

식품은 식품이 내포하는 영양소 성분에 의한 맛 이외에 혀에서 느끼는 촉감이나 입안에서의 씹히는 감각에 따라 각기 그 느낌이 다르다.

즉, 식품의 견고성 · 연성 · 점성 · 탄성, 그리고 입자의 크기 등에 따라 느끼는 감각이 다른데 식품가공 조리 시 변화하는 이들 물리적 성상이 식품의 기호성과 밀접한 관계가 있다. 식품의 물리적 성상의 변화는 그 조직 구조의 변화에 기인하며, 식품의 조직 구조를 일반적으로 텍스처(texture)라고 한다.

6-1 식품의 텍스처(Texture)

식품의 텍스터는 고체, 반고체 식품의 조직감을 나타낸 것으로 사람의 오감으로 평가되는 물리적 특성이다.

식품의 텍스처는 견고성(hardness), 응집성(cohensiveness), 탄력성(elasticity), 그리고 부착성(adhesiveness) 등의 식품이 갖는 성질과 분상(powdery), 입상(grainy), 사상(gritty), 괴상(lumpy) 등과 같은 입자의 크기, 섬유상(fibrous), 펄프상(pulpy), 박편상(flaky), 팽과상(puffy), 결정상(crystalline) 등의 입자의 모양, 그리고 그 밖에 수분함량, 지방의 존재 등에 의하여 결정되며, 생리적으로 섭취자의 식습관이나 성향 및 치아의 상태에 따라 영향을 받는다.

Oldfield는 식품의 물리적 성상에 따라 식품을 액상 식품, gel상 식품, 불균일 gel상 식품, 지방유화액상 식품, 세포조직상 식품, 섬유상 식품, 스펀지상 식품, 공극고체상 식품, 초자상 식품 등 9가지 군으로 분류하였다. 이와 같은 분류는 식품의 텍스처와 관계가 깊다.

리올리지(Rheology)란 물체의 유동과 변형에 관한 학문으로 식품의 점성과 탄성, 그리고 소성의 변형에 관하여 식품의 가공 · 저장성 · 기호성과 관련지어 연구하는 분야로서 식품의 물리적 성상의 측정 · 판단에 rheology란 개념을 대입하는 방법이 좋다.

텍스터의 측정은 기계적 특성과 관능검사 등으로 평가할 수 있다. 기계적 특성으로는 경도(hardness), 응집성(cohesiveness), 부서짐성(britteness), 부착성(adhesiveness), 씹힘성(chewiness), 검성(gumminess), 탄력성(elasticity) 등으로 나타낸다. 이때 사용되는 기계로는 인스트론(instorn), 레오미터(rheometer), 텍스트로미터(texturometer) 등이 있다.

1. 졸(Sol)과 겔(Gel)

교질 상태란 어느 물질 속에 작은 입자의 다른 물질이 균일하게 분산된 상태를 말하며 분산시키고 있는 용매를 분산매(dispersion medium), 분산되어 있는 물질을 분산질(dispersion phase), 그리고 이러한 분산된 상태를 분산상(dispersion system)이라고 한다.

교질 상태는 분산매가 고체나 액체, 그리고 기체일 수 있으나 식품에 있어서는 분산매가 액체이며, 분산질인 액체 또는 고체로 되어 유동성을 나타낼 때 이를 **졸**(Sol)이라고 한다.

졸은 콜로이드 용액(colloid solution)이라고도 하는데, 흔한 형태가 액체 안에 액체가 분산된 유탁액, 그리고 액체 안에 고체가 분산된 현탁액이며, 우유 · 전분액, 된장국물, 수프, 한천과 젤라틴의 가열수용액 등이 있다.

콜로이드는 1～100㎛ 정도의 입자이므로 보통 현미경으로는 볼 수 없고, 한외현미경으로 관찰할 수 있다. 콜로이드 용액은 소금물이나 설탕물 등의 진용액과 다르며, 브라운 운동, 틴달현상, 투석, 흡착, 응석 등의 여러 특성을 가진다.

졸(Sol)에는 분산매와 분산질이 강하게 결합하고 있어 전해질을 넣어도 교질 상태가 유지되는 친수 졸(hydrophilic sol)과 전해질 첨가 시에 침전이 생기는 소수 졸(hydrophobic sol)이 있으며, 교질 상태를 유지하기 위해 첨가하는 친수 졸을 **보호교질**(protective colloid)이라 한다.

졸을 가열하였다가 냉각하거나 수분을 증발시키면 반고체 상태로 되는데 이것을 젤(gel)이라고 한다. 겔에는 gelatin이나 한천과 같이 sol 상태와 gel 상태가 가역적인 것과 변질된 우유와 같이 비가역적인 형태가 있다.

젤(겔, Gel)은 방치하면 분산매가 분리되고 더욱 오래 방치하면 분산매가 증발하여 건조 상태로 되는데, 이와 같은 현상을 **겔의 축화**(shrinkage)라고 하며 이때의 겔을 **제로겔**(xerogel)이라고 한다. 이러한 제로겔에 물을 가하면 물을 흡수하여 겔(gel)화하는데 이러한 현상을 **팽윤**(swelling)이라고 하며 팽윤 현상은 온도를 높여 주면 빨리 진행된다.

표 6-1 식품에서의 colloid의 종류

분 산 매	분 산 질	교질상태	식 품
액 체	기 체	거품	맥주, cider
	액 체	유탁상	우유, cream
	고 체	현탁상	풀, jelly
고 체	기 체	고체 포말상	식빵
	액 체	고체 sol상	초콜릿, 버터
	고 체	고체 교질상	사탕, 과자

2. 유화(乳化, Emulsion)

분산매가 액체이고 여기에 다른 액체인 분산질이 분산되어 있는 용액을 **유화액**(emulsion)이라고 하며, 유화액을 이루는 작용을 유화(emulsification)라고 한다. 또한 $-OH$, $-CHO$, $-COOH$, $-NH_2$와 같은 극성기를 갖고 있는 극성 물질은 alkyl기와 같은 비극성기(琉水基)를 갖는 비극성 물질과 유화되지 않으나 한 분자 내에 극성기와 비극성기를 같이 갖고 있는 물질을 넣고 교반하면 유화될 수 있다. 이렇게 한 분자 내에 극성기와 비극성기를 같이 갖고 있는 물질을 **유화제**(emulsifier)라고 한다. 천연 유화제로는 lecithin, sterol류, 담즙산, gum질 등이 있다.

유화제의 작용은 액체의 **표면장력**을 감소시켜 유화액을 안정시키는 것으로, 유화제를 **계면활성물질**이라고도 한다.

유화액의 형태는 물속에 기름이 분산된 형태인 **수중유적형**(水中油滴型, oil in water ; o/w)과 기름에 물이 분산된 형태인 **유중수적형**(油中水滴型, water in oil;

w/o)이 있는데, 이들 구별은 유화제의 성질과 전해질의 유무 및 기름의 성질 그리고 기름과 물의 비율에 따른다. 예를 들면 우유나 마요네즈는 수중유적형이고 버터와 마가린은 유중수적형이다.

일반적으로 유화제의 성질은 분자 내의 친수기와 소수기의 균형을 표시한 HLB 값(hydrophile-lipophile balance)으로 나타내며 HLB 값이 8~18인 것은 수중유적(o/w)형의 유화에, 3.5~6인 것은 유중수적(w/o)형에 적당한 유화제이다.

표 6-2 콜로이드(colloid)의 안정성과 변화

콜로이드 성질	변화현상
이액현상	콜로이드에서 액체가 분리되는 현상
축화(수출)현상	분산매가 분리되고 분산매가 증발 조건한 상태
팽윤현상	축화된 용질에 물을 넣으면 흡수하여 다시 gel화 되는 현상

Colloid용액 $\xRightarrow{\text{방치}}$ 이액현상 $\xRightarrow[\text{분산매증발}]{}$ 축화 $\xrightarrow{H_2O}$ 팽윤

3. 거 품(foam)

거품이란 분산매가 액체이고 분산질이 기체인 상태의 교질로서 식품 가공 시에 맥주나 아이스 크림과 같이 거품을 이용하는 식품도 있으나 대부분의 경우에 거품은 식품 가공에 있어서 불리한 경우가 많다. 거품은 유화액에서 공기와 물 사이에 제3물질이 흡착하여 막을 이루게 됨으로써 생기며, 맥주의 경우에 단백질 및 hop의 수지성분이 기포제 역할을 하고 스폰지 케이크의 경우는 달걀흰자 중 수용성 단백질이 기포제로서 작용을 한다.

표 6-3 콜로이드의 성질

성 질	특 징
반투성(투석)	콜로이드 입자는 셀로판막이나 세포막을 통과할 수 없다.
Tyndall 현상	콜로이드 용액에 옆에서 빛을 쪼이면 희게 반사되는데, 콜로이드 입자에 빛이 산란되기 때문이다.
Brown 운동	콜로이드 입자는 졸 상태에서 항상 브라운 운동을 한다.
응석	소수성 졸에 소량의 전해질을 가하면 콜로이드 입자가 침전되는 현상이다.

거품을 방지하는 방법으로는 액체의 표면장력을 크게 하거나 찬 공기를 통과시켜 주며, 고급 알코올이나 지방산 ester 등 소포제를 사용하기도 한다.

6-2 식품의 리올리지(Rheology)

1. 점 성

액체는 외부에 힘을 가하면 유동한다. 이때 액체는 유동성에 대하여 저항, 즉 내부마찰이 생긴다. 이러한 저항성을 점성(粘性, viscosity)이라고 한다. 점성은 일반적으로 용매의 종류와 용질의 종류 그리고 농도에 따라 다르며 온도가 높아지면 감소하고 압력이 증가함에 따라 증가한다.

2. 탄 성

탄성(彈性, elasticity)은 외부로부터 힘을 받아서 변형된 물체가 외부의 힘을 제거할 때에 원상태로 되돌아가려는 성질을 말한다. 예를 들면 한천 gel이나 묵과 같은 경우이다. 모든 물체는 탄성을 갖고 있는데, 탄성 한계 내에서 외부의 힘을 제거하면 복귀하는 탄성변형을 한다.

3. 소 성

소성(塑性, plasticity)이란 탄성과 반대로 외부의 힘에 의해 변형된 물체가 외부의 힘을 제거하여도 원래 상태로 되돌아가지 않는 성질을 말한다. 생크림이나 버터의 경우 접시에 떠서 놓아도 그대로 상태를 유지하는 것은 소성체의 예이다.

탄성체 물질이라도 외부의 작은 힘에 대하여는 탄성을 나타내지만, 큰 힘이 작용하면 소성을 나타내는 경우도 있다. 탄성에서 소성으로 변환할 때의 힘을 항복성(降伏性, yield value)이라고 하며 이때의 소성을 Bingham소성이라고 한다.

4. 점탄성

밀가루 반죽은 외부에서 힘을 가하면 탄성변형만이 아니라 점성유동이 동시에 일어난다. 이러한 탄성변형과 점성유동이 동시에 일어나는 성질을 점탄성(粘彈性, viscoelasticity)이라고 한다. 점탄성체는 복잡한 성질을 갖고 있는데 국수나 제빵 등 소맥분 가공은 이러한 점탄성체의 성질을 이용한 식품가공이다.

패리노그래프(farinograph)는 점탄성체의 경도인 경점성(硬粘性, consistency)을 측정하는 것으로, 강력분과 박력분의 구별과 반죽의 수분흡수율을 측정할 수 있으며, 늘어나는 성질인 신전성(伸展性, extensibility)의 측정 시에는 보통 엑스텐소그래프(extensograph)가 이용된다. 아밀로그래프(amylograph)는 전분호화액의 점성을 측정하는 데 사용된다.

5. Rheology의 성질

성 질	특 징
바이센베르그 효과	젓가락을 세워서 회전시키면 연유가 젓가락을 따라 올라오는 성질
예사성	난백이나 청국장을 숫가락으로 떠올리면 실처럼 따라 올라오는 성질
신전성	국수나 밀가루 반죽이 늘어나는 성질
항복치	탄성에서 소성으로 변하는 힘

식품의 물성 *Question*

1. 유체의 흐름에 대한 저항성을 나타내는 물성은?

▶▶ **정답 :** 점도

2. Gel의 분산상과 분산매는?

▶▶ **정답 :** 분산상-고체, 분산매-액체

3. Sol의 분산상과 분산매는?

▶▶ **정답 :** 분산상-고체 또는 액체, 분산매-액체

4. ice cream과 우유의 유화형태는?

▶▶ **정답 :** 수중유적형

5. 버터와 마가린의 유화형태는?

▶▶ **정답 :** 유중수적형

6. 현탁액의 대표적인 식품은?

▶▶ **정답 :** 전분용액, 된장국

7. 천연 유화제로 식품에 사용하도록 허가한 대표적 물질은?

▶▶ **정답** : lecithin(레시틴)

8. 연유를 젓가락으로 저으면 젓가락을 따라 올라오는 현상은?

▶▶ **정답** : 바이센 베르그효과

9. 청국장을 수저로 떠올리면 실처럼 늘어나는 현상은?

▶▶ **정답** : 예사성

10. 밀가루 반죽 시 점탄성을 측정하는 장치는?

▶▶ **정답** : farinograph(패리노그래프)

Chapter 7

비타민

비타민(vitamins)류는 유기 화합물로 생체 내에서 적은 양으로도 정상적인 성장과 건강을 유지하게 해주는 필수성분이다. 대부분의 비타민은 인체 내에서 합성하지 못하므로 식품을 통해서 섭취하여야 한다.

비타민 중의 일부는 인체 내에서 합성되지 않으나 일부 동물의 체내에서는 합성되기 때문에 이와 같은 동물의 경우는 식품으로 섭취하지 않아도 된다. 예를 들면 개 · 쥐 · 토끼 · 조류는 체내에서 비타민 C를 합성하므로 이들에게서는 호르몬(hormone)이라고 할 수가 있다.

비타민은 일반적으로 생체 내에서 ① 성장촉진 작용, ② 소화기관의 정상적인 작용, ③ 신경의 안정성 유지, ④ 조효소로서 체내 대사작용 조절, ⑤ 전염성 질병에 대한 저항성 등의 기능을 갖는다.

비타민의 분류는 그 용해성에 따라서 **수용성 비타민**(water soluble vitamin)과 **지용성 비타민**(fat soluble vitamin)의 두 가지로 분류한다.

7-1 수용성 비타민

1. 비타민 B_1(항각기성 인자, 항신경염성 인자)

화학 명칭은 티아민(thiamin)이라고 하며, 100°C까지는 비교적 안정하나 높은 압력에서는 50% 정도 손실된다. 보통 가열조리 시의 손실률은 15~30%이고 130°C에서 2시간 이내에 80%가 파괴된다. 쌀의 비타민 B_1 함량은 도정률에 따라 다르며, 수세 및 취반에 의한 손실률은 도정도가 높을수록 더 크다. 또한 산성 용액(pH 3.5~5.0)에서는 안정하나 중성이나 알칼리성에서는 불안정하다.

비타민 B_1은 고사리 · 조개류 · 버섯 등에 존재하는 효소인 아네우리나아제(aneurinase, thiaminase)에 의해 분해되며, 이 효소는 가열에 의해 불활성화 된다.

음식물 중의 비타민 B_1은 장에서 흡수되어 대부분 Co-Carboxylase가 되어 작용을 하며, 각 조직에서의 보유농도를 보면 심장이 가장 많고 간장과 신장에도 비교적 많다.

비타민 B_1이 결핍되면 탄수화물 대사에 이상을 초래하게 되고 호르몬 샘에 장해를 일으켜 각기병에 걸리게 된다. 특히 탄수화물의 섭취가 많거나 지방의 섭취량이 적을수록 비타민 B_1의 필요량이 많아진다.

비타민 B_1의 분포를 보면 일반적으로 동물성 식품보다 식물성 식품에 많다. 식물성 식품에서는 주로 종자의 배아에 많이 함유되어 있고 배유에는 적다. 특히 두류는 비타민 B_1을 많이 함유하고 있으나 된장과 간장의 가공 시에 많은 양이 손실된다. 동물성 식품에서는 일반적으로 근육보다 간장이나 내장 등에 많고 돼지고기의 경우에는 육질에 많다.

표 7-1 식품 중의 비타민 B_1의 함량

(mg %)

식 품 명	함 량	식 품 명	함 량
쌀 겨	1~3	명 태	0.6
땅 콩	1.09	대 구	0.3
효 모	2.5	돼지고기	0.25
대 두	0.6	소 간	0.03
고 추 장	0.35	난 황	25.6
마 늘	0.33	우 유	2.5

2. 비타민 B_2(성장촉진인자)

비타민 B_2의 화학명은 리보플라빈(riboflavin)이라고 하며, 산화에 안정하고 열에 대해서도 안정하여 보통의 조리에서는 파괴되지 않는다. 내열성의 성질로 비타민 B_1과 비타민 B_2가 구별된다.

알칼리성과 광선에는 분해되기 쉬우므로 조리시에 알칼리(식소다)의 첨가를 삼가야 한다.

가시광선에 의해서 파괴되며, 산성과 중성에서는 루미크롬(lumichrome), 알칼리성에서는 루미플라빈(lumiflavin)으로 변하여 효과가 없어진다.

표 7-2 식품 중의 비타민 B_2의 함량 (mg %)

식 품	함 량	식 품	함 량
효 모	2.6	소 간	2.20
송이버섯	1.4	분 유	1.3
된 장	1.0	치 즈	0.45
청국장	0.5	명 란	0.2
시금치	0.3	우 유	0.15

종합 비타민을 복용하였을 때 소변이 노란 것은 리보플라빈(riboflavin)의 이소알록사진(isoalloxazine) 고리에 기인한다. 조리가공 시에 비타민 B_2의 평균 손실률은 육류 15~20%, 채소 10~20%, 제빵 10% 정도이다.

비타민 B_2의 생리작용은 체내에서 인산 · 핵산과 결합하여 FMN(flavin mono nucleotide), FAD(flavin adenine dinucleotide) 형태로 세포 내에서 산화 · 환원작용을 한다.

비타민 B_2의 필요량은 음식의 조성과 관계가 있다. 일반적으로 인체의 1일 필요량은 1~2mg이며 수유 중에는 3mg이 요구된다. 비타민 B_2가 결핍되면 조직 내의 산화 · 환원반응이 정상적으로 이루어지지 않으므로 피로와 식욕부진이 생기고 성장이 지연되며 신경장해와 피부장해가 일어난다.

비타민 B_2는 동 · 식물계에 널리 분포하며, 간장이나 어류 등에 많이 함유되어 있고 효모 · 난백 · 우유 · 신선한 푸른 채소 등에도 비교적 많이 함유되어 있다.

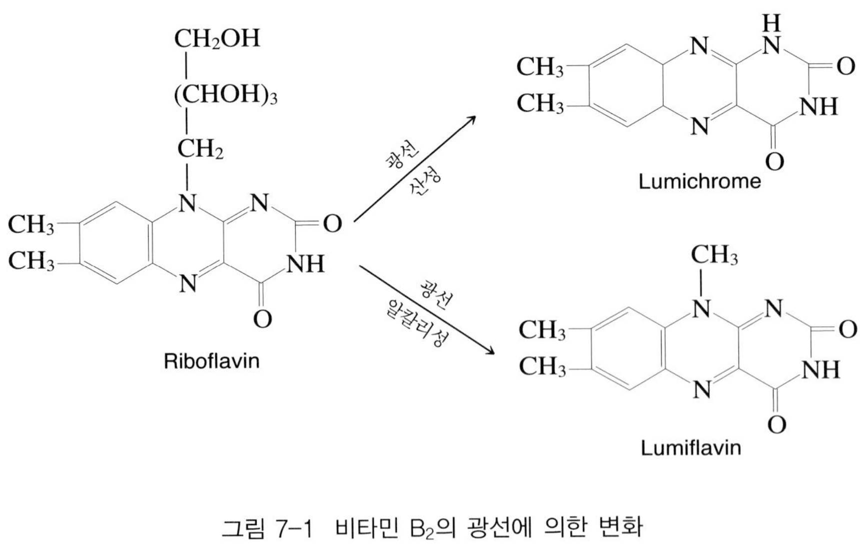

그림 7-1 비타민 B_2의 광선에 의한 변화

3. 비타민 B_6(항피부염 인자)

비타민 B_6의 화학 명칭은 피리독신(pyridoxine)이며 항피부염성을 나타내기 때문에 아데르민(adermin)이라고도 한다. 천연에 존재하는 비타민 B_6로는 pyridoxine과 pyridoxal 및 pyridoxamine의 세 가지가 있다. 비타민 B_6는 산성에서는 안정하나 중성 또는 알칼리성에서는 빛에 의해 분해된다. 열에는 약간 불안정하며 건조에 대해서는 안정하다.

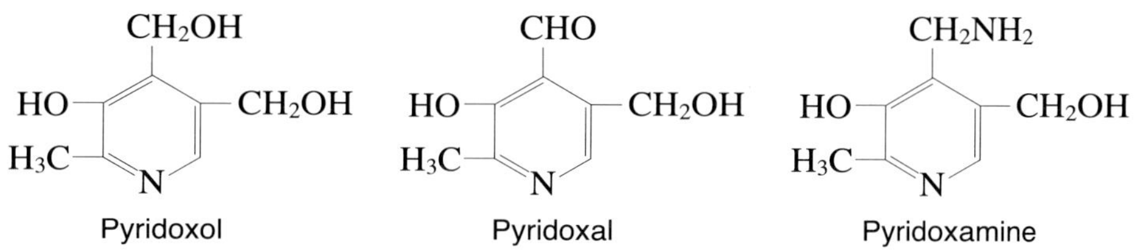

그림 7-2 비타민 B_6의 구조

비타민 B_6의 체내 작용은 조효소 PALP(pyridoxalphosphate) 형태로 아미노산 대사의 산화 · 환원에 관여한다. 즉, 아미노산 대사에서 아미노기 전이반응, 탈탄산반응을 촉매한다.

인체 내에서의 결핍증은 구강염 · 설염 · 피부염 등이며, 또한 지방간을 일으킨다. 비타민 B_6는 혈액 중의 콜레스테롤을 감소시키는 효과가 있고 필수지방산(비타민 F) 대사에 관계한다.

보통 1일 필요량은 2~3mg 정도이며, 단백질 섭취량이 많을수록 비타민 B_6의 요구량도 증가한다. 지질은 비타민 B_6를 절약하게 한다.

비타민 B_6는 자연계에서 단백질과 결합되어 있고 곡류의 배아 · 간장 · 효모 · 난황 등에 비교적 많이 함유되어 있다.

표 7-3 식품 중의 비타민 B_6의 함량 (mg %)

식 품	함 량	식 품	함 량
고구마	320	소 간	800
땅 콩	300	돼지고기	20
양배추	290	닭고기	100
소 맥	220	치 즈	70
시금치	83	달 걀	21

4. 비타민 B_{12}(항빈혈성 인자)

비타민 B_{12}의 화학 명칭은 코발라민(cobalamine)으로 분자 중에 코발트(cobalt)를 함유하고 있다. 보통 분자 중에 CN기를 함유하고 있는 시아노코발라민(cyanocobalamine)이 가장 큰 활성을 지니므로 이것을 비타민 B_{12}라고 한다. 중성용액에서는 열에 안정하나 산이나 알칼리용액에서는 서서히 파괴된다. 조리과정에서의 손실률은 약 30%이다.

비타민 B_{12}는 체내에서 혈액 내의 단백질과 결합하여 이용되며, 악성 빈혈을 방지하고, 아미노산의 대사에서 메티오닌(methionine)과 리신(lysine)에 관계한다. 그러므로 성장기에 단백질의 이용능률을 높여 성장을 촉진한다.

일반적으로 식물성 식품보다는 동물성 식품인 간장 · 육류 · 난황 등에 많이 함유되어 있다.

5. Niacin (항 pellagra 인자)

니아신(niacin)은 니코틴산(nicotinic acid)을 말하며, 자연계에는 니코틴아미드(nicotinamide) 형태로 존재한다. 니아신은 열에 대하여 안정하기 때문에 조리나 가열 · 살균에 의해서도 파괴되지 않는다. 그리고 산 · 알칼리 · 빛 · 산화제 등에 대하여도 안정되며, 비타민 B 복합체 중에서 산화나 가열에 대한 내성이 가장 안정하다.

니아신은 인체 내에서 필수아미노산인 트립토판(tryptophan)으로부터 합성되는 물질로 인체실험 결과 트립토판 60mg이 니아신 1mg에 해당한다고 한다. 체내에서의 생리작용은 탈수소효소의 조효소, 즉 NAD(nicotinamide adenine dinucleotide)의 구성성분으로 산화 · 환원반응에 작용한다.

니아신이 결핍되면 구강과 혀에 염증을 일으키는 펠라그라(pellagra)에 걸리게 되고, 특히 피부염의 경우에는 햇빛에 탄 것과 같이 거칠어져서 비늘이 생긴다. 대개의 경우, 결핍이 되면 흑설병(黑舌病)이 나타난다. 니아신의 결핍은 옥수수를 주식으로 하는 식이에서 나타나기 쉽다. 옥수수 중에 니코틴산의 함량이 적고 옥수수 단백질인 제인(zein)에 트립토판의 함량이 적기 때문이다.

니아신의 필요량은 체내에서 트립토판으로부터 합성되기 때문에 식사에서 섭취하는 니코틴산 외에 체내에서 트립토판으로부터 생성되는 양에 따라서 달라진다. 니아신의 최소 필요량은 트립토판으로부터 생성되는 양을 포함하여 4.4mg 니아신 당량/1,000kcal로 추산된다.

우리나라 사람의 1일 필요량은 15~19mg 니아신 당량/2,300~2,900kcal로 권장하고 있다. 니아신은 식품 중에 광범위하게 분포되어 있으며, 특히 효모 · 땅콩 · 간 · 육류 등에 많이 함유되어 있다. 달걀과 우유에는 함량이 적으나 트립토판의 함량이 많다.

표 7-4 식품 중의 니아신 함량

(mg/%)

식 품	함 량	식 품	함 량
건조효모	30.0	소 간	14.1
땅 콩	16.2	닭 고 기	8.6
참 깨	7.8	쇠 고 기	4.6
보 리 쌀	7.8	돼지고기	4.4
쌀 (백미)	1.4	달걀, 우유	0.1

6. 판토텐산 (pantothenic acid)

Guide

• **판토텐산** (pantothenic acid)
미량이지만 동물성이나 식물성 어디나 널리 분포되어 있는 것으로 생체 내의 대사 과정에 관여

판토텐산은 산성 백토에 흡착되지 않으므로 비오틴(biotin)이나 이노시톨(inositol)과 같이 **여과성 인자**(filtration factor)라고도 한다.

중성에서는 열에 대하여 비교적 안정하나 산성 또는 알칼리성에는 β-alanine과 판토산(pantoic acid)으로 쉽게 분해되어 활성을 잃게 된다.

판토텐산은 체내에서 ATP와 결합하여 coenzyme A(CoA)로 전환되어 탄수화물과 지방대사에서 중요한 작용을 한다.

인체에 있어서의 결핍 증상은 아직 확실하게 밝혀지지 않고 있으나 닭의 경우는 피부염, 개의 경우는 저혈당과 지방간, 쥐의 경우는 성장정지 · 탈모 · 피부염 등이 일어난다. 식품 중에 널리 분포되어 있기 때문에 인체의 결핍 증상은 잘 일어나지 않으며, 정상 성인의 1일 필요량은 10mg 정도면 충분한 것으로 보고되어 있다.

7. 엽산(folic acid)

일명 **비타민** M이라고도 하며 미국에서는 폴라신(folacin)이라고도 한다. 엽산은 산성에서 대단히 불안정하며, 빛에 의해서도 쉽게 파괴된다. 그러나 알칼리성에서는 비교적 열에 안정하나 광선에 의해서는 분해된다.

엽산은 비타민 B_{12}와 함께 핵산과 아미노산 대사에 관여하며, 항빈혈성인자로 혈구평형(hemopoisis)을 유지하는 데 필요한 성분이다. 따라서 엽산은 대혈구성빈혈(macrocytic anemia)의 치료제로서 이용되기도 한다.

엽산은 모든 식품에 널리 함유되어 있고, 특히 녹엽(綠葉) · 간 · 육류 · 소맥배아에 비교적 많이 함유되어 있다.

필요량은 확실하지 않으나, 1일 0.5~1.0mg으로 충분하다고 한다.

Guide

• 엽산

① DNA와 RNA 합성
② 아미노산의 합성
③ 콜린 합성에 관여

8. 그 밖의 비타민 B 복합체

앞에서 설명한 것 이외의 비타민 B군(群)으로는 비타민 H(biotin), 콜린(choline), 이노시톨(inositol), PABA, 리포산(lipoic acid) 등이 있다. 이들의 요약은 표 7-5와 같다.

표 7-5 그 밖의 비타민 B군

비타민	성질 및 생리작용	결 핍 증	함유식품
비타민 H (biotin)	보통 조리에 안정하며, 각종 카르복실라아제(carboxylase)의 조효소로 작용한다.	피부염, 신경염	우유, 난황 채소, 간장
콜린 (choline)	인지질인 레시틴(lecithin)의 구성성분으로 알칼리에 의해 분해되며, 산성에는 안정하다. 지간을 예방하는 항지간인자로서 작용한다.	지방간	간장, 콩 난황, 유즙
이노시톨 (inositol)	산과 알칼리에 안정하며, 지방대사를 촉진하고, 성장을 촉진하는 인자로서 작용한다.	성장 지연, 탈모증	과일, 곡류, 효모
PABA (para-amino benzoic acid)	모발 착색에 관여하며, 성장촉진 작용이 있다.	모발의 회색화 성장 지연	모든 식품에 존재
lipoic acid (thioctic acid)	함유황지방산으로 당대사에서 티아민(thiamin)과 함께 조효소로 작용한다.		

9. 비타민 C(항괴혈성 인자)

화학 명칭은 L-ascorbic acid로 식품 중에 **환원형**(L-ascorbic acid)과 **산화형**(dehydro-L-ascorbic acid)의 두 가지 형태로 존재하며 산화형의 비타민 C 효과는 환원형의 1/2 정도이다. 산화형과 환원형은 가역적으로 변화하지만 산화형이 더욱 산화하면 불활성체로 된다.

비타민 C는 건조 상태에서는 안정하나 수용액 상태에서는 불안정하며, 가열과 동시에 산소나 산화효소에 의하여 파괴가 촉진된다. 보통 가열조리하는 경우에 약 50%가 파괴된다.

비타민 C의 산화는 산소 산화효소에 의하여 일어나고 온도 · 빛 · 금속 이온 등의 영향을 받는다. 산화는 pH 5 이하의 산성에서는 잘 일어나지 않으며 또한 가역적이다. 그러나 pH 5 이상에서는 산화가 강하게 일어난다.

비타민 C는 아스코르브산 산화효소(ascorbic acid oxidase)에 의하여 디히드로아스코르브산(dehydroascorbic acid)으로 산화한다. 생체조직에서의 이 반응은 가역적으로 일어나지만 조직이 파괴된 식품 중에서는 산화가 더욱 진행되어 불활성인 2,3-diketogulonic acid로 되고 다시 트레온산(threonic acid)과 옥살산(oxalic acid)로 된다. 특히 아스코르브산 산화효소는 호박 · 당근 · 오이 등에 많이 존재하므로 무생채 조리 시에 당근을 혼합하면 비타민 C의 파괴가 촉진된다.

아스코브르산 산화효소의 최적 pH는 5.5～6 이내이고, 최적 온도는 30°C이다.

식품 중의 비타민 C의 산화를 방지하는 방법으로는 가능한 한 산소를 제거하거나 과실 또는 채소를 건조시킬 때 데치기(blanching)하는 것이다. 아스코브르산 산화효소는 80°C 이상으로 1～2분 동안 가열하면 불활성화되고 비타민 C는 대부분 남게 된다. 차엽의 증숙조작으로 비타민 C를 유지시킬 수 있다.

식물체 내의 colloid성 물질은 산화를 방지한다. 특히 글루타티온(glutathione), 시스테인(cystein), H_2S-SH 화합물 등은 비타민 C의 산화를 하며 산화형을 환원형으로 변화시킨다. 비타민 C의 체내작용은 산화 · 환원의 조절작용에 근원이 있다.

그 밖의 작용을 보면 ① 세포간질의 생성에 필요, ② 지혈작용, ③ 효소작용에 관여, ④ 호르몬과 대사에 관여, ⑤ 면역성과 해독작용, ⑥ 탄수화물, 지방, 아미노산, 단백질, 무기염류(특히 Ca) 등 거의 모든 영양대사에도 관계가 있다. 또한, 티로시나아제(tyrosinase)의 조효소로서도 작용하며, 운동이나 노동에 의해서도 비타민 C의 소비가 증가한다.

비타민 C의 결핍 증상으로는 괴혈, 치아 및 피부의 출혈, 세균감염에 대한 저항력의 감퇴, 피부색소의 침착 등이 나타난다.

표 7-6 식품 중의 비타민 C의 함량 (mg %)

식 품	함 량	식 품	함 량
마른고추	200	유자껍질	150
파슬리	200	딸기	80
무 잎	90~150	레몬·귤	50
시금치	100	김	20
고추냉이	80	녹 차	100~280
양배추	50	홍 차	4

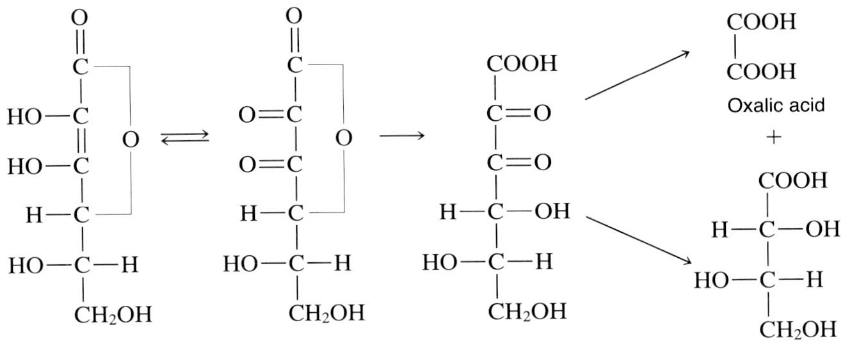

그림 7-3 비타민 C의 구조

우리나라의 경우, 성인 남자의 권장량은 1일 55mg, 성인 여자의 권장량은 50mg으로 정하고 있다. 임산부의 경우는 20%를 늘리고 수유부의 경우는 모유에 이행되는 양을 고려하여 85mg으로 권장하고 있다. 특히 전염성 질병 환자의 경우에는 섭취량을 2~4배로 늘려 줌으로써 회복이 빨라진다.

비타민 C는 일반적으로 신선한 채소나 과일 등에 많으며 동물성 식품이나 곡류 및 두류 등에는 거의 없다.

10. 비타민 P

담황색의 수용성 플라보노이드(flavonoid) 색소를 말하며, 루틴(rutin)과 히스페리딘(hesperidine) 및 에리오딕틴(eriodictin) 등이 여기에 속한다. 모세관의 침투성을 조절하며 혈관성 자반병(血管性紫斑病)에도 효과가 있고, 일혈(溢血) 예방에도 이용된다.

비타민 P가 작용하기 위해서는 비타민 C가 필요하다. 루틴이나 히스페리딘은 감귤류의 껍질이나 고추에 많이 함유되어 있고 메밀이나 토마토 등에도 많이 함유되어 있다. 1일 필요량은 확실하지 않으나 약 40~50mg 정도이다.

11. 비타민 L

유즙 분비를 촉진하는 비타민으로 L_1과 L_2가 있다. L_1은 안트라닐산(anthranilic acid)인데 PABA의 이성체로 간장에 많고 L_2는 아데닐티오메틸 펜토오스(adenylthiomethyl pentose)로 효모에 함유되어 있다. 체내에서의 기능은 뇌하수체 전엽을 비대시켜 비유(泌乳) 호르몬인 프롤락틴(prolactin)의 생성을 촉진해서 유즙 분비를 촉진한다. 함유식품으로 간, 효모, 쌀겨 등이 있다.

표 7-7 수용성 비타민의 생리작용과 함유식품

비타민	성질 및 생리작용	결핍증	함유식품
티아민 (비타민 B_1) • 항각기성인자 • 항신경염인자	당질대사 촉진 식욕과 소화기능 자극 신경계에서의 기능	피로, 식욕부진 각기병 신경염	쌀겨, 효모, 땅콩, 난황, 우유
리보플라빈 (비타민 B_2) • 성장촉진인자	성장촉진 입속 점막보호 체내 산화 · 환원작용(FMN, FAD)	성장저해 구내염, 구각염, 설염, 구순구각염	효모, 송이버섯, 소간, 분유, 된장
피리독신 (비타민 B_6) • 항피부염인자	단백질대사 관여 헴합성 지방합성	피부염, 설염, 구강염 빈혈 두통, 구토	곡류의 배아, 간장, 효모, 난황
코발라민 (비타민 B_{12}) • 항빈혈성 인자	혈액생성 성장촉진	악성빈혈 손발 지각 이상	간, 육류, 난황
니아신 (비타민 B_3) • 항펠라그라인자	체내 산화 · 환원작용 tryptophan으로부터 합성 NAD의 구성성분	펠라그라 설염 피부, 점막손상	효모, 땅콩, 간, 육류
판토텐산 (비타민 B_5) • 여과성 인자	에너지 생성 지방산 및 스테롤 합성	피로, 불면, 두통 근육경련	버섯, 간, 난황, 땅콩, 전곡
엽산 (비타민 M, 비타민 B_9) • 항빈혈성인자	핵산 및 아미노산 합성 적혈구 성숙	설염, 성장장애 거대적아구성 빈혈	녹엽, 간, 육류, 소맥 배아
아스코르브산 (비타민 C) • 항괴혈성 인자	항산화제 콜라겐 형성 면역기능 향상 철흡수 촉진	괴혈병 상처치유 지연 체중감소 피로, 식욕감퇴	고추, 파슬리, 무잎, 시금치, 유자, 녹차

7-2 지용성 비타민

1. 비타민 A(항야맹증인자)

악세로프톨(axerophtol)이라고도 하며 자연계에는 비타민 A_1과 A_2가 존재한다. A_1은 해상동물의 간유나 육상동물에 함유되어 있고 A_2는 민물고기의 간유에 함유되어 있다. 또한, 카로티노이드 색소는 체내에서 프로비타민 A의 작용을 갖는 것으로 α, β, γ-carotene과 크립토크산틴(cryptoxanthin) 등이 있다.

이 중에서 β-carotene의 효력이 가장 크다. 그 이유는, 다른 것은 비타민 A의 구조인 β-ionone핵을 1개만 가지는 반면에 베타 카로틴은 2개의 β-ionone핵을 가지고 있기 때문에 두 분자의 비타민 A가 만들어진다.

비타민 A는 동물체 내에서 팔미트산(palmitic acid)과 결합하여 에스테르(ester)로 존재한다. 특히 비타민 A는 이중결합을 가지고 있으므로 산화하기 쉽다. 산소가 없는 상태에서 열에 대하여 안정성이 높아 120°C에서도 파괴되지 않는다. 식품 중의 비타민 A는 가열조리 시에도 90%가 남게 된다.

비타민 A는 산이나 알칼리에 안정한 불검화물이다. 그러나 불포화탄소에 수소를 첨가하면 실활되므로 경화유에는 비타민 A의 효과가 없다.

체내에서의 작용은 주로 로돕신(시홍소, rhodopsin)과 관계가 있고 결핍되면 야맹증을 일으키며 점막의 상피세포가 각질화된다. 그 반면에 비타민 A의 과잉증은 피부가 황색으로 되고 벗겨지며 간장이 심하게 손상을 입게 된다.

비타민 A의 필요량은 국제단위(international unit, IU)로 표시하는 것이 일반적이다.

$$1\text{IU} = 0.6 \cdot \beta\text{-carotene} = 0.3\gamma \text{ 비타민 A}$$

비타민 A의 1일 필요량은 성인의 경우에 200IU이며 β-carotene으로 섭취할 경우에는 흡수율이 1/3 정도이므로 6,000 IU가 필요하다. 비타민 A의 함유식품을 보면 표 7-8과 같다.

표 7-8 주요 식품 중의 비타민 A의 함량 (IU/100g)

식 품	함 량	식 품	함 량
간 유	800,000	인 삼	135,000
돼 지 (간)	10,000	김	10,000
소 (간)	5,000	시 금 치	8,000
뱀 장 어	3,000	무 잎	3,000
버 터	2,400	고 추 잎	3,300
난 황	2,000	호 박	5,000

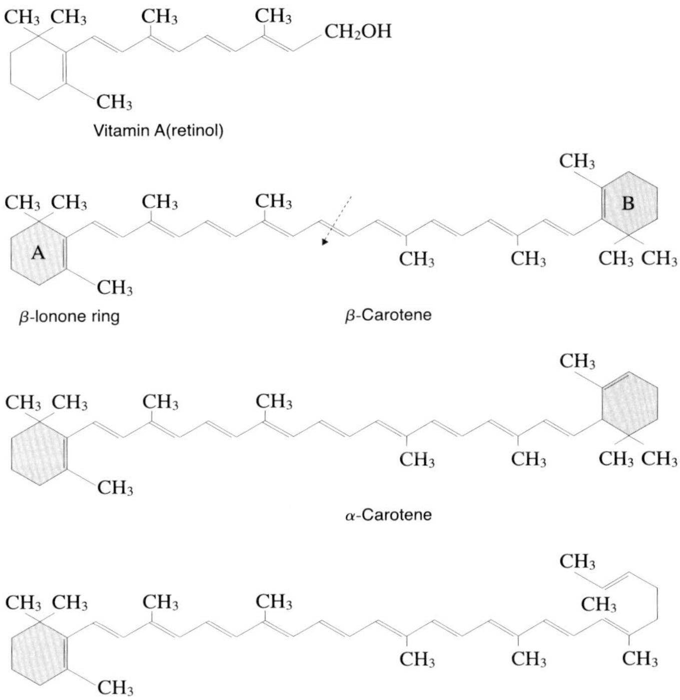

그림 7-4 비타민 A 및 카로틴의 구조

2. 비타민 D(항구루병 인자)

칼시페롤(calciferol)이라고도 하는데, provitamin D로서 에르고스테롤(ergosterol)이 있으며 자외선을 조사하면 비타민 D_2를 얻게 된다. 그리고 간유나 동물의 피하조직에 존재하는 7-dehydrocholesterol로부터 자외선 흡수 시 비타민 D_3를 얻게 된다. 에르고스테롤을 공기 중에 방치하면 산화하여 황색으로 변하고, 이것은 주로 효모 · 버섯 · 곰팡이 포자 등에 존재한다.

표 7-9 식품 중의 비타민 D의 함량 (IU/100g)

식 품	함 량	식 품	함 량
우유(여름)	2~10	채소류	2,000
우유(겨울)	0.5	버 섯	6
간 유	1~4만	버 터	10~80
일반생선	50	난 황	30
소 · 돼지간	10~50	육 류	5

비타민 D의 체내 작용은 주로 칼슘과 인의 흡수를 도와 뼈에 침착을 촉진하는 것이다. 그러므로 비타민 D가 결핍되면 골연화 또는 구루병을 초래하며 성장기의 동물에게서 발생하기 쉽다. 특히 provitamin D는 체내에 흡수되어 피하조직에 보유되는데, 여기에 일광이 조사되어야 비타민 D가 생성된다. 따라서 자외선이 차단되는 실내에서는 비타민 D로 전환되지 못한다.

비타민 D는 동물에게만 존재하나 provitamin D는 식물성 식품에도 존재한다.

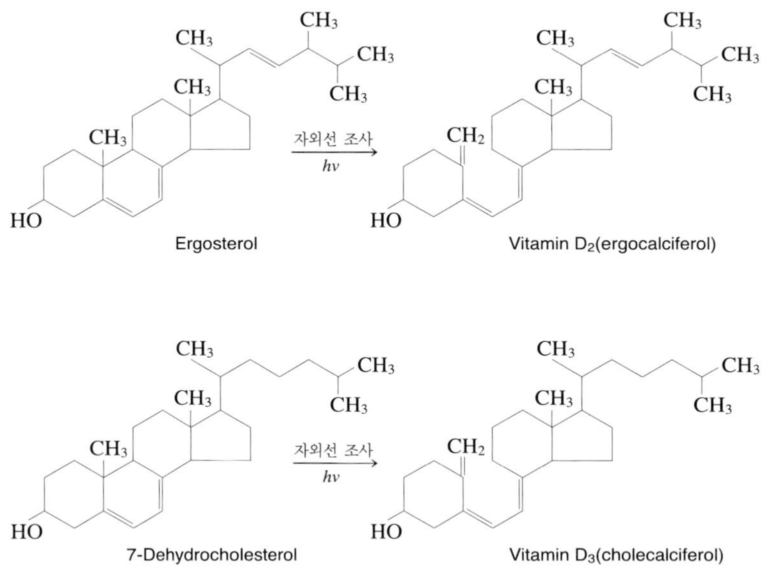

그림 7-5 비타민 D 및 provitamin의 구조

3. 비타민 E(항불임 인자)

토코페롤(tocopherol)이라고 부르며, α, β, γ, δ의 이성체가 존재하나 비타민 E로 중요한 것은 α-tocopherol이다.

비타민 E는 자체에 항산화력을 가지고 있으므로 천연 항산화제로 이용된다.

유지에 수소 첨가를 하여 경화유를 만들 때 비타민 A는 불활성이 되지만 비타민 E는 실활되지 않는다.

산소가 존재하지 않으면 매우 안정하여 200°C에서 가열하여도 파괴되지 않는다. 그러므로 세포 내에서 비타민 A의 보호 기능이 있다.

표 7-10 식품 중의 비타민 E의 함량 (mg %)

식 품	함 량	식 품	함 량
밀의 배아유	520.0	우 유	3.3
콩 기 름	140.0	버 터	2.4
면 실 유	90.0	달 걀	2.0
땅 콩 기 름	22.0	돼지고기	0.7

비타민 E의 생리작용은 성호르몬과 관계가 있는데, 쥐의 실험 결과에서는 현저하게 항불임작용을 나타내고 있다. 그러나 사람에 대하여는 임신 불능이나 태아의 유산 등에 비타민 E를 사용한 결과, 기대에 어긋나는 것으로 알려져 있다.

비타민 E의 결핍증은 동물에 있어서 여러 가지 형태로 나타나며, 주로 정자의 허약현상과 불임 및 습관성 유산 등의 증상이 나타난다.

인체 내에서의 1일 필요량은 확실하지 않으나 일상식이에서 30mg 정도의 비타민 E를 섭취하고 있으므로 이를 필요량으로 정할 수 있다. 식품 중의 함량을 보면 곡류의 배아유에 많다.

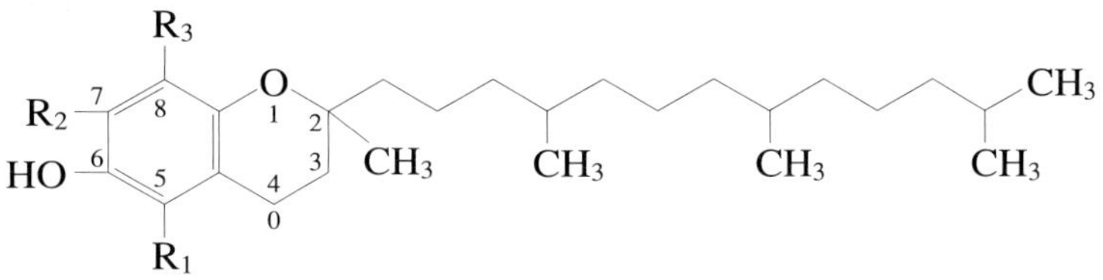

α-tocopherol(5, 7, 8-trimethyltocol) : $R_1, R_2, R_3 \rightarrow CH_3$
β-tocopherol(5, 8-dimethyltocol) : $R_1, R_3 \rightarrow CH_3$
γ-tocopherol(7, 8-dimethyltocol) : $R_2, R_3 \rightarrow CH_3$
δ-tocopherol(8-methyltocol) : $R_3 \rightarrow CH_3$

그림 7-6 비타민 E의 구조

4. 비타민 K(혈액 응고 인자)

혈액응고성(Koagulation)이란 뜻에서 비타민 K라고 부르며, K_1~K_7이 있고, 이 중에서 K_1과 K_2만이 천연에 존재한다. 비타민 K는 열에 비교적 안정하며 빛과 알칼리에는 약하다.

비타민 K는 체내에서 혈액 중에 있는 프로트롬빈(prothrombin)의 생성을 촉진하는 작용을 한다. 혈액의 응고는 피브리노겐(fibrinogen)이 혈액응고효소인 트롬빈(thrombin)에 의하여 피브린(fibrin)으로 되는 것이다. 한편 세포 내에서의 산화에 관계하는 coenzyme Q 물질인 유비퀴논(ubiguinone)이 미토콘드리아에서 발견되었다.

비타민 K의 흡수에는 담즙산이 필요하며, 또한 간장장해가 있으면 프로트롬빈의 합성이 방해된다. 비타민 K는 시금치, 양배추, 대두, 토마토, 해조류, 돼지간 등에 많이 함유되어 있다.

5. 비타민 F

비타민 F는 필수지방산을 말한다. 리노레산(linoleic acid), 리놀렌산(linolenic acid), 아라키돈산(arachidonic acid) 세 가지가 여기에 속한다.

이들은 체내에서 성장이나 모발 · 피부의 정상 유지 등에 관여하며, 결핍되면 쥐의 경우에 성장정지 · 탈모 · 피부염 등이 일어난다.

비타민 F는 식물성 기름에 비교적 많이 함유되어 있으며, 동물성 기름에는 매우 적게 함유되어 있다.

표 7-11 지용성 비타민의 생리작용과 함유식품

비타민	성질 및 생리작용	결핍증	함유식품
레티놀 (비타민 A) • 항야맹증인자	시력유지 상피세포의 건강유지 신경계 및 생식계 기능유지	야맹증, 안구건조증 피부이상 면역기능 약화, 성장부진	간유, 돼지간, 소간, 인삼, 김, 시금치
칼시페롤 (비타민 D) • 항구루병인자	뼈의 성장과 석회화 촉진 칼슘의 흡수촉진 인의 흡수촉진	어린이 - 구루병 성인 - 골연화증 골다공증	간유, 버터, 간, 난황, 버섯류
토코페롤 (비타민 E) • 항불임인자	세포손상 방지하는 항산화제 비타민 A의 흡수 증가	적혈구 용혈 근육위축증 빈혈 신경파괴	배아유, 콩기름
프로트롬빈 (비타민 K) • 혈액응고인자	혈액응고	출혈 혈액응고 지연	시금치, 양배추, 대두, 토마토
리놀렌산 (비타민 F) • 필수지방산	성장 모발 · 피부의 정상유지	성장정지 탈모, 피부염	식물성 기름

비타민 *Question*

1. provitamin A가 되는 물질들은?

▶▶ 정답 : α–carotene, β–carotene, γ–carotene, cryptoxantin

2. 혈액응고와 관계 있는 비타민은?

▶▶ 정답 : 비타민 K

3. 비타민 D의 전구체로 버섯에 함유된 물질은?

▶▶ 정답 : ergosterol(에르고스테놀)

4. niacin이 부족하면 걸리는 질병은?

▶▶ 정답 : pellagra(펠라그라)

5. Ca-P의 흡수를 촉진하여 뼈의 침착을 촉진하는 비티민은?

▶▶ 정답 : 비타민 D

6. 메밀에 함유된 성분으로 비타민 P라고도 불리는 물질은?

▶▶ 정답 : rutin(루틴)

7. 비타민 A의 산화를 막는 데 도와주는 비타민?

▶▶ 정답 : 비타민 E

8. 비타민 M의 화학명은?

▶▶ 정답 : folic acid

9. 무를 믹서에 갈았을 때 가장 많이 파괴되는 비타민은?

▶▶ 정답 : 비타민 C

10. 유황을 함유하고 있는 비타민은?

▶▶ 정답 : 비타민 B_1(티아민)

Part Ⅱ

각론

Chapter 8

농산 식품

농산식품은 탄수화물, 무기질, 비타민이 풍부하며, 특히 곡류와 서류는 전 세계 인류에게 중요한 탄수화물의 급원이다. 곡류는 우리나라 사람들의 주식인 쌀과 보리, 밀, 호밀, 옥수수 등의 잡곡으로 나뉜다. 서류는 감자, 고구마, 토란, 마, 칡뿌리, 카사바, 곤약 등이 있다. 일반적으로 전분이 많아 열량이 높고 칼륨이나 칼슘이 많은 알칼리성 식품이다.

두류는 고단백 · 고지방류인 대두 · 낙화생이 대표적이고, 고단백 · 고탄수화물인 팥 · 녹두 · 강낭콩 · 동부 등이 있으며, 비타민 C 함량이 높은 것으로 채소류에 가깝다. 또한 채소류, 과일류와 버섯류는 무기질 및 비타민의 좋은 급원이다.

8-1 곡 류

화곡류(벼나 보리 등 벼과의 열매)와 콩과 열매의 콩이나 팥, 그 밖에 콩과에 속하는 것 등과 여뀌(줄기에 마디가 있고 줄기와 잎이 매움)과의 메밀 등을 통틀어서 **곡류**라고 한다. 그 중에 대량으로 생산되는 쌀 · 밀 · 보리 · 콩을 제외한 13종을 잡곡이라고 하는데, 조 · 밀 · 수수 · 옥수수 · 피 · 메밀 같은 수수 · 라이보리의 8품목 등을 들 수가 있다.

세계적(1984년)으로는 화곡류 재배면적의 62.8%를 쌀 · 밀 · 보리가 점유하고 있으며, 수확량은 곡류 총계로 18억 톤이다. 그 내역을 보면 밀 29.0%에 쌀(왕겨가 붙어 있는 쌀) 26.0%이고, 옥수수 24.9%로 이 세 가지가 80%를 점유하고 있다. 그 밖에 보리는 9.5%, 라이보리와 참밀은 합계 4.1%이다.

또 곡류의 수확량을 지역분포로 보면, 아시아가 55%, 유럽 20%, 러시아 10%, 미국이 8%의 비율이다. 한국의 자급률은 쌀만 109%로 높고, 밀은 12%, 보리 15%이며 곡류 전체는 32%로 낮다.

1인당 1일 섭취하는 곡물의 열량은 1인당 총 열량의 41.3%를 차지한다. 또 곡물의 단백질과 지질(脂質)은 각각 1인당 총 공급량의 29.1%와 5.7%를 점유하고 있다. 따라서 곡물은 열량원(熱量源)으로의 기능 외에 단백질원으로도 중요한 식료(食料)라고 할 수 있다.

1. 쌀(米, Rice)

쌀은 인도형의 장립종(indica type)과 일본형의 단립종(japonica type)으로 나눌 수 있는데, 왕겨가 붙어 있는 쌀의 생산은 아시아가 세계 생산량의 98.2%를 점유하고 있으며, 나라별로 보면 중국(38.5%)이 1위, 인도(19.4%)가 2위, 한국(3.2%)은 7위이다.

쌀은 생산자로부터 집하를 거쳐서 정부관리미와 일반미로 나누어지는데, 도매업자와 소매업자를 거쳐서 소비자에게 공급되고 있다.

쌀은 1인당 1일 필요열량의 28.3%를 점유하고 있어 유지류(14.8%)를 능가하고 있으며, 단백질에 있어서도 1인 하루 공급량의 16.9%로 육류(14.6%)를 앞지르고 있다. 따라서 쌀은 우리의 중요한 식자원(食資源)인 것을 알 수 있다.

현미의 구성 비율은 대개 외피 5%, 배아 3%, 배유 92%이다. 과피 · 종피 · 외배유 · 호분층의 등겨층과 배아는 현미를 정미로 할 때에 등겨로 제거한다(그림 8-1, 표 8-1 참고). 경질미와 잡연질미는 심(芯)이 조금 연하고 연질미는 심이 아주 연하다. 또 초연질미는 심(芯)이 아주 연하며, 모양이 길어서 심백(心白)이 되기 쉬우므로 양조용 쌀로 사용한다.

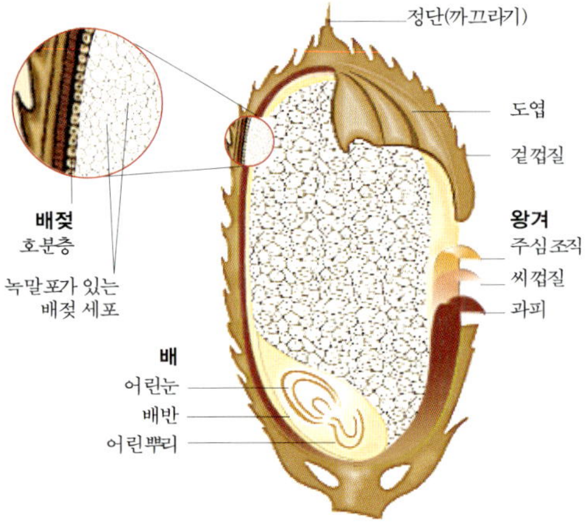

그림 8-1 쌀의 구조

표 8-1 쌀의 도정률과 소화흡수율

품 명	도 정 률	소화흡수율(%)	영 양 량	비타민B_1(mg/%)
현 미	100	90.0	90	0.54
5분도쌀	96	94.0	90	0.30
7분도쌀	94	95.5	90	0.25
백 미	92	98.0	90	0.15

정백미(精白米)의 에너지는 100g당 366kcal이며, 주성분으로는 전분이 70~80%를 점하고 있는데, 멥쌀의 전분은 아밀로오스(amylose) 20%, 아밀로펙틴(amylopectin) 80%이고, 찹쌀은 아밀로오스를 거의 함유하지 않으며 아밀로펙틴이 거의 100%이다.

쌀의 전분입을 단독으로 호화(糊化)하면 약 60배로 팽윤하며, 밥을 지었을 때에는 2.5배가 된다. 이것은 전분립의 막강도가 높기 때문이다. 밥을 지을 때 부은 물이 수증기로 용출하는 주전분(고형분)의 원래의 쌀에 대한 중량비는 밥의 점성에 비례한다.

쌀의 단백질은 6.8g이며, 1~3㎛의 미세한 과립(protein body)으로 전분 입자 속에 분산되어 있다. 쌀의 glutelin은 **오리제닌**(oryzenin)이라고 부르며 단백질의 약 80%를 점유하고 있다. 그 밖에 알부민, 글로불린, 프롤라민이 함유되어 있으며, 제한 아미노산은 리신(lysine), 트레오닌(threonine) 순이다. 아미노산 함유율로는 현미 68%에 정백미 65%이므로 인체의 아미노산 요구율로 볼 때 동물성 단백질이나 콩제품을 합쳐서 섭취하는 것이 좋다.

밥에 많이 들어 있는 아미노산은 글루탐산과 아스파라긴산 등으로서 고미취(古米臭)의 원인이다. 쌀에는 비타민 A와 C가 함유되어 있지 않다. 또 비타민 B군은 등겨층과 배아에 많으므로 비타민 B_1은 현미에 0.16mg, 정백미에는 0.03mg밖에 함유되어 있지 않다. 따라서 쌀밥의 편식은 비타민 B_1 결핍증의 원인이 되므로 비타민 B_1이나 B_2 등을 강화한 강화미인 파보일드 라이스(Parboiled rice) 등이 개발되고 있다.

쌀의 가공품에는 신분, 상신분, 백옥분, 도명수부, 유과분(求肥) 등이 있으며, 백미를 호화한 후에 건조한 것으로 알파미(α米)가 있다. 또 밥을 지은 후 밀봉살균한 레토르트미(米)도 개발되고 있다.

쌀로 만든 미생물 이용식품으로는 청주, 소주, 미란, 식초, 쌀된장 등이 있다.

2. 밀(小麥, Wheat)

밀과 쌀 및 옥수수는 세계 3대 곡물로서 생산량은 대개 비슷하다. 2007년도 주요 밀 생산국은 중국(16.8%), 인도(14%), 러시아(10%), 미국(12.6%) 순이었다. 한국의 밀 생산량은 세계 총계의 0.14%이고 자급률은 12% 정도로 대부분 수입에 의존한다. 그리고 소비량의 79.5%가 식료용, 10.5%가 사료용, 7%가 가공용으로 소비되고 있다.

밀의 부산물인 밀기울은 유실되기 쉬우므로 수확 시에 제거한다. 위쪽에 배(胚)가 있으며 배유부(胚乳部)는 밀의 80~85%를 점유하고 있는데, 밀을 제분할 때에 과피 · 중피 · 외배유 · 호분층 및 미배는 밀기울(麥皮)로서 제거된다.

경질밀(硬質, 유리질립)은 유리질률 70% 이상, 글루텐 함량 11% 이상의 강력분(强力粉)으로서 빵과 마카로니의 원료로 사용되고 있으며, 중간질밀은 유리질 30~70%, 글루텐 함량 9~10%의 중력분(中力粉)으로서 면류 · 과자 · 빵 제조용으로 사용한다. 그리고 연질밀(軟質, 분질밀)은 유리질 30% 이하에 글루텐 약 8% 이하의 박력분(薄力粉)으로 면류와 과자 제조용으로 쓰인다.

밀의 단백질은 72.5%가 배유부에 함유되어 있으므로 밀의 이용은 주로 단백질의 이용이다. 밀가루로 반죽을 만들고, 다량의 물로 씻어내면 물로 용해되지 않는 글리아딘(gliadin)과 글루테닌(glutenin)이 남는데, 각각 밀가루 총 단백질의 40~50%와 40%를 점유하고 있다. 글루텐은 글리아딘과 글루테닌의 복합체로, 그 밖에 지질 5~10%를 함유한 삼차원적인 망상구조를 하고 있다.

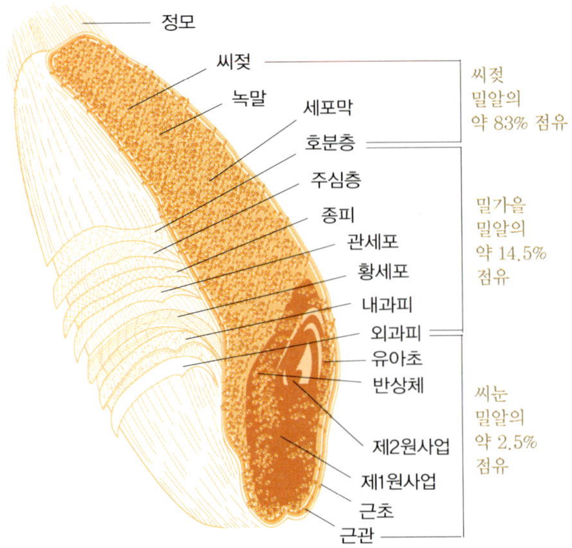

종류	단백질 함량	입자의 질감	용도
강력분	12% 이상	경질	마카로니 스파게티
중강력분	10.5%~12%	반경질	빵, 면
중력분	9.5%~10.5%	중간질	면(소면, 대면)
박력분	9.5% 이하	연질	케이크, 비스킷, 튀김가루

그림 8-2 밀의 구조와 용도

밀의 단백질에는 글루탐산(glutamic acid)이 많이 함유되어 있으므로, 가수분해 식물 단백질(HVA)은 아미노산 조미료 등으로 널리 사용되고 있다. 뿐만 아니라 밀단백질은 수산연제품, 식육가공품, 냉동식품 등에 이용되고 있다.

밀의 제한 아미노산은 쌀과 같이 리신(lysine, 제1 제한 아미노산)과 트레오닌(threonine, 제2 제한 아미노산)으로, 아미노산 함유율은 38~44%로 낮다. 시판 식빵은 수분 38.0g에 당질 48.0g 및 에너지 260kcal이므로 쌀밥의 65.0g, 31.7g, 148kcal와 비교하면 같은 중량일 때 빵의 영양가가 높다.

지질은 빵이 3.8g이며, 밥은 0.5g 정도 높은 4.3g이다. 또 식빵은 나트륨이 520mg으로 밥보다 2mg이 높다. 동양인들은 부식인 빵을 먹음으로써 나트륨의 섭취를 높일 수 있다. 비타민류는 흰쌀보다 약간 많은 정도이다. 밀의 배아유(胚芽油)는 비타민 E를 많이 함유하고 있다.

3. 보리(Barley)

> **Guide**
>
> **• 판토텐산 (pantothenic acid)**
>
> 보리에서의 비타민류는 주로 배유에 분포하므로, 도정에 의한 손실이 적어 비타민 B_1과 B_2가 비교적 많이 존재

열매(種實)가 익을 때 곡식 알을 얻기 쉬운 것이 쌀과 보리이며, 과피에 곡식알이 밀착되어 있는 것이 보리이다. 보리는 껍질이 딱딱하여 도정을 하나, 아래로 골이 파져서 제거하기가 곤란하다. 배아가 딱딱하므로 쌀과 같이 간단히 호화되지 않는다.

대체로 둥근 보리 외에 넓적하게 누른 보리나 삶은 보리 등을 쌀에 10~20% 혼합하여 식용으로 한다. 또 보리를 볶아서 분말로 만든 것이 보리미숫가루이다.

탄수화물의 주성분은 아밀로오스(amylose) 25%에 아밀로펙틴(amylopectine) 75% 정도이며, 단백질의 대부분은 글루텔린(glutelin)과 프롤라민(prolamin, hordein)이 들어 있다. 밀의 프롤라민(gliadin)과는 달리, 점성이 적으므로 반죽을 만들기 어렵고, 빵을 만들어도 딱딱하여 맛이 떨어진다.

제1 제한 아미노산은 리신이며 아미노산 함유율은 58로 낮다. 비타민 B_1과 B_2의 함유량은 높으나 비타민 A와 C는 함유하고 있지 않다. 정백 후에 비타민 B_1을 분무 · 증자하여 강화압맥(强化押麥)으로 만들기도 한다.

2000년도 국내 보리의 용도는 조식료 3.2%에 가공용 35%이며, 미생물 이용식품으로는 보리를 발아해서 얻은 맥아의 당화작용을 이용하여 맥주를 양조하거나 맥된장 등을 만든다.

4. 귀리(Oat)

화본과 식물로 소비량의 대부분을 수입하고 있다. 입질은 딱딱한 유리질로 탄수화물(약 70%)의 대부분은 전분이며, 단백질(약 12%)은 전부가 프롤라민이다. 글루텔린은 함유하고 있으나 글루테닌이 없으므로 빵을 만들어도 탄력이 적고, 염미와 유산 발효에 의한 미산미가 있는 흑빵이 된다. 제1 제한 아미노산은 리신이며 연맥빵의 아미노산 함유율은 44로 낮다.

5. 메밀(Buck Wheat)

여뀌과 식물은 외국에서는 주로 사료용으로 사용하나, 한국과 일본에서는 식용으로서 수요가 많다. 메밀은 흑갈색으로 딱딱한 종피를 포함한 정삼각형이며 내부에 과피와 자엽이 있고 제분으로 메밀 정맥이 되는 것은 70~75%이다.

메밀의 주성분은 탄수화물로 전분이 주가 되는데 아밀로오스 25%에 아밀로펙틴 75%로 구성되어 있다. 단백질은 글로불린이 대부분으로 글루텐을 형성하지 않으므로 메밀은 메밀가루와 밀가루를 1：1로 배합하여 사용하거나 점착성이 있는 달걀흰자나 감자 등을 가하여 만든다.

전분층 메밀의 제한 아미노산은 이소류신(isoleucine)이고, 아미노산 함유율은 92로서 높다. 또 메밀에는 리신(lysine)이 65, 그 밖에 철을 비롯하여 비타민 B_1과 B_2가 많으나, 비타민 A와 C는 함유하고 있지 않다.

메밀 꽃봉오리에는 류신(leucine)이 함유되어 있으나, 메밀가루에는 거의 함유되어 있지 않다.

6. 옥수수(Corn)

옥수수는 화본과의 자웅이화식물로서 종자는 탈락되지 않아 지상으로 떨어지지 않으며 풍매로 수분하게 된다. 현재 밀을 비롯하여 쌀과 함께 세계 3대 주요 농산물의 하나이다.

1984년 현재, 세계 총 생산량은 4.5억 톤으로 미국이 대부분(43.4%)을 생산하고 있으며, 마치종(dent-corn)은 분질배유가 많아 옥수수 녹말(corn starch)의 제조 원료로 이용되고 있다. 옥수수 녹말은 물엿이나 글로코오스 원료 등으로 사용되고 있다.

> **Guide**
>
> **• 니아신의 결핍**
>
> 옥수수를 주식으로 하는 남미나 아프리카 등지에서 옥수수의 편식으로 인한 triptophan 부족이 Niacin결핍을 초래하여 펠라그라(pellagra)가 발생

폭열종(pop-corn)은 150～200°C에서 가열하면 대기압하에서 폭열하여 배아부가 노출되며 pop-corn이 된다. 그 밖에 경립종(flint-corn), 감미종(sweet-corn), 연립종(soft-corn), 와키시종 등이 있다.

탄수화물은 전분 84.6g에 당질 1.6g이 함유되어 있으며 감미종(甘味種)에는 당분이 5.3g 정도 함유되어 있다. 또 아밀로오스 약 27%에 아밀로펙틴 약 73%로 구성되어 있으며, 단백질은 주로 각질층으로 되어 있다.

단백질의 대부분(41%)은 프롤라민으로 제인(zein)이라고 부른다. 그 밖에 글루텔린 31%에 글로불린 22%가 함유되어 있다. 제한 아미노산은 리신(제1)과 트립토판(제2)이고 아미노산 함유율은 콘 플레이크로서 16으로 낮으며 질은 좋지 않다. 지질(5.0g)의 85%는 배아이며, 배아의 12%를 입(粒)이 점유하고 있다.

리놀레산(linoleic acid)이 많으며(40～60%), 황색종에는 비타민 A가 카로틴형으로 200mg 정도 함유되어 있다. 무기질의 약 80%는 배아에 있으며 칼슘은 5mg으로 비교적 적다. 우유 · 생선 · 야채 등의 혼식으로 아미노산, 칼슘, 비타민류 등을 보충한다.

7. 그 밖의 잡곡

(1) 조(Italian Millet)

화본과 식물로 한국에는 쌀(稻) 이전에 들어와서 조밥, 조떡, 단고 등을 만들어서 먹었다. 제한 아미노산은 리신(lysine)이며, 아미노산 함유율은 35로 낮다. 철과 비타민 B군은 많고 비타민 A와 C는 함유하고 있지 않다.

(2) 귀리보리(Oat Barley)

화본과 식물로서 다른 곡종보다 섬유질이 많으며, 정백 후에 가습하여 볶거나 또는 가루를 낸 것을 오트밀(**oatmeal**)이라고 한다.

단백질 13.5%에 제한 아미노산은 리신이며 아미노산 함유율은 76이다. 철(3.4mg)에 비타민 B류는 많고, 비타민 A와 C는 함유하고 있지 않다.

(3) 피(Barnyard Millet)

화본과 식물로 한랭에 강한 구황작물로서 리신과 트립토판이 적으며 영양가가 낮다.

(4) 수수(Great Millet)

화본과 식물로 고량(高粱)이라고 하며 탈곡이 곤란하고, 종자에는 안토시안계의 홍색 색소가 있다. 식용으로서는 끈기가 적고 떫은맛(澁味, 탄닌)이 있다. 우리나라에서는 종실을 갈아서 단고를 만들며, 중국에서는 고량주를 만든다.

8-2 서 류(薯類)

다년생의 식물로서 가식부는 고구마의 경우에 괴근(塊根 : 덩이뿌리)에 전분이 집적하여서 뿌리의 일부가 발육비대한 것이고, 감자 · 토란 · 참마 · 뚱딴지는 괴경(塊莖)으로 땅속줄기의 끝부분에 전분이 축적하여 비대한 것이며, 곤약은 구경(球莖)에 있다. 서류의 주성분은 전분으로서 에너지원(源)이 된다.

감자와 고구마에 함유된 주요 영양소로는 칼슘 · 칼륨 · 비타민 C 등이 있고, 감자류의 1인 1일당 공급량은 48.4g(쌀은 206.2g)이다. 현재 한국의 감자류 자급률은 97%이다.

1. 고구마(甘藷, Sweet Potato)

메꽃과에 속하며 세계에 600여 종이 알려져 있다. 1984년 현재, 세계 총 수확량은 1.17억 톤으로 중국이 83.5%를 생산하고 있다.

1인 1일당 공급량은 13.1g으로 감자의 37.9g에 비교가 되지 않는다. 1984년 현재, 용도별 사용량은 식용 41.2%에 전분용 29% 및 사료용 12.6%에 알코올용 7.7% 등으로 나타나 있다.

가식부(可食部)는 뿌리 첫마디로부터 뿌리가 비대해져서 괴근으로 된 부위다. 외측으로부터 표피, 피층, 형성층과 사부(篩部), 유조직(柔組織)이 있다. 유조직은 대형의 유세포로 전분이 풍부하며, 도관(導管)에 산재하고 있다.

앞의 4가지는 증기로 쪄서 벗기는 부위로, 표피부는 2%이고 감자의 폐기물은 10%이다. 당질은 28.7g으로 전분이 대부분을 차지하고 있다.

그 밖에 포도당(glucose), 과당(fructose), 자당(sucrose)이 일부 있어서 감미를 나타나게 한다. 비타민 C와 β-carotene 함량이 풍부하다.

단백질은 주로 글로불린류인 이포메인(ipomein)이며, 칼슘(32mg)과 칼륨(460mg)은 감자(5mg)보다 많으나 나트륨(13mg)은 적다.

비타민 A는 황색종의 경우에 카로틴이 함유되어 있으며, 비타민 C는 생감자의 경우에 30mg이 있으나, 찌면 17mg으로 떨어진다. 흑반병(黑斑病)에 침해되면 부패해서 고미(苦味)가 있는 이포메마론(ipomeamarone)을 생성한다.

고구마 전분은 물엿, 글루코오스, 이성화당(異性化糖), 녹두국수의 재료 또는 수산연제품의 증량제 등으로 널리 사용되고 있다.

2. 감자(馬鈴薯, Potato)

가지과 식물로 차고 신선한 기후에 적합하다. 1984년 세계 총 수확량은 3.12억톤으로 러시아 27%에 중국 18% 및 폴란드 12%를 생산하고 있다.

1984년 용도로는 식용 29% · 전분용 44% · 가공용 13% 등이었으며, 같은 해 국민 1인당 1일 공급량은 37.9g으로 나타났다.

가식부는 땅속줄기의 첫 부분에 전분이 집적하여 비대한 것으로, 속이 차 있는 부분에 전분립이 쌓여 있다. 생감자를 깎을 때의 폐기율은 10% 정도이며, 증숙하였을 때는 표피부의 2%이다.

에너지는 77kcal로 백미(356kcal), 밥(148kcal), 고구마(123kcal)보다는 적으므로 주식으로서는 부적합하다는 평가를 받고 있다. 당질은 적고 단백질은 20g으로 글로불린의 투베린(tuberin)이 주로 함유되어 있다. 또 제한 아미노산은 류신(leucine)으로 아미노산 함유율은 68이다.

한편 칼슘(5mg)은 적으나 칼륨(450mg)은 많고, 비타민 A는 함유하지 않으나 비타민 C는 23mg(삶으면 12mg)이다. 감자를 많이 먹는 영국에서는 과실과 야채로부터 섭취하는 비타민 C 공급량의 30%를 감자에서 얻고 있다.

껍질 부분의 발아부와 녹색부에는 운동중추마비나 중추신경독의 작용을 일으키는 솔라닌(solanin)이 함유되어 있다.

전분 입자의 크기는 평균직경 20～70㎛(쌀은 5㎛)으로 호화온도(糊化溫度)가 낮으며, 대개 60～64°C에서 호화가 시작한다. 팽윤도가 크고, 호화하면 점도와 투명도가 높다. 보수력(保水力)이 크기 때문에 팽윤제로서 사용한다.

시판 녹말가루로 살 수 있으며, 수산연제품에도 사용하고 있다. 전분을 소량의 산으로 열처리하여 호정화(糊精化)가 진행되면 전분이 냉수에도 잘 녹는다.

고점도를 나타내므로 분말수프, 분말사료, 푸린(purin) 등에 사용하며, 소스와 수프의 재료 등으로 이용되고 있다.

가공품으로는 매시드 포테이토(mashed potato) 등이 있는데, 포테이토 칩은 비타민 C 15mg을 함유하고 있으며, 지질이 35g으로 특별히 많으므로 변질되기 쉽다. 그 밖에 글루코오스와 시클로덱스트린(cyclodextrin)의 원료 등 다방면으로 이용되고 있다.

3. 토란(Taro)

토란과 식물로서 뿌리의 아래 부위가 비대해져서 전분을 집적한 것이 가식부가 된다. 큰 토란의 주위에 작은 토란이 생겨나는데, 일반적으로 토란이라고 하는 것은 작은 토란을 가리키며 이것을 식용으로 한다.

잎자루는 품종에 따라서 녹색과 적자색이 있다. 싱싱한 상태가 토란줄기이며, 건조한 것이 토란이다. 토란 생산량의 97%가 생식으로 소비되며, 가공은 2.6% 밖에 되지 않는다.

주성분은 당질이 12.3g이고 대부분은 전분이다. 특유의 점질은 촉감이 갈락탄(galactan)에 의하며, 단백질은 2.6g에 제한 아미노산은 이소류신(isoleucine)으로 아미노산 함유율은 84이다. 녹색 잎자루의 세포 내에는 수산(蓚酸)의 침상결정이 있으며, 피부에 닿으면 가려움증을 나타낸다. 칼슘 · 철 · 비타민류는 소량이고 껍질을 깔 경우에 폐기율은 20%이다.

4. 참마(Yam)

마과의 다년생 만초(蔓草)로 자생종의 자연마는 다색으로 된 서(薯)이며, 재배종에는 장형인 긴참마와 괴상으로 서여참마 및 편평형의 일엽참마가 있다.

주성분은 전분으로 점질물의 뮤신은 글로불린과 같은 단백질로서 약간의 만난이 함유된 것이다.

참마는 티로신(tyrosine)이 티로시나아제(tyrosinase)의 작용을 받아 엷은 검은색으로 변하며, 제한 아미노산은 리신으로 아미노산 함유율은 53이다. 칼륨 500mg에 비타민 C는 6mg으로 적은 양이 함유되어 있다.

참마에는 강력한 아밀라아제 외에 urease, glycosidase, oxydase, catalase 등의 효소가 함유되어 있다. 따라서 서류(薯類) 중 생식하는 유일한 것으로 소화가 잘 될 뿐만 아니라 가열에 의한 비타민류의 손실도 적다.

5. 곤약(Konjak)

토란과 식물로서 땅속에 편구상의 알줄기(球莖 : 곤약)를 만들며, 주산지는 일본인 독특한 식물이다.

곤약의 주성분은 탄수화물의 글루코만난(glucomannan)으로 물을 가하면 팽윤하여 점성의 콜로이드가 되고, 1분자 안에 약 50개의 산기가 있으며, 수산화칼슘을 가하여 가열하면 칼슘이 작용을 하여 물이 가득찬 채로 그대로 굳어져서 불가역성의 탄성 겔(gel)화 된다.

고르게 부순 가루에 물을 30~37배 가하고 가루에 4~5%의 알칼리를 가하면 판(板)곤약이 된다. 또 끓는 물속에서 교반하여 굳게 하면 한약 곤약이 된다. 수분 96g을 전후로 하여 단백질도 적고 영양가도 적으므로 저에너지식으로 이용된다. 혈중 콜레스테롤 저하작용이 있다.

6. 카사바(Cassava)

등대풀과의 다년생으로 크기가 2~3m나 된다. 뿌리는 섬유질로 깊이 3~5m에 달하고 전분을 집적한 괴근(塊根 : 덩이뿌리)을 만드는데, 1뿌리에 약 5~10개의 감자처럼 둥근 뿌리가 달린다.

전분은 타피오카(tapioca)라고 하여 식용으로 이용하며, 이 수분이 있는 전분을 체에 치면 펄 타피오카(pearl tapioca)라는 작은 알약 모양이 만들어진다. 품종은 많으며, 감미종을 식용으로 하고 고미종은 전분 제조용으로 쓰인다. 전분은 우수한 재료로서 용도가 다양하다.

7. 감로자(Saccharum Ssinensis Royb)

다년생 초목으로 감미가 있다. 땅속줄기의 앞끝이 비후하여 달팽이 모양의 괴경을 붙인다. 매초(梅酢)를 담글 때 빨간 감로자는 정월의 요리로 사용한다.

8. 국화감자(Jerusalemartichoke : 돼지감자, 뚱딴지)

한국 등 동북아시아에서는 거의 재배하지 않는다. 값이 싸서 알코올이나 과당의 원료로 많이 이용되고 있으며, 하룻밤 정도 양배추나 배추와 같이 담가 두면 맛이 좋아진다. 주성분은 이눌린(inulin)이다.

8-3 두 류

두류는 콩과의 작물로서 연한 잎도 가식부이다. 가공품의 종류도 많으며, 동양인의 중요한 단백질원으로서 비타민 B군도 많이 함유하고 있다.

팥, 강낭콩, 완두콩, 청콩 등은 당질(54g)과 단백질(19～21g)은 많으나 지질(2g)이 적다. 그러나 콩(大豆)과 땅콩은 단백질과 지질이 주성분이며 당질이 적으므로 식용 외에도 식용유지 원료로 이용되고 있다. 가지에 달려 있는 풋콩, 그린피스, 완두콩 등은 야채의 성분에 가깝다.

제1 제한 아미노산과 아미노산 함유율은 팥(트립토판, 84), 강낭콩(함유 아미노산, 73), 대각두(함유 아미노산, 86), 청콩(함유 아미노산, 59), 대두(함유 아미노산, 86), 녹두(함유 아미노산, 77)에 비해 쌀(白米)은 리신 65이므로 쌀밥에는 대두가공품 등 두류의 혼식이 좋다.

1. 콩(Soybean)

원산지인 중국에서는 벼(稻)나 조(粟) 등과 같이 옛날부터 재배해 왔으며, 한국에도 들어오게 되었다.

2000년 세계 총 생산량은 약 9,000만 톤이며, 그 중 56%를 미국에서 생산하고 있다. 용도로는 제유용이 대부분(80.7%)을 차지하고 있으며, 식품용이 13.9%에 양조용 4.0% 및 사료용 1.2%로 나타났다.

이용방법으로는 일반 가공용, 잡곡용, 두부 가공용, 과자용, 지두용, 유지용, 녹비, 사료용으로 나눌 수가 있다. 그 중 지두용 콩은 '대수진' 이라고 하며, 청대두는 두부 가공이나 볶아서 가루를 원료로 이용하고 있다.

콩의 구성은 자엽 · 배 · 종피가 중량비 90 : 2 : 8로 되어 있으며, 건물의 성분은 단백질 35.3g, 지질 19.0g, 당질 23.7g으로 단백질은 연한 잎 중에 세포과립으로 존재하고 있다. 영양분이 풍부하고 소화하기 쉬운 식량으로서 단백질 또한 풍부하다.

glycinin(대두 글로불린)이 63%에 파세올린(phaseolin)이 17%로 많이 함유되어 있으며, 추출한 단백질은 모든 질소의 90%에 상당한다. 아미노산의 조성은 곡류에 비해서 리신이 많으며 함유아미노산이 적다. 지질은 반건성유로서 리놀렌산(linolenic acid)이나 올레산(oleic acid) 등으로 되어 있다.

인지질은 1.5%로 대부분은 레시틴(lecithin)이고 대두 레시틴은 난 레시틴과 같이 유화제로서 각종 식품에 널리 사용되고 있다. 또, 지용성 비타민인 카로틴과 토코페롤(비타민 E)을 함유하고 있다. 그 밖에 비타민 B군이 많고 비타민 C는 거의 함유되어 있지 않지만 발아하여 싹이 트게 되면 18mg 정도 함유하게 된다.

지두(枝豆)는 비타민 C가 30mg(삶으면 27mg)으로 많다. 콩의 단백질은 아연의 보지능력이 높아서 아연의 공급원이 되지만 콩의 피트산(phytic acid)은 아연의 흡수를 저해하기도 한다. 콩을 까서 껍질을 제거한 후에 갈면 분말이 된다.

날콩에는 트립신(trypsin) 저해인자가 있어서 소화성을 저해하지만 가열 처리하면 소화성이 향상한다. 콩을 물에 불린 후에 갈아서 잘게 부수고 발포(發砲)를 방지하면서 끓여 베에 싸서 짜면 비지 유백색의 두유(豆乳)를 얻을 수가 있다. 두유에 응고제를 가하여 겔(gel)상으로 굳힌 것을 '두부' 라고 한다.

두유를 끓여서 표면에 형성되는 피막을 취하여 건조해서 탕엽(湯葉)을 만든다. 또 두부를 얼려서 수분을 제거하면 건조두부가 된다. 딱딱하게 굳은 두부를 200°C의 기름에 튀기면 튀김두부(油揚)가 되고, 기름을 짠 후에 콩을 가압혼합하여 조직상 대두단백질(TSP, textured soy protein)로서 알칼리 유출 후에 산으로 침전하여 분리단백질을 얻는다.

콩의 단백질은 수산연제품, 냉동식품, 레토르트 식품, 햄, 소시지 등에 혼합하며, 여러 가지로 식품에 이용되고 있다. 미생물 이용식품으로, 증기로 찐 콩에 종국(種麴)과 식염을 혼합하여 발효시켜 간장이나 된장을 만든다. 쌀된장, 콩된장, 조합된장 등이 그 예이다. 조합된장은 이 세 가지의 혼합품이다.

콩과 밀에 종국을 작용시키고 국(麴)에 식염을 가하여 전국(거르지 않은 된장)으로 만들어 1년 동안 발효 · 숙성시킨 것을 여과하면 간장이 된다.

된장이나 간장의 색은 아미노카르보닐(aminocarbonyl) 반응에 의하여 갈변(褐變)한다. 증기로 찐 콩을 납두균(納豆菌)으로 발효시킨 것을 납두(納豆)라고 하는데, 계인납두와 염납두로 대별된다. 된장, 간장, 납두와 같이 칼슘과 철이 많은 음식은 비타민 A와 C가 함유되어 있지 않고 비타민 B군도 적다.

2. 팥(Small red bean)

인도가 원산지이다. 주품종은 대납언(大納言), 중납언(中納言), 소납언(小納言), 흰팥 등이다.

팥의 주성분인 단백질의 경우, 전분 함량이 많다(당질 54.4g, 단백질 20.3g). 전분 입자는 직경 18~60㎛ m로 크며, 주위를 단백질(주로 globulin)이 에워싼 모양으로 되어 있다.

팥은 흡수가 잘 되지 않으므로 물에 담갔다가 끓이면 연하게 빨리 익게 된다. 팥은 소화흡수율이 낮으며, 제1 제한 아미노산은 트레오닌(threonine)으로 아미노산 함유율은 84이다.

사포닌(saponin)류를 0.3% 정도 함유하고 있으므로 데치면 기포성을 나타낸다. 팥을 삶아서 빻아 가루로 만든 것을 '팥고물'이라고 하며, 팥고물을 물로 잘 씻어 찰지게 침전하여 말리면 '말린 팥고물가루'가 된다. 그 밖에 팥밥(赤飯)이나 과자의 원료로서 널리 사용된다.

감납두(甘納豆)는 팥을 설탕물과 충분히 끓여서 백설탕을 발라서 만든다. 홍두(虹豆), 대각두(大角豆)는 성숙한 종자를 팥과 같이 팥고물, 팥밥, 과자 재료로서 사용한다.

녹두(綠豆)는 흑색(黑色)과 녹색(綠色)의 2종이 있는데, 비타민 C의 함유량이 전자는 16mg, 후자는 12mg으로서 콩의 8mg보다 많다.

녹두를 물에 담가서 껍질을 벗긴 다음에 전분을 취하여 끓여 가는 구멍으로 압출(壓出)시켜서 냉수처리하고 햇볧에 말린 것이 녹두로 만든 국수이며, 이와 같은 방법을 사용하여 감자나 고구마 전분으로 만든 것도 있다.

> *Guide*
> **• 팥의 기능**
> ① 섬유질이 풍부하여 장 운동을 활발히 하는데 도움을 준다.
> ② 지방분해 대사를 원활히 하여 비만예방에 좋다.

> *Guide*
> **• 강낭콩의 기능**
> 리신, 류신, 레시틴, 트립토판, 다량 함유되어 당질 대사를 원활히 하여 신진 대사 촉진

3. 강낭콩(隱元豆, Kidney Bean)

멕시코가 원산지로 육식(肉食)을 많이 하지 않는 인디안의 단백질원이다.

건조 후에 콩깍지를 제거한 자두(煮豆), 감납두(甘納豆), 흰콩가루 등을 사용하는 품종으로 대복(大福), 백화(百花), 큰강낭콩, 큰붉은팥 등이 있다. 그리고 콩깍지가 달린 미숙의 상태로 이용하는 자물(煮物), 볶아서 사용하는 품종인 척오촌(尺五寸)이나 화립(花笠) 등이 있다. 성분은 당질 54.1g이 주성분인 전분을 위시하여 단백질 19.9g이 주성분인 글로불린이다. 강낭콩의 색은 흰색이 전체의 23%, 검은색 · 크림색이 20% 내외이다.

그 밖에 다 · 황 · 자 등 각색이 혼색된 품종이 있다. 흰강낭콩은 흰고물(粉)의 원료가 되며 자두와 감납두 및 달게 삶아서 으깬 강낭콩 등의 재료가 된다. 미숙한 강낭콩은 꼬투리째로 먹는 강낭콩으로서 요리에 사용된다.

4. 완두콩(Pea)

열매가 미숙한 채로 수확하는 것을 꼬투리째 식용하는 완두콩이 있으며, 열매(種實)가 충분히 숙성하여 꼬투리가 딱딱해져서 수확한 것으로 그린피스(보리사이에 심은 완두콩) 등이 있다.

말린 콩의 당질은 54.4g으로 주성분은 전분이다. 단백질은 21.7g으로 글로불린(lignine, bicillin)이 주로 함유되어 있다. 제1 제한 아미노산은 함유 아미노산으로 아미노산 함유율은 68이다. 비타민 C는 꼬투리째 달린 완두콩에 55mg이고 그린피스에 24mg으로 많은 편이다. 볶아서 쓰는 것과 제과 · 제빵(고물)의 원료로 사용되고 있다.

5. 잠두(Broad Bean)

소립종(小粒種, 알이 작은 종)과 대립종(大粒種, 알이 큰 종)이 있다. 당질 50.1g에 단백질 26.0g으로 제1 제한 아미노산은 함유 아미노산이고 아미노산 함유율은 59이다.

6. 땅콩(Peanut)

Guide

• 땅콩의 효과

오랜 마른 기침, 백일해 등에 효과적이며, 기관지염에 사용

여름부터 겨울 동안에 걸쳐서 황색의 꽃이 달리며 수분하면 자방(子房)의 줄기 부분이 길게 뻗어나 땅속으로 들어가서 결실하게 된다. 콩은 자엽(子葉)의 사이에 배(胚)가 있으며 자엽은 종피 · 섬유층 · 지상층에 포함하고 있다.

낟알이 클수록 지질과 단백질이 풍부하고, 대립종은 식용에 적합하며 소립종은 착유원료로 사용한다. 또 착유백은 사료용으로도 사용한다.

말린 콩의 당질은 16g에 단백질은 25.4g이고, 단백질의 주성분(65%)은 글로불린의 아라킨(arachin)과 콘아라킨(conarachin)이다. 리신(lysine)이 풍부하고, 아미노산의 함유율은 62로 낮다. 지질은 47%로 많으므로 식용유의 원료로 사용된다.

그림 8-3 땅콩의 결실과 구조

낙화생유의 불건성 유에는 올레산(oleic acid)과 리놀레산(linoleic acid)이 많으며 비타민 A와 C는 함유하고 있지 않으나 비타민 B군이 많이 함유되어 있다. 낙화생 껍질에 많은 비타민 B_1은 건조 시에 자엽으로 이행하고 껍질에는 카테콜 탄닌(catechol tannin)이 함유되어 있다.

식용 외에 볶아서 껍질을 제거하고 마취하여 갈아서 땅콩 버터를 만든다. 또 기름은 샐러드유 · 마가린 · 비누 등을 만들고 기름을 짜고 난 깻묵은 된장과 간장유의 원료로 사용되며 사료용으로도 이용되고 있다.

8-4 종실류

1. 종실류의 정의

종실류는 종자를 가식부로 하는 식품을 총칭한다. 통상 식물학상으로는 밤 · 호두 · 아몬드 등은 과실의 종실류(견과 : nut)에 속하며, 참깨(胡麻)는 초목의 종자에, 낙화생은 두류(豆類)에 속한다.

대체로 수분이 비교적 적은 것이 건조 상태에서 저장성이 높으며, 에너지량도 있으므로 표준성분표는 제 6군의 종실류(nut)로 일괄분류하고 있다.

Guide

• 은행의 중독증상

은행은 다량섭취시 청산배당체의 함유로 소화증세의 이상과 같은 중독증상이 발생.

표 8-2 종실류의 주요 성분

(g/100g)

품명		단백질	지질	당질
당질을 많이 함유한 것	밤 (삶은 것)	3.2	0.3	34.2
	은행 (삶은 것)	4.3	1.3	34.0
지질을 많이 함유한 것	호두 (볶은 것)	14.6	68.7	10.3
	땅콩 (볶은 것)	26.6	49.5	16.7

2. 종실류의 성분

종실류의 성분의 특징은 수분이 적고 양질의 단백질을 함유하고 있다는 것이다. 밤과 같이 당질(전분)을 많이 함유하고 있으며, 호두처럼 지방을 많이 함유하고 있기도 하다.

일반적으로 비타민 B_1과 B_2도 많이 함유하고 있다. 따라서 단백질과 지방을 주성분으로 한 종실류가 동물(肉類) 식품에 비하여 콜레스테롤이 적으므로 식육보다는 식물성이 건강위생상으로 많이 쓰이고 있다.

① 단백질과 지방을 공급하는 종실류 : 낙화생, 호두, 소나무의 실, 참깨, 페칸(pecan)

② 단백질과 당질을 공급하는 종실류 : 밤, 연의, 열매, 잣, 은행

③ 기타(당질의 지막) : 코코넛

[종실류 성분에 따른 기능]

- 은행에는 트립토판, 레시틴, 에르고스테린이 다량 함유되어 혈액을 맑게 하는 데 도움이 된다.
- 밤에는 비타민 C가 많이 함유되어 피로회복, 감기예방, 피부미용에 효과적이다.
- 호두와 땅콩에는 리놀레산, 리놀렌산이 다량함유되어 있어 고혈압, 동맥경화, 심장질환 예방에 효과가 있다.

3. 종실류의 이용과 가공

(1) 식용유지

지방을 50~60%로 많이 함유한 종실류는 참깨, 낙화생, 코코넛, 해바라기씨 등 유료자원으로서 양질의 식물성 유지로 이용된다. 종실류 유지의 성질은 표 8-3에 표시되어 있다.

표 8-3 종실류 유지의 화학적 성질

품 명	전유량(%)	유지성분	요소가	지방산 조성
코코야자	50	고체지	7~8	라울린산, 마리스틴산
마의열매	30	건성유	160	리놀레산, 올레산
호두	65~60	건성유	160	리놀레산
깨	50	반건성유	110	리놀레산, 올레산
해바라기씨	25	반건성유	130	리놀레산, 올레산
땅콩	45~50	반건성유	85~92	스테아린산, 리놀레산 스테아린산, 팔미틴산

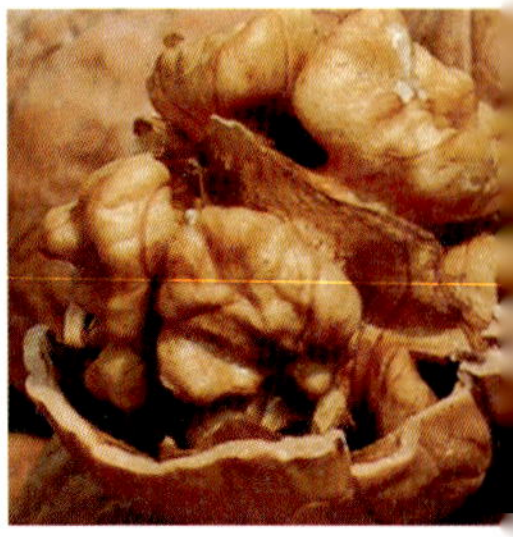

(2) 제과 재료

호두, 아몬드, 잣, 낙화생 등은 그대로 또는 유연상으로 제과 재료로 사용된다. 밤은 프랑스 과자의 마롱글라세(marrons glaces)의 재료로 쓰인다.

8-5 채소류

1. 채소류 개설

예로부터 채소를 주부식으로 했던 우리나라에는 그 종류도 많으며, 조리법도 다양하다. 최근 식생활의 서양화가 진행됨에 따라서 서양 야채를 먹는 경우가 많아졌으며, 시장에 나오는 서양 채소도 풍부해졌다. 또 자연식(自然食)의 붐이 일어나 녹황색 채소 등을 선호하는 경향이 생겼다.

국민영양조사에 의하면 1인 1일당 녹황색 채소의 섭취량은 60g 내외이며, 기타 일반 채소는 200g 내외로 되어 있다. 근년에는 샐러드, 기타 미용식으로 채소의 섭취량이 증가하고 있다.

채소를 익히거나 가공하지 않고 생식을 하는 경우가 늘고 있으며, 특히 최근 들어서 원예기술의 발달로 사계절 내내 각종 야채가 생산 · 유통되고 있어 계절감을 잃을 정도이다.

채소의 감미인 당분과 영양소인 비타민 C는 그 생성에 있어서 광합성이 관여한다. 즉, 비닐하우스의 경우, 광선은 비닐에 의하여 그 투과가 방해된다. 그래서 일반적인 것과 비교해서 비타민 C나 카로틴(carotin) 양이 적게 함유되어 있다.

재배관리에 있어서 지금까지의 무기질 비료에 의한 재배방법은 토양이 황폐될 우려가 있어 유기질 비료를 사용하고 있다. 그러므로 채소의 품질이나 저장성도 향상되는 경향을 나타낸다.

농업기술의 발달은 인공기상이나 환경에 의한 재배방법을 향상시킴으로써 품종의 개량을 거듭하여 채소의 품종이나 품질 및 영양가는 보다 높아지고 있다.

우리나라의 자급률은 100%이며, 특수한 야채를 제외하면 4계절을 감안하여 시설원예로 경제적인 생산을 하고 있다.

2. 채소의 종류

Guide

• 채소류의 분류

채소류는 ① 근채류(뿌리 이용), ② 경엽채류, ③ 과채류, ④ 산채류로 분류

(1) 채소의 종류

① 일반적으로 우리나라 통계자료에서는 엽경류(葉莖類)와 근채류 및 과채류로 분류하며, 그 밖에 향신으로 사용하는 서식유연야채도 있다.

② 영양적으로는 단백질을 비교적 많이 함유한 두류 채소를 비롯하여 감자 · 고구마 · 옥수수 등 비교적 전분을 많이 함유한 전분질 채소 및 수분이 많고 비타민 C와 카로틴 및 무기질분을 많이 함유한 신선한 채소로 분류한다.

③ 채소의 성분이나 특징을 알기 쉽게 분류한 식물의 과에 의한 분류법이 있으며, 이것에 따라 주로 사용되는 채소는 다음의 8개 과 중에 망라되어 있다.
(겨자과, 백합과, 박과, 미나리과, 가지과, 국화과, 명아주과, 자소과)

④ 식물의 가식부위에 따라 잎, 줄기, 꽃봉오리, 꽃, 뿌리, 괴근부(塊根部 : 감자나 고구마 등의 경우), 인부(鱗部), 씨, 과실 등으로 분류한다.

표 8-4 식물학 상의 분류와 과일 · 채소류

과 명	야 채 과
겨자과	유채, 백채, 양배추, 브로콜리, 브루셀 스프라우트, 작은 배추 등
백합과	일본파, 당파, 부추, 큰산파, 옥양파, 작은 마늘, 마늘, 샬롯 등
박과	오이, 호박, 참외, 멜론, 수박, 박 등
미나리과	파슬리, 당근, 셀러리, 미나리, 코리앤더, 스피아민트, 오레가노 등
가지과	가지, 토마토, 감자, 피망, 고추, 구기자 등
국화과	국화, 봄국화, 양상추, 우엉, 뚱딴지, 머위 등
명아주과	시금치, 조대, 명아주 등
자소과	차조기, 바질 등
	허브류

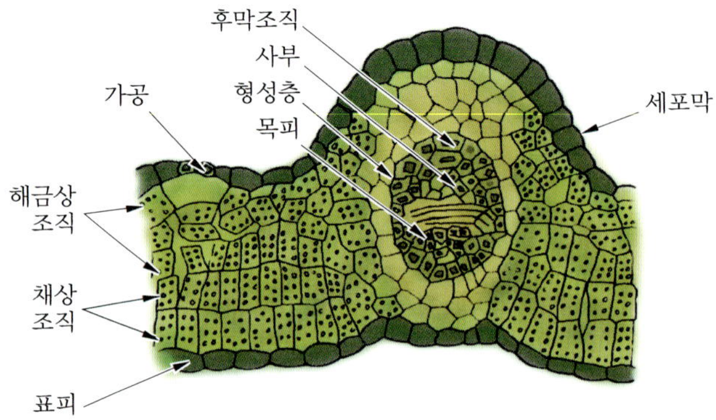

그림 8-4 큰 뿌리 줄기의 단면도

3. 채소의 형상

(1) 가식부의 조직

채소는 일반적으로 잎이나 과실 혹은 뿌리의 잘 익은(完熟) 유연한 세포조직을 먹게 된다. 조직을 구성하는 세포를 조사해 보면 셀룰로오스(cellulose), 헤미셀룰로오스(hemicellulose) 및 펙틴질(pectin) 등에 의한 세포막과 그 속에 들어 있는 세포액 등으로 되어 있다. 그래서 야채의 경우는 세포막 등을 취함으로써 식물 섬유를 섭취하게 된다.

(2) 채소의 형상, 색, Texture

채소의 형태는 품종의 특성에 따라 다르며, 최근에는 생활이 근대화됨에 따라서 채소의 규격화 및 고급야채 선택에 의한 구입량의 소형화가 일어나고 있다.

채소 색깔의 선택, 텍스처(texture)는 각 품종의 재배관리상에 있어서 광선, 시비토질, 환경 Gas 농도, 유통조건 등에 의해 달라지며, 이들 조건은 성장과 상품성에 영향이 있을 뿐만 아니라 저장성에도 영향이 있다.

4. 채소의 성분

일반적으로 채소는 90~95%의 수분을 함유하고 있다. 따라서 건물량은 5~10%로 섬유를 함유하고 있으며, 저에너지 식품인데 그 주성분은 다음과 같다.

(1) 탄수화물

채소는 앞에서 언급된 바와 같이 세포의 집합체에 의해 형성되어 있다. 그 세포막은 셀룰로오스와 헤미셀룰로오스에 의해서 형성되어 있으며, 특히 토마토나 박 등의 과채류는 펙틴질을 많이 함유하고 있다.

그 밖의 다당류로서는 이눌린(inulin)이 돼지감자에 많고, 만난(mannan)은 곤약에 함유되어 있으며 감자나 고구마에는 전분이 많이 함유되어 있다.

(2) 단백질 및 아미노산

채소의 지미성분 중에는 글루탐산이나 아스파라긴산 등의 유리아미노산이 함유되어 있다. 아스파라긴산이나 아미드 물질의 아스파라긴은 아스파라거스 등의 성장이 왕성한 아(芽)에 많이 함유되어 있다.

또 γ-아미노산은 글루탐산의 대사성분으로서 덜 익은 토마토에 많이 함유되어 있으며, 성숙함에 따라서 점차로 글루탐산으로 되어 맛이 나게 된다. 그 밖에 채소 중에는 유기염류인 구아닌(guanine)과 아데닌(adenine) 및 베타인(betaine) 등이 미량 함유되어 있다.

(3) 색소 성분

채소는 여러 가지 천연 색소에 의하여 특징이 있는 색채를 나타내게 된다. 카로티노이드계의 색소로는 당근이나 다장메론이 카로틴(carotin)에 의하여 등황색을 나타내며 수박이나 토마토의 적색은 리코핀(lycopene)의 색소에 의한다. 특히 황색이 강한 서양보챠는 카로틴 외에 크산토필(xanthophyll)을 함유하고 있다.

색이 고운 딸기, 20일무, 비트 등은 안토시안(anthocyan)의 색소에 의하며, 자색의 짙은 색소는 나스닌(nasunin)에 의하여 나타나게 된다. 황색의 플라보노이드 색소는 양파의 외피에 함유되어 있다.

(4) 매운맛과 떫은맛

무(大根)의 매운맛(辛味)은 메틸메르캡탄(methylmercaptan)이란 성분이고, 고추의 매운맛은 캡사이신(capsaicine)이다. 생강의 매운맛은 진저롤(gingerol)이며, 고추냉이의 매운맛은 일종의 배당인 시니그린(sinigrine)에 의한다.

혀에 자극을 주는 독특한 맛은 기타 떫은맛의 성분으로서 토란 줄기의 씁쓸하고 떫은맛은 티로신(tyrosine)의 산화물로 호모겐티스산(homogentisnic acid)이 존재하며 이 성분은 또 죽순에도 존재하고 있다.

그 밖에 떫은 성분으로는 탄닌질, 수산, 개미산(蟻酸) 등의 유기산도 생각할 수가 있다. 또 파나 마늘 등의 강한 냄새는 일종의 유화물인 알리신(allicin)에 의한 것인데 알리신은 알리인(allin)에 알리나아제(allinase)가 작용하여 생성된 것이다.

(5) 산화 효소

채소에는 채소의 절단면을 갈변시킬 수 있는 폴리페놀 산화효소(polyphenol oxidase), 티로시나아제(tyrosinase) 등의 산화효소가 있다. 또 영양가의 저하에 관여하는 아스코르비나아제(비타민 C 산화효소, ascorbinase)는 환원형 비타민 C를 산화하여 영양가를 나쁘게 한다. 이 효소는 당근이나 오이 등에 많이 함유되어 있다.

티로시나아제는 기질(基質)인 티로신(tyrosine)을 분해하여 멜라닌을 생성하는 것으로 색을 검게 변하게 하거나 품질의 저하를 초래한다. 즉, 무나 참마에는 아밀라아제 등이 함유되어 당분의 소화를 돕는 역할을 하고 있다.

(6) 비타민류, 무기질 및 식물섬유

대부분의 채소는 비타민 C나 카로틴을 함유하고 있으며 그 함유량은 야채의 종류나 재배법에 따라서 다르다. 카로틴의 함유량이 많은 채소를 **녹황색채소**라고 칭한다.

특히 마늘은 티아민 분해효소인 아네우리나아제(aneurinase)의 영향을 받지 않는 알리티아민(allithiamine ; thiamine allyl disulfide : TAD)을 함유하고 있다. 또 비타민 B_6도 0.1~0.7mg 정도 함유되어 있다. 또 채소나 과실도 마찬가지로 식물섬유가 다른 식품에 비해 많이 존재하는 식품도 있다.

(7) 그 밖의 성분

그 밖의 성분으로는 감자의 눈(芽)이 유독성분인 솔라닌(solanin)을 함유하고 있으며, 솔라닌에 의한 식중독의 원인이 되기도 한다.

5. 채소의 이용과 가공

(1) 지물류(漬物類)

잎채소와 뿌리채소 및 과채류를 소금에 절여 담근 것, 등겨와 같이 담근 것, 와새리 절임, 고추장에 담근 것, 김치 및 피클(pickle) 등의 여러 가지 지물류가 제조되고 있다. 주로 지물류에 사용하는 주요 원료 채소는 다음과 같다.

지물의 성분은 염지나 등겨지 등의 지물 방법에 의하여 특히 무기질이나 비타민류가 변동한다. 예를 들면 등겨지는 비타민 C가 감소하는 반면에 비타민 B_1과 B_2는 증가한다.

① **염지** : 야택채(野澤菜), 광도채(廣島菜), 성호원(聖護院), 기타 일야지(一夜漬)로서 각종 채소가 사용된다.

② **등겨 속에 지물** : 단무지 담그는 것. 즉, 순무 · 오이 · 가지 · 채류 등을 예로 들 수 있다.

③ **박지(粕漬)** : 무, 오이, 참외 등과 고추냉이를 원료로 한 고추냉이 절임을 이용한 것이다.

④ **고추장 속에 담그는 것** : 무, 가지, 참외 등을 고추장에 잠길 정도로 담그는 것이다.

⑤ **김치** : 주로 한국에서 배추를 주원료로 하여 고춧가루를 많이 사용하여 담금.

⑥ **피클** : 오이나 토마토 등의 과채를 사용하여 향신미로 풍미를 내게 하는 감초지물(甘酢漬物)을 이용한다.

⑦ **그 밖의 지물** : 지상(漬床)에 된장, 간장, 식초를 사용한다. 즉, 지역적으로 생산하는 산지특산품이 있으며, 최근에는 소금을 적게 쓰도록 주의를 기울이고 있다.

(2) 건조채소

근채 및 과채나 엽채류를 사용하여 각종 건조 야채가 제조되고 있다. 그 주원료가 되는 것은 다음과 같다.

① 박을 길게 썰어서 말린 것(호박을 길게 썰어서 말린 것)으로 박오가리라고 한다.

② 무말랭이, 고구마 말랭이 등의 썰어서 말린 엽채류가 활용된다.

③ 동결건조채소(FD채소) : 등산용 또는 재해용으로서 각종 야채가 사용된다.

④ 기타 : 고사리 등 건조된 산나물 등을 예로 들 수 있다.

(3) 통조림과 병조림류

채소류 중 다음과 같은 재료로 통조림이나 병조림류가 제조되고 있다.

통조림류는 음식의 저장성을 높이기 위해 밀봉하는 것으로 병조림의 가공원리와 동일하여 장기간 보관하는 데 유용하게 사용된다.

① **통조림류** : 아스파라거스, 죽순, 토마토, 기타 물에 끓여 만든 통조림으로 채소류의 신선도 유지를 위해 살균하여 보관한다.

② **병조림류** : 피클이나 토마토 제품 등의 내용물을 볼 수 있는 장소에 보관하여 파손 유무를 쉽게 판단할 수 있도록 가공하는 방법이다.

(4) 그 밖의 제품

최근 채소를 이용한 과자류 등의 지역 특산품도 제조의 지역 특성을 살린 기능성 채소를 비롯하여 채소를 활용한 간식거리의 연구 · 개발이 활발하게 이루어져 해외시장의 개척을 위한 우수성 확보에 노력을 기울이고 있다.

표 8-5 녹황색 채소의 비타민 A 효력량

(1U/100g)

품명	비타민 A	품명	비타민 A
큰산파	1,300	당겨자	2,900
오사가산백가지	2,100	배추잎	890
무의청잎	1,000	토마토	220
갓잎	1,300	바나나	1,600
수채	720	일본호박	340
아스파라거스	190	서양호박	470
소송채	1,800	부추	1,800
강낭콩	270	당근	4,100
완두콩	350	엽파	480
샐러드채	780	파슬리	4,200
차조기	4,800	근대	1,600
광저기	170	시금치	1,700
무잎	1400	실파	500
만초(덩굴풀)	2,000		

8-6 과실류

1. 과실류 개설

과일은 채소와 같이 신선도를 중요하게 생각하는 청과물의 일종이다. 그 식품 특성으로서는 향미가 풍부하며 색이 아름답고 식생활에 있어서 좋은 색채가 많은 식품이다. 그 밖에 품종개량도 비교적 쉽고 시대에 적응하여 고급품화 · 대형화의 품종으로 시장에 나오고 있다.

영양적으로는 비타민 C를 비롯하여 식물섬유로서 펙틴질을 함유하고 있으며 후식용이나 미용식으로 실용되고 있고 국민영양조사에 의하면 1인당 1일 160g 내외를 섭취한다고 한다. 과실의 생산은 그 재배환경의 기상이나 토질 등의 적지성이 비교적 까다롭고, 과실 특산지의 형성이나 출하의 시기 등도 어느 정도 확실하게 정하고 있다.

우리나라에서 생산이 어려우면서도 수요가 많은 레몬 등은 수입에 의존하고 있다. 과실은 생과 자체가 기호식품적인 감각이 강하며 성분 중에 당분 · 유기산 · 펙틴질이나 방향 성분이 많으므로 각종 과실가공식품이 제조되고 있다.

2. 과실의 분류

(1) 인과(仁果)

자방의 바깥쪽은 꽃받이의 연장부가 포함되어 있으며 그 부분이 발달하여서 과육부로 되어 있는 것으로, 가운데에는 과심(果心)이 있고 그 안에 씨(種子)가 들어 있다. 사과와 배가 이와 같은 종류이며 감(柿)이나 감귤(柑橘)류는 준인과(準仁果)이다. 그 밖에 오렌지 · 레몬 · 유자 · 자몽 등이 있다.

(2) 핵과(核果)

내과피가 딱딱한 석질상(核)으로 되어 있으며, 그 안에 씨가 있고 중과피가 과육으로 되어 있는 과실로서 복숭아 · 매실 · 살구 · 자두 · 대추 · 체리(버찌) · 앵두 등이 이에 속하고 진과(眞果)라고도 한다.

(3) 장과(漿果)

꽃받이에 과실(肉)이 두껍게 쌓여 있으며, 육질이 유연하고 물이 많은 과실로서 포도와 딸기 · 무화과 그리고 그린베리 · 블루베리 등 베리류 등이 이에 속한다.

(4) 곡과(穀果)

이 과실은 앞의 과일과는 전혀 달라서 곡류나 두류와 같이 종실을 가식부로 하는 것으로, 밤 · 호두 · 기타의 나무에 열리는 과실이 여기에 속한다.

3. 과실의 성분

젤리화의 최적 조건은 펙틴 1.0~1.5%, 산도 pH 3.2, 당농도 60~67%이다.

(1) 당분(糖分)

보통 완숙한 과실은 당분을 10~12% 정도 함유하며, 포도는 다른 과실에 비하여 많은 14~20%를 함유하고 있다. 당의 종류는 glucose, fructose, sucrose 등이 있으며, 과실의 종류에 의해서 함유의 비율은 달라다.

(2) 유기산(有機酸)

일반적으로 미숙한 과실은 유기산의 함유량이 많으나 숙성에 따라서 그 함유량은 적어져서 0.3~0.7% 정도가 된다. 그러나 감귤류는 일반적으로 유기산 함량이 많아서 1.0% 내외이고, 특히 레몬에는 3% 이상 함유되어 있다.

(3) 펙틴질(Pectin질)

다당류에 속하며 갈락투론산(galacturonic acid)에 의한 고분자의 화합물로서 과실의 껍질에 함유되어 있으며 가공품으로서의 젤리(jelly) 형성에 큰 요인이 되고 있다.

펙틴산(pectinic acid)은 미숙과실이나 과피에는 불용성인 프로토펙틴(protopectin)이 많으며, 숙성함에 따라서 산이나 알칼리 등으로 가수분해하게 됨에 따라 수용성(水溶性) 펙틴이 된다. 즉, 분해가 진행됨에 따라 펙틴산으로 되며 그 효력은 감소하게 된다.

(4) 방향 성분(芳香成分)

과실은 각각 특징이 있는 향기를 갖고 있는데, 휘발성의 방향 성분에 의한 것으로 가스 크로마토그래프(gas chromatograph)로 분석하여 보면 그 향의 성분 조직을 알 수가 있다.

이 향을 구성하는 휘발 성분의 주체가 되는 것은 알코올류, 에스테르(ester)류, 휘발산류, 카르보닐화합물 등의 혼합물로 되어 있다. 과실의 수증기 증류에 의하여 얻게 된 혼합물질을 정유(essential oil)라고 칭하고 있다.

(5) 생체 색소(生體色素)

과실이 아직 미숙한 때에 녹색의 포인트가 되는 지용성 클로로필(chlorophyll) 색소를 함유하고 있지만, 성숙함에 따라 과실 특유의 색소를 나타내게 된다.

사과 · 딸기 · 포도 등의 아름다운 적색, 또는 자색의 색소는 수용성의 안토시안에 의한다. 이 안토시아닌은 당을 함유한 일종의 배당체이며 가수분해하면 당과 비당부분(anthocyanidin)으로 나누어지는데, 그 색소체의 색에 의하여 색택이 달라지게 된다.

감, 파파야, 귤류의 외과피(금귤 등) 등의 등색은 카로티노이드계의 색소에 의한 것으로서 이 색소는 β-카로틴에 의해 나타나는 것이다.

과실에는 대체로 비타민 A의 효과가 기대되고 있다. 그러나 수박의 붉은색은 카로티노이드계의 리코펜(lycopene)에 의한 것으로 비타민 A의 효력은 기대되지 않는다. 한편 레몬이나 귤 등의 황색은 고미를 내게 하는 수용성 천연 색소인 헤스페리딘(hesperidim), 나린진(naringin) 등에 의한다. 이것은 고혈압의 억제에 효과가 있다고 한다.

표 8-6 주요 과실의 방향성분

과실명	성분명	과실명	성분명
사과	개미산, 초산, 낙산 등의 amylester	바나나	n-amyl acetate, n-amyl butyrate
배	개미산	파인애플	낙산 에틸
감귤류	알코올류, 휘발성 카보닐 화합물, 유기산들, 유기산의 ester류, 그리고 많은 종류의 terpenoid compounds	딸기	각종 ester와 160종 이상의 화합물
복숭아	개미산 에스테르	멜론	anthranilic acid의 methyl ester, 초산 ester류, 휘발산
살구	낙산 amyl ester		

8-7 버섯류

1. 버섯류 개설

버섯류는 고등식물과는 달리 엽록소가 없기 때문에 광합성을 못하여 유기물을 만들 수가 없는 미생물로 식물학상 곰팡이와 같은 종류로 담자균류에 속하며, 엽록소를 가지지 않은 균류 중에서 대형의 자실체를 형성하는 것을 일반적으로 버섯이라 한다.

버섯의 외형은 미세하고 실 같은 균사로 이루어져 있으며, 수많은 균사의 집합체가 균사체를 이루며 이들이 모여서 자실체라는 균핵을 형성하게 되는데 식물처럼 줄기, 잎, 뿌리 등으로 분화되어 있지 않고 단순한 형태를 띤다.

버섯의 영양 성분은 90%가 수분이고 단백질, 지질, 탄수화물은 적어 에너지원으로의 가치는 적으나 비타민 B_2와 니아신이 비교적 많이 들어있으며, 특히 비타민 D_2의 전구체인 에르고스테롤의 함량이 높아서 면역력을 높여주고, 혈중 콜레스테롤 수치를 낮추며 항암효과가 있는 것으로 알려졌다.

무기질로는 인, 칼슘, 칼륨이 포함되어 있어 산알칼리 및 수분평형을 조절하는 생리기능을 갖고 있을 뿐만 아니라 근육 및 신경조직의 수축과 이완에도 관여한다. 그 밖의 성분으로 식이섬유소를 들 수 있는데, 특히 말린 버섯에 식이섬유소가 풍부하다.

> **Guide**
>
> • **독버섯의 특징**
> ① 색깔이 진하고 화려하다.
> ② 세로로 찢어지지 않는다.
> ③ 맛이 쓰고나 맵고 자극적이다.
> ④ 특유의 향이 있다.
> ⑤ 끈적거리는 유즙이 나온다.
> ⑥ 은수저를 대면 검붉은 반응이 있다.

2. 버섯의 종류와 성분

일반적으로 버섯은 독이 있는 것과 독이 없는 것으로 나눌 수가 있다. 독이 없는 버섯은 식용이나 약용으로 분류되는데 현재 발견되어 이름이 밝혀진 버섯만도 1,077종이며, 그 중 식용은 100여 종, 독버섯은 50여 종에 이르고 있다. 그 중 생명에 관계되는 맹독성을 지닌 독버섯은 20여 종에 불과하다.

버섯은 그 종류에 따라서 영양분을 섭취하여 살아가는 양식이 다르며 버섯의 생육요인인 영양, 습도, 온도, 기후 등이 적절한 삼림, 초원, 목장 등에서 많이 발생하고 특히 활엽수림, 침엽수림은 통나무, 그루터기, 나뭇가지, 낙엽 등의 저장소이므로 버섯의 중요한 서식처라고 할 수 있다.

버섯은 영양섭취의 방식에 따라 부생균(腐生菌), 기생균(寄生菌), 균근균(菌根菌)으로 구별된다. 죽은 동식물을 영양으로 하여 생활하는 버섯이 부생균이며, 대부분의 버섯은 부생균에 해당한다. 반면에 기생균은 죽은 동식물에 의존하여 생활하지 않고 살아있는 생물에서 영양분을 흡수하며 대부분은 나무나 다른 식물에 심한 손상을 입힌다.

또한 균근균은 고등식물의 뿌리와 균사가 결합하여 균근을 형성하는 버섯으로, 균근을 이룬 버섯은 나무를 해치는 대신에 서로 이익을 교환하며 공생을 한다. 담자균, 자낭균, 곰팡이 등의 일부가 균근성이 있는데 특히 담자균에 속하는 균근성 버섯은 침엽수, 활엽수와 균근을 형성하여 산림 식생에 큰 도움을 주고 있다.

(1) 느타리버섯(*Pleurotus Ostreatus*)

갓의 크기는 4~13cm이고, 모양은 초기에는 반반구형에서 성장하면서 신장형, 조개형 또는 깔때기형으로 변한다. 여름느타리, 사철느타리, 느타리 등 3종이 주를 이룬다.

느타리버섯은 비타민 B_2, 니아신, 비타민 D가 풍부하며 특히 비타민 B_2는 성장을 촉진하고 지방, 단백질, 당질의 소화 흡수를 돕는다. 또한 니아신은 피부염을 예방하며, 비타민 D는 칼슘을 흡수하고 뼈를 만드는 데 필수적인 영양소다.

그 밖에 칼륨 성분이 고혈압을 예방하고 인이 뼈와 치아를 튼튼하게 만든다. 느타리버섯에는 특히 비타민 D_2의 전구체인 에르고스테롤(ergosterol)이 풍부하여 콜레스테롤 수치를 낮춤으로써 고혈압과 동맥경화 같은 성인병을 예방한다.

(2) 표고버섯(*Lentinula Edodes*)

표고버섯은 담자균류(擔子菌類)에 속하는 버섯으로 갓은 지름이 5~10cm인 반구형이며 담갈색을 띠고 섬유상이나 비늘 모양의 인편(鱗片)으로 덮여 있다. 표면은 자라면서 특징적인 균열이 생긴다. 자루는 길이가 3~8cm, 너비가 0.6~1.2cm로 편생 또는 중심생이고 흰색의 턱받이가 있다.

오래 전부터 느타리와 더불어 식용으로 널리 이용되어 왔으며 인공재배가 되어 상업적으로 생산이 가장 활발한 버섯 중의 하나이다.

표고버섯은 각종 무기질과 비타민이 풍부하며 단백질, 칼슘, 인, 철분이 많고 뼈를 튼튼히 하는 비타민 D, 조혈작용에 필수적인 비타민 B, 혈액의 대사를 돕는 에리타데닌(eritadenine) 등의 성분이 풍부하다.

특히 비타민 B_1, B_2는 함유량이 높아 보통 크기의 표고버섯 3개만으로 하루 필요량의 1/3을 섭취할 수 있다.

(3) 양송이 (*Agaricus Bisporus*)

서양 각국에서 널리 재배되는 담자균류 주름버섯목 주름버섯과의 식용버섯으로 서양송이 또는 머시룸(mushroom)이라고도 한다. 갓의 크기는 5~12cm이며 구형이나 성장하면 편평형으로 되며 표면은 백색과 담황갈색으로 초기에는 평활하지만, 점차적으로 섬유상 인편이 나타나며, 조직은 두껍고 백색을 띤다. 대의 크기는 4~15×1.3~3cm로 백색을 띠고, 대부분 기부쪽이 팽대하면서 대상부에 백색의 막질로 된 턱받이가 있다.

양송이는 비타민 D와 비타민 B_2, 티로시나아제(tyrosinase), 엽산 등을 많이 함유하고 있어 고혈압 예방과 빈혈 치료에 효과가 있으며 체내 합성이 불가능한 필수 아미노산[이소류신(isoleucine), 류신(leucine), 리신(lysine), 메티오닌(methionine), 페닐알라닌(phenylalanine), 트레오닌(threonine), 트립토판(tryptophan), 발린(valine) 등 8종]의 함량은 육류나 채소보다 높은 특징이 있다. 항암 작용, 항바이러스 작용, 고혈압 강하 작용, 동맥경화 등에도 큰 효능이 있다.

(4) 송이버섯 (*Tricholoma Matsutake*)

소나무 아래서 자라 송이버섯이라는 이름이 붙었으며 인공 재배가 되지 않아 1년에 두 번 6월경과 9월 추석 무렵에 자연산 송이를 채취한다. 갓은 크기가 8~20cm이고, 초기에는 구형이나 성숙하면 중앙 볼록 편평형이 된다. 표면은 황갈색의 인피가 있으나 초기에는 끝 부위가 안으로 말려 있다.

조직은 백색으로 육질형이며, 치밀하고 향기와 맛이 좋다. 대의 크기는 10~20×4cm로 모양은 상하가 같으며, 가운데 속이 꽉 차 있고, 턱받이 위쪽은 백색이나 하부는 갓과 같은 갈색을 띠고 섬유상의 인피가 있으며, 상부에 면모상의 턱받이가 있다.

버섯의 다당류에는 강한 항암성분이 있는데, 송이버섯은 다른 버섯보다 항암성분이 강한 것으로 알려져 있고 비타민 B_1, B_2, D가 풍부하며, 특히 햇볕에 말린 송이버섯은 비타민 D의 함량이 더욱 많다. 송이의 독특한 향기 성분은 메틸신나메이트(methyl cinnamate)이다.

(5) 팽이버섯(*Fammana Velutipes*)

팽이버섯은 담자균류 주름버섯목 송이과의 버섯으로 일명 겨울버섯(팽나무버섯)이라고 하며 야생 팽이버섯은 팽나무의 고목에서 자란다. 갓의 크기는 2~8cm이고, 모양은 초기에는 반반구형이나 성장한 후에는 편평하게 펴지며 표면은 습하면 끈끈한 점성이 생기고, 황갈색이나 끝부위는 옅은 색을 띤다.

대의 크기는 2~8×0.2~8cm로 약간 기부쪽이 굵거나 종종 편압되어 있으며, 표면에는 융단상의 모가 있고 흑갈색 또는 적갈색을 띠며, 상부쪽은 황색을 띠고 조직은 육질형이다.

팽이버섯은 각종 아미노산과 비타민을 많이 함유하고 있어서 혈압을 조절하고 면역력을 높이며 암과 성인병 예방에 효과가 탁월하다. 특히 팽이버섯을 자주 먹는 사람의 경우에는 식도암, 위암, 췌장암 발생률이 그렇지 않은 사람에 비해 반 이하로 낮은 것으로 알려져 있다.

(6) 목이버섯(*Auricularia Auricula-Judae*)

목이버섯은 담자균류 목이과로 사람 귀처럼 생겨 목이버섯이라고 부르며 뽕나무, 회화나무, 참나무, 수유나무 등의 고목에 기생하여 자란다. 갓의 크기는 2~5cm이고 귀 모양으로 일부가 기주의 수피에 부착되어 있으며, 습할 때는 유연한 젤라틴이나 건조하면 수축하여 굳어진다.

색은 암갈색이나 올리브 갈색을 띠며 표면에는 미세한 털이 있거나 주름져 있고 이면의 자실층은 평활하나 연락맥이 불규칙하게 있으며, 상면보다 옅은 색을 띤다. 담자기는 긴 원통형이나 횡경막에 위해 4개의 방으로 나누어지고, 상부 측면에 담자뿔이 길게 신장되어 그 끝에 포자가 형성된다.

목이버섯의 검은색 성분은 철분과 베타카로틴이며 목이버섯에는 식이섬유가 많고 칼로리가 낮으며 칼륨도 풍부하여 변비나 치질, 부인병에 효과적이다. 또한 목이버섯은 혈액의 정화작용에 좋고 동맥경화, 고혈압, 협심증, 심근경색 등을 예방하는 데도 효과가 있다.

(7) 석이버섯(*Umbilicaria Esculenta*)

석이버섯은 석이과 석이속으로 바위나 돌 등에 이끼처럼 붙어서 자라는 균류와 조류의 공생체인 지의류(地衣類)이다. 지의체는 지름 3~4cm의 넓은 단엽상으로 거의 원형이고 혁질(革質)이며 건조 시에는 위쪽으로 말린다. 표면은 황갈색 또는 갈색으로 광택이 없고 밋밋하며 때로는 반점 모양으로 탈락하는 노출된 백색의 수층이 국부적으로 나타나는 특징이 있다.

뒷면은 흑갈색 또는 흑색으로 미세한 과립상 돌기가 있고 전체가 검으며 짧은 헛뿌리가 밀생하고 마르면 단단하지만 물에 담그면 회록색으로, 변하고 연해진다. 자기(子器)는 지의체의 표면에 생기는데 흑색이고, 표면이 말린 모양으로 지름 1~2mm이며 포자는 1실이다.

주요성분은 단백질을 구성하는 아미노산, 알라닌, 페닐알라닌, 류신, 글루탐산, 지로포르산이며 특수성분으로 레시틴이 많다. 석이버섯에 들어 있는 일반성분 중 당질에 들어 있는 트레할로오스, 만니트 등이 버섯 고유의 맛을 내게 되며 지로포르산(gyrophoric acid)의 성분이 있어 한방에서는 강장, 각혈, 하혈 등에 지혈제로 이용되기도 한다.

(8) 싸리버섯 (*Ramaria Botrytis*)

싸리버섯은 싸리버섯과로 여름에서 가을까지 활엽수림 내 땅 위에 나는 산호 모양의 버섯이다. 크기는 7~18cm, 폭은 6~20cm로 분지가 많고 밀집되어 있으며 분지의 끝은 옅은 적자색 또는 육색을 띤다. 기부는 짧으며 뭉툭한 덩이형으로 3~4×1.5~5cm이고 육질은 백색으로 맛과 향기가 좋다. 그러나 모양이 비슷한 노랑싸리버섯(*R. flava*)이나 붉은싸리버섯(*R. formosa*) 등은 자실체의 색이 노란색과 붉은색으로 설사, 구토, 복통을 일으키는 독버섯이므로 주의가 필요하다.

싸리버섯의 주요 성분은 유리아미노산 28종, 미량의 무기질, 에르고스테롤(ergosterol), 지방산, 글리세롤, 만니톨, 글루코오스, 셀룰로오스, 헤미셀룰로오스, 펙틴, 리그닌, 5' −AMP, 5' −GMP, 비타민 B_2, 비타민 C, 프로비타민 D_2 등이다.

3. 버섯의 특수성분

(1) Ergosterol

생표고버섯에 함유되어 있는 비타민 D_2의 전구체로 자외선에 의해 비타민 D_2로 변화하는 물질이다.

(2) 5' -guanylic acid(GMP), trehalose, mannitol

식용버섯에 함유된 맛 성분인 트레할로오스는 단맛이 나는 물질이며, 다시마에도 다량으로 분포하는 만니톨 역시 버섯의 풍미를 더하는 성분이다.

(3) 렌티난(Lentinan)

생표고버섯의 열수유출로부터 분화 · 정제된 다당류의 하나로 종양의 발육을 억제하는 작용이 강하다.

(4) 렌티오닌(Lenthionin)

표고버섯에 존재하는 향기성분으로 일종의 알콜이다.

(5) 마츠타케올(Matsutakeol)

methyl cinnamate, methyl ester와 함께 송이버섯의 향을 형성하는 알코올과 유사한 방향성분이다.

(6) 리그닌(Lignin)

버섯류 중에 존재하는 식물섬유이다.

(7) 에리타데닌(Eritadenine)

날것이나 삶은 표고버섯에 존재하는 혈중 콜레스테롤의 농도를 조절하는 작용을 하는 물질이다.

(8) 색소

flavonoids계 색소가 많고 산화효소에 의하여 변색한다.

(9) 독버섯의 유독성분

주로 아미노로 muscarine, neurin, alkaloid, phalloidin, amanitin 등이 있다.

(10) 효소

버섯에는 protease, amylase, glycogenase, trehalase, maltase, inulase, cellulase, hemicellulase, pentosanase 등이 있다.

농산 식품 *Question*

1. 식물성 식품에만 들어 있고, 60~70% 알코올에 녹는 단순단백질은?

▶ **정답 :** prolamin

2. 다음의 단백질 정색반응 중에서 tyrosine이 기인한 정색반응은?

▶ **정답 :** Millon 반응

3. 말린 생선이나 버섯에 특히 많은 비타민은?

▶ **정답 :** 비타민 D

4. 곰팡이가 생성한 독성 물질로 발암성이 높은 것은?

▶ **정답 :** aflatoxin

5. 버섯에 함유되어 있는 유독성분은?

▶ **정답 :** lycorine

6. 과실의 전단면이 갈변되는 것은?

▶ **정답 :** polyphenol의 산화

7. 밀가루의 gluten 조성은?

▶▶ 정답 : gluten과 gliadin

8. zein은 어느 식품에서 추출한 단백질인가?

▶▶ 정답 : 옥수수

9. 곡류 중에서 hordein을 함유하고 있는 것은?

▶▶ 정답 : 보리

10. 버섯에 많이 함유된 2당류는?

▶▶ 정답 : trehalose

11. 감자에 대하여 설명하시오.

▶▶ 정답 :
- 배당체인 solanine이란 독소를 함유한다.
- 고구마와 달리, 감자는 전분이 많고 당분이 적다.
- 감자를 절단하면 tyrosin이 tyrosinase에 의해 melanin 색소가 되어 갈변한다.
- 감자의 단백질은 globulin에 속하는 tuberin으로 유리 아미노산과 유리 염기를 함유한다.

Chapter 9

축산 식품

축산식품이란 소, 돼지, 닭, 오리 등의 가축에서 얻어지는 식육류, 우유류, 난류 및 이를 원료로 하여 가공한 식육가공품 및 난가공품을 말한다.

식육류(食肉類, meats)는 식품으로 이용할 수 있는 가축이나 가금(家禽)의 조직을 의미하며 수육류(獸肉類)와 조육류(鳥肉類, poultry)로 분류한다.

우유류는 포유동물의 유즙(乳汁, milk)으로 유즙을 생산하는 가축은 소, 양, 말, 면양 등이 있으나 주로 젖소의 우유(牛乳)를 식용한다. 또한 난(卵)류는 달걀, 오리알, 타조알, 메추리알 등이 있으나 일반적으로 달걀을 많이 이용한다.

9-1 수조류(獸鳥類)

이 식품군에는 조수육(鳥獸肉) 및 야생동물이나 새 종류까지 포함되지만 주로 가축가금(家畜家禽)의 근육과 가식 내장 및 그 가공품에 있다.

국민영양조사나 식료수급표 등의 자료에 의하면 단백질 총 섭취량의 16%, 동물성 단백질의 31%, 지방 총 섭취량의 21%, 동물성 식비의 45%, 비타민 B_1의 23%, B_2의 11%를 공급하는 것으로 나타났으며, 질 좋은 철분의 주요 공급원이다.(통계수치는 2008년도)

이 식품군의 소비는 1970년대부터 급증하기 시작하여 근래에는 성인병의 원인이 되므로 과다한 축산식품의 섭취량 증가는 좋지 않다고 판단된다.

1. 식육류의 일반성분

Guide

• 육류의 구성

육류는 근육조직, 결체조직, 지방조직, 뼈로 형성

(1) 육류의 수분함량

육류의 수분은 동물의 종류와 부위에 따라 다르다. 일반적으로 약 70%를 차지하고 있는 수분은 많은 성분들을 용해시켜 포함하고 있으므로, 그 함량 및 화학적 존재 상태는 육질에 큰 영향을 미친다. 특히 지방의 축적 정도와 수분함량은 서로 반비례한다.

지방함량이 많은 부위에는 수분함량이 적고, 지방이 적은 부위에는 수분이 많다. 즉, 지방에 함유되어 있는 수분에 비해 수분은 대부분 단백질과 밀접한 관계를 유지하고 있기 때문이다. 또한 동물의 성별이나 나이에 따라서도 수분함량은 달라진다.

어린 동물은 수분함량이 많고 고기는 연하지만 지방함량이 적기 때문에 독특한 맛이 적다. 반대로 늙은 동물의 고기는 지방함량은 많아도 고기가 질기고 맛이 없다. 따라서 육류의 보수력은 그 자체가 고기 품질의 결정요인일 뿐만 아니라, 육색 · 연도 · 다즙성 등 다른 육질결정 요인에도 영향을 미친다.

(2) 근육단백질

근육단백질은 물과 중류 용액에 대한 용해도나 근육조직 구조와의 관련 등으로 다음 그림 9-1과 같이 분류할 수 있다.

- 근육 단백질
  - 육장 단백질
    - 섬유상 단백질 (근원섬유 단백질, myosin, actin, actomyosin 등, 구성비는 50% 전후)
    - 구상 단백질 (근세포중부정형세포질 단백질, myoalbumin, myoglobin 등, 구성비는 15～35%)
  - 육기질 단백질
    - 경 단백질 (결합조직, 혈관, 신경 등의 세포의 요소와 근소의 단백질, collagen, elastin, reticulin 등, 구성비는 35～15%)

그림 9-1 근육 단백질의 분류

필수아미노산 조성에는 곡류단백질에 적은 리신(lysine), 트립토판(tryptophan) 등이 많이 함유된다. 근육을 마쇄 · 압착해서 액상이 되도록 하여 증출해서 수분을 없앤 다음, 염류용액 가용부분을 육장(肉漿)이라고 하며, 부용고형 부분을 육기질(肉基質)이라고 한다.

이 중에 섬유상 단백질은 근육운동에 직접 관계하는 단백질로서 구성비에 변동이 적으나 구상 단백질과 육기질 단백질과의 구성비는 상대적인 변화이며, 식육을 질기거나 연하게 하는 작용을 한다.

동물의 종류 · 성별 · 연령 · 절육의 종류에 의해서도 차이가 있겠으나, 늙은 가축의 물질은 어린 가축보다 질기고 수분함량이 적은 것은 육기질의 비율이 높기 때문이다.

> Guide
> • **액토미오신** (actomyosin)
> 근육이 수축할 때 형성. 수축 단백질로 근원섬유의 20% 정도의 단백질

(3) 축적지방과 조직지방

도체(屠體)의 지방을 대별하면 피하나 근육, 간 또는 근육 내의 지방조직에 축적되는 축적지방과 근육조직이나 장기세포 내(특히 신경조직, 생체막 등)에 분포하는 조직지방으로 나눌 수 있다.

전자는 주로 중성지방으로 되어 있으며 동물의 연령 · 영양 상태 · 도체의 부위 등 외적 요인에 의하여 그 상태 · 분포 · 축적량 등이 변화하고, 후자는 주로 인지질 · 당지질 · 스테롤 등으로 구성되어 있으며 외적 요인으로 변화하지 않는다.

> Guide
> • **마블링** (marbling)
> 고기 사이에 존재하는 지방, 연한 식감과 풍미를 가미하는 요소

(4) 가축의 종류와 지방의 조성

지방조직, 육체의 이용, 영양특성 등과 직접 관련이 있는 것이 축적지방(depot fat)이며, 그 구성 지방산은 포화지방산의 palmitic acid(C_{16} : 0), stearic acid(C_{18} : 0)와 불포화지방산의 oleic acid(C_{18} : 1), linoleic acid(C_{18} : 2) 등의 고급지방산의 함량이 높다.

동물지방의 융점은 구성지방산의 함량에 따라 다른데, 쇠기름과 양기름은 융점이 높고(우지 40~48°C, 양지 44~51°C) 경지이며, 돼지기름과 닭기름은 연지이다. 돈지의 융점은 33~46°C이고 계지(닭기름)는 더욱 낮은 30~32°C로 여름에는 햇빛에서 액상(液狀)을 나타내게 된다.

지방산 조성에서 쇠기름과 양기름의 리놀레산(linoleic acid) 구성비는 4% 전후로, 돼지기름의 20%에 비하여 아주 낮다. 반추동물의 지방에는 스테아르산(stearic acid)이 많은 경향이 있으며, 말고기는 고도의 불포화지방으로 융점(30~40°C)이 낮다.

(5) 식육의 지방색과 풍미

지방의 색은 품질과 관계가 있다. 돈지는 백색이고 우지 · 양지는 백색부터 담백한 크림색까지 있으며 농황색은 상품가치가 떨어진다.

선명한 황색이 좋으며, 지방의 색 · 조성 · 풍미는 사료의 영향을 받기 쉽다. 체지(體脂)의 구성은 지방산이 주로서 당질이나 단백질로부터 합성되는 양이나 소와 같은 반추동물에게는 사료의 영향이 적다.

체지 중 지방산의 일부가 직접 사료 중의 지방에서 유래하는 대사경로를 취하는 돼지의 경우는 사료의 영향이 보다 직접적이며, 사육 사료로서 쌀겨 · 어박(魚粕) · 잔식(殘飾) 등은 체지의 품질을 나쁘게 하고 또 겨자산 · 파류 · 생선뼈 등의 냄새가 체지방에 이행되기 쉬운 것으로 알려졌다.

(6) 마육(馬肉)과 글리코겐

근육 중의 당질은 주로 글리코겐(glycogen)이며 도체에서는 혐기적 해당작용에 의하여 단시간에 젖산으로 분해되므로 사후강직된 고기에는 전혀 함유되지 않은 경우도 많다.

말고기는 글리코겐 함량이 많을 뿐만 아니라(1.5~2.0%), 분해가 늦어서 사후강직 후에도 잔존하기 때문에 글리코겐을 검출하는 것으로 말고기를 감별할 수가 있다. 말고기의 글리코겐 분해가 늦은 것은 단백질과 복합한 글리코겐이 많기 때문이다.

(7) 육제품과 식염 상당량

식육류에 있어서 무기질의 주성분은 칼륨(K), 나트륨(Na), 마그네슘(Mg), 칼슘(Ca), 철(Fe), 아연(Zn), 염소(Cl), 유황(S), 인(P) 등이다. 그 중 칼륨 · 인 · 유황 등이 많고, 칼슘과 마그네슘이 적은 것이 특징이다. 특히 칼슘, 마그네슘, 아연 등의 2가 금속이온은 고기의 보수성과 밀접한 관계가 있다.

(8) 식육 비타민

식육에는 비타민 B군이 주로 함유되어 있다. 내장육에는 근육보다 더 많은 비타민이 함유되어 있으며, 특히 가식내장 중 간에는 비타민 B군 외에 비타민 A, C, D 등도 많다.

(9) 식육의 좋은맛과 진액 성분

식육을 갈아서 물에 넣어 끓였을 때 끓어서 넘치는 성분을 진액 성분이라고 하는데 식육의 2% 전후를 점유하고 있으며, 그 함량의 차이는 농후나 담백 등 음식 맛의 지표가 된다.

진액의 주성분은 질소화합물인 크레아틴(creatine), 크레아티닌(creatinine), 카르노신(carnosine), 안세린(anserine), ATP 관련물질(ADP, AMP, IMP, HXR, HX)과 유리아미노산인 글루탐산 및 타우린(taurine), 그리고 유기산인 젖산이나 호박산 등이 있다. 그 밖에 무기물인 NaCl과 H_3PO_4 등이 함유되어 있다.

2. 근육의 구조

(1) 근육의 종류

근육은 근섬유의 성상 및 기능에 따라 횡문근(横紋筋, straited muscle fiber)과 평활근(平滑筋, smooth muscle fiber) 및 심근(心筋, cardiac muscle)으로 나눌 수가 있으며 식육이 되는 것은 골격근(骨格筋, skeletal muscle 골격과 힘줄로 연접된 횡문근)이다.(그림 9-2)

평활근은 가식내장 등의 근육조직으로 불수의근(不随意筋)이 있으며 심근(心筋)은 구조적으로 횡문근에 따라 붙어 있고 기능적으로는 불수의근에 해당한다.

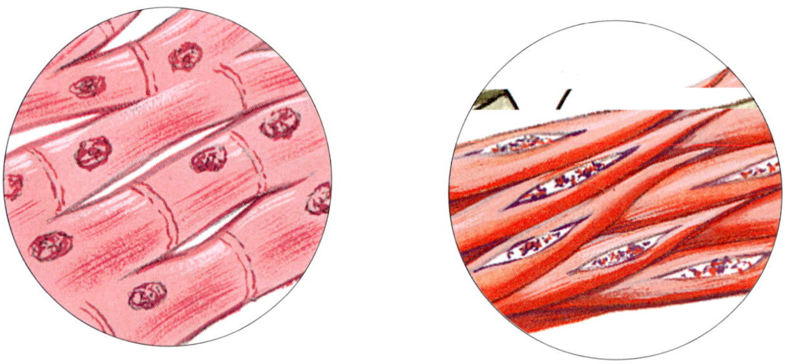

평활근 (내장근)　　심근 (심장근)

그림 9-2 근육의 구조

(2) 골격근의 구조

골격근의 조직은 ① 근섬유(근세포), ② 결합조직, ③ 혈관, ④ 신경, ⑤ 임파절(선), ⑥ 지방 조직, ⑦ 건(힘줄)으로 구성되어 있다.

근섬유(筋纖維, muscle fiber)는 다핵원주상(多核圓柱狀)으로 지름이 10～100㎛, 길이가 10～45mm 정도 되는 근육세포로서 그 중에서 세로대에 평행하여 횡문을 가진 근원섬유(筋原纖維, myofibril, 지름 0.5～2.0㎛)가 배열되어서 근소포체와 미토콘드리아 등 세포 내 소기관이 분포되어 이들의 간격은 무정형 세포질인 근장(筋漿, sarcoplasm)으로 채워져 있다.

근섬유가 모여서 작은 다발(束, 제1차, 제2차 근속)을 형성하며 근속이 모여서 독립된 근육을 형성하고 있다. 독립된 근육의 표면을 포함한 결합 조직을 근상막(筋上膜, sarcolemma)이라고 하며, 근상막으로부터 내부에 분기하여 근속을 포함한 것을 내근외막이라고 한다. 비교적 큰 혈관, 임파관, 신경 등은 여기에 분포하고 있다.

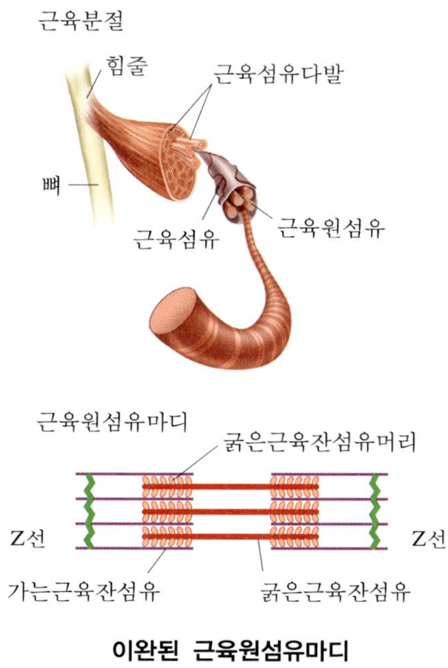

그림 9-3 골격근의 구조

(3) 상강육(霜降肉, Marbled Meat)

근육의 지방 조직은 거친 결합조직으로 지방이 깔려 있는 것으로서 일반적으로 축적지방은 피하내장 주위 등에 침착되며 근간(筋間)으로 되어 있고 근육 내(內筋, 外膜, 筋內膜 등)에는 침착되지 않는다.

따라서 식육으로는 지방조직이 근육간뿐만 아니라 근육 내에도 골고루 조직 분포되어 있는 것이 맛이 좋다. 특히 소금구이나 스테이크용 쇠고기로는 근육 사이로부터 내근외막이나 근내막에까지 많은 지방이 분포되어 대리석상의 단면을 나타내는 식육이 적당하다.

3. 지육의 분할, 부위별 명칭과 성상

가축을 도살하고 피를 빼서 가축의 내장 · 머리 부위 · 다리 부위를 뺀 것을 지육(枝肉)이라고 하며, 전체를 '환(丸)', 등골의 부분을 좌우로 분할한 것을 '반환(半丸)'이라고 하는데, 보통 소 · 돼지는 반환의 상태로 저장숙성한다.

생체로부터 정육을 얻는 비율을 지육률(도체율 %)이라고 하며, 지육의 용도 상업습관 등에 의해서 같은 종류의 식육이라도 여러 가지 분할법이 있다.

$$\text{지육률(도체율, \%)} = \frac{\text{지육량(도체중량)}}{\text{생체중}} \times 100$$

가공용 지육에는 대개 일정한 분할법이 사용되고 있으나 소매 정육점에서는 대체로 소금구이용, 스테이크용, 스튜(stew)용으로 적당히 분할 판매하는 경우가 많다.

4. 식육의 성숙과 성분 변화

(1) 골격근의 사후 변화

1) pH의 저하

도살 전 근육조직의 pH는 중성(pH 7.0~7.4)이며, 도살 후 시간의 경과에 따라 저하하여 최저 pH 5.4에 달한다. 근육 내의 글리코겐이 혐기적 해당작용으로 글루코오스와 피루브산을 거쳐서 젖산이 생성되며, 이에 따라 근육내의 pH는 저하되며 산성을 띤다. 근육 내의 글리코겐의 함량에 상관없이 pH가 5.4가 되면 해당계 효소가 불활성화되어 더 이상의 pH 감소는 나타나지 않는다.

2) 사후경직(Rigor Mortis)

사후 도체로부터 체온을 잃고 근육의 경화가 시작되는 것을 사후경직(死後硬直)이라고 한다. 근원섬유 단백질의 미오신(myosin)과 액틴(actin)이 결합하여 고점도의 액토미오신을 생성하면 신전성을 잃고 경질화되며, 그 변화를 일으키는 에너지는 그림 9-5와 같이 ATP의 분해로 공급된다.

ATP를 분해하는 ATPase는 미오신 자체에 있고 근소포체로부터 방출된 Ca^{++} 이온으로 활성화된다.

사후경직 과정은 다음과 같이 요약할 수 있다.

① **혐기적 해당작용** : 산소공급이 안되므로 근육 내 글리코겐이 혐기적 해당작용으로 젖산을 생성한다.

② **pH 저하** : 산소공급이 안 되므로 혐기적 해당작용에 의해 젖산이 생성되고 pH가 6.5까지 저하되면 ATP 분해효소가 활성화되어 ATP 분해로 인한 무기인산의 형성으로 pH가 5.4까지 저하가 나타난다.

③ **ATP 저하** : 효소 포스파타아제(phosphatase)의 작용으로 ATP 분해가 나타나며 크레아틴 포스페이트(creatine phosphate) 저하가 나타난다.

④ 미오신과 액틴의 결합으로 액토미오신이 형성되어 고기가 질겨진다.

⑤ 보수성 감소가 나타난다. 이는 ATP 감소와 Ca^{2+}의 작용으로 단백질 수화의 방해가 나타나 보수력이 떨어지게 된다.

⑥ 경직 중에 있는 고기는 조리에 의해 연화되지 못해 질기다.

⑦ 몸집이 큰 동물일수록 사후경직이 늦게 시작되고 오래 지속된다.

3) 경직 해제(해경)와 pH의 상승

경직한 근육은 일정한 기간이 지나면 연질화된다. 이것을 경직 해제(硬直解除)라고 하며, 그 시기에는 pH도 상승한다.

경직 해제의 기구로 오늘날 정설화된 것은 없으나 생육의 이완과 같이 액토미오신(actomyosin)이 원래의 액틴(actin)과 미오신(myosin)으로 분해되는 것은 아닌 것으로 밝혀졌다.

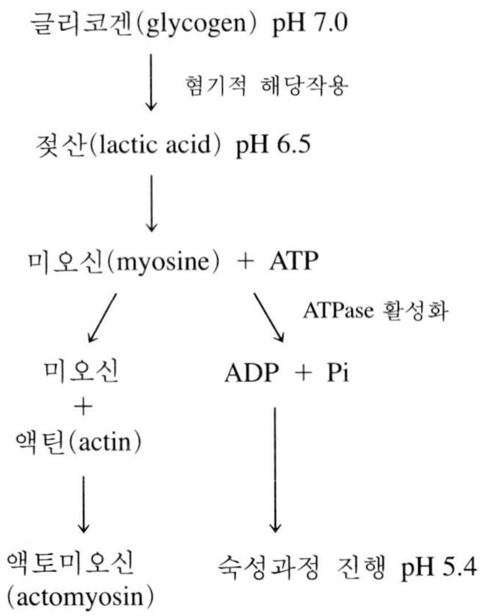

그림 9-5 근육의 사후숙성 기전

골격근의 연화현상인 경직해제의 반응은 다음과 같이 설명된다.

① 경직에 관여한 Ca^{2+}이 단백질로부터 이탈하고 대신 K^{+}과 결합하여 단백질의 수화도(水和度)를 높게 만든다.
② actin과 myosin의 결합력의 감소로 인한 액토미오신의 변성으로 발생된다.
③ 근원섬유의 소형화와 액토미오신 간의 약화가 요인이 된다.
④ 카텝신(cathepsin) 등 단백질 분해 효소가 관여하여 경직이 융해됨이 증명되었다.

이 시기에는 pH도 한층 상승하는데, 그 원인은 ATP의 분해가 ATP → ADP → AMP로 진행되며, AMP가 즉시 IMP로 분해될 때 생기는 암모니아에 의한 것이라고 한다. pH 6.2~6.4에 달하면 세균이 급속히 증식하며, 세균에 유래되는 암모니아도 관여한다.

$$\text{AMP} \xrightarrow[\text{AMP 데아미나}]{} \text{IMP} + NH_3$$

(AMP : 아테닐산, IMP : 이노신산)

식육의 사후경직이 끝나면 근육길이가 짧아지고 연화되기 시작하는데, 이때 근육 pH는 약간 상승하고, 보수력 증가, 아미노산과 같은 지미성분이 증가하여 고기가 연해지고 맛이 좋은 상태가 된다.

4) 부패

경직 해제된 식육은 단백질 분해효소 등의 활동으로 유리아미노산이 증가하며 pH의 상승과 더불어 세균 번식에 좋은 조건이 갖추어져서 냉장을 하지 않을 경우에는 빠른 속도로 부패한다. 부패하게 되면 유리아미노산의 증가뿐만 아니라 암모니아나 아민(amine) 등이 생성되는 것이 특징이다.

(2) 식육의 경연(연함)과 보수성

근육단백질 특히 근장단백질은 친수성 콜로이드의 형태로 식육 성분의 대부분을 구성하는 수분을 보유하고 있다. 보수성(保水性 ; water holding) 또는 수화성(水和性 ; hydration)은 식육의 부드러움(tenderness)에 영향을 주는 제2의 요인이다.

보수성이 낮은 식육은 가열 조리로 즙액의 분리가 많고 식육은 수축해서 질기고 씹는 촉감이나 맛이 나쁘다. 즉, 햄이나 소시지 등에서는 결착성이 나쁜 결함을 나타나게 된다.

$$수화도(\%) = \frac{(W - F)}{W} \times 100$$

W : 시료의 수분함량
F : 시료를 가열하여 단백질을 변성시킬 때 분리된 즙액(%)

식육의 보수성은 동물의 종류에 따른 차이(말고기는 낮으며 토끼고기는 높다.)가 있으며, 근육의 사후 변화의 폭을 크게 바꾸어 경직기에는 낮으며 해제기에는 높다.

그 밖에 냉동 처리는 보수성을 나쁘게 하고 다른 방법으로 조리할 때 식염이나 폴리인산염을 첨가하는 것은 보수성을 높이는 효과가 있다. 그러므로 보수성은 식육의 품질에 영향을 주는 중요한 성질의 하나이다.

(3) 식육의 숙성(Aged)

식육은 과실류를 혼합할 경우, 후숙을 필요로 한다. 그러나 바나나나 배는 숙성(熟成)을 필요로 하는 점이 선도를 중시하는 어패류의 취급방법과는 다르다.

식육(枝肉)을 0~2°C의 저온 하에서 안전하게 경직기 · 해제기를 거치게 해서 식육의 연질화, 보수성, 고기맛의 향상을 측정하는 처리를 **숙성**(熟成)이라고 한다.

보통 쇠고기나 돼지고기는 0~2°C 냉장고 내에서 도체 간의 공극을 충분히 취하여 10~14일 보관하는 방법, 즉 저온숙성법을 사용하고 있으며 때로는 수급관계를 감안하여 15°C 부근에서 2~3일을 보존 · 유지하는 고온숙성법을 취하는 경우도 있다.

숙성기간과 해제기는 일치할 수 없을 뿐만 아니라 해제기가 넘도록 긴 기간 숙성시켜 자기소화(autolysis)에 의한 식미 향상을 측정하는 것이 보통이다.

(4) 사후 변화의 속도

근육의 사후 변화의 속도는 고온에서는 빠르고 저온에서는 느린 것이 당연하지만 냉동 중에는 자행이 정지하고, 해동 후에는 급속히 자행한다.

또 동물의 종류에 따라 차이가 있어서 15°C의 실온에서 최대 경직에 도달하는 기간은 소 · 말이 12~24시간, 돼지가 3일, 생선이 1~4시간 정도이다.

(5) 육색과 사후경직, 그리고 숙성과정의 관련성

적색근섬유가 백색근섬유보다 육색소인 미오글로빈(myoglobin) 함량이 많으며, 이 미오글로빈은 생체에서 근육 내 산소운반과 관련이 깊다. 적색근섬유에는 산화적 대사에 관여하는 효소가 많으며, 반대로 해당과정에 관여하는 효소는 적은 편이다.

또한 미오글로빈의 함량이 적은 백색근섬유는 해당과정에 관여하는 효소는 많지만 산화적 효소활성은 낮은 편에 속한다.

이는 가축의 도살 후 적색근섬유의 비율이 높은 쇠고기는 사후 해당속도가 백색근섬유의 비율이 높은 닭고기나 돼지고기보다 느리다는 것을 의미하며, 실제로 도살 후 혈액순환이 멈추어서 산소공급이 중단된 혐기적 대사과정은 백색근섬유에서 더욱 활발히 일어나기 때문에 이 결과 사후경직 또한 일찍 완료된다.

도살 후 고기의 적색근섬유는 지방함량이 높고 글리코겐 함량이 낮기 때문에 사후 해당속도가 느리므로 결과적으로 pH의 강하도 완만히 이루어지는 데 비하여, 백색근섬유나 중간섬유는 글리코겐 함량이 높기 때문에 고기의 pH를 빠른 속도로 강하시킨다. 즉 돼지고기가 소고기에 비해 사후 해당작용의 속도가 빠르고 그 양도 많으며, 그 결과로 빠른 pH 강하와 빠른 사후경직현상을 나타낸다.

Guide

• 식육의 숙성과정

① 사후경직단계 (연화가 - 급속기 - 경직완료)
② 경직해제단계 (종류, 온도, 시간의 경과와 관련)
③ 숙성단계 (단백질→아미노산 분해 후 숙성)
④ 부패단계 (내부 · 외부에 존재하는 미생물의 작용)

5. 식육의 이용

(1) 식육의 종류와 민족적인 기호, 종교적 금기(禁忌 ; taboo)

식육에 대한 기호나 종교적인 금기는 민족의 문화적 전통이나 경제적인 입지 조건과 깊은 관계가 있다.

돼지고기는 유럽의 기독교권에서 예로부터 수호해 왔으며, 농경문화의 전통을 가진 중국 등은 식육으로 애용되어 왔다. 그러나 중동의 유목 문화의 전통을 가진 회교권 민족은 돼지고기를 금기하고 있으며, 식육으로 산양과 양고기를 즐겨 먹는다. 특히 인도 등지의 힌두교 교도들은 소를 숭배하여 먹지 않는다.

미국은 세계 제일의 쇠고기 소비국으로, 미국 서부의 소 사육이 급증한 배경의 영향을 받아 왔다.

우리나라는 예로부터 논농사를 중심으로 한 농경문화의 전통을 갖고 있으며, 불교사상의 영향을 받아 식육의 역사는 이제 약 200여 년에 이른다. 그러나 1970년대 이후 돼지고기와 닭고기의 소비가 크게 증가했는데, 그것은 식육의 공급사정이나 식생활의 서구화에 의한 식육제품의 수요증가 등이 그 요인이라고 볼 수 있다.

(2) 주요 식육

1) 쇠고기

① **상강육**(霜降肉) : 우리나라에서는 사육하여 식육용으로 쓰는 소의 품종으로 비육(肥育), 화우(和牛), 비육유용웅우(肥育乳用雄牛), 유폐우(乳廢牛), 자유(子乳, 乳用雄)의 국내산 쇠고기와 수입 쇠고기 등이 있다. 더하여 소금구이나 로스트비프용으로 애용되는 쇠고기는 한우 비육우종의 18~24개월 된 소로, 암소를 10~12개월 단기비육한 것이 전형적인 상강우이며, 또 거세한 수소를 5~6개월 단기비육한 쇠고기도 여기에 해당한다.

② **품질감별** : 색은 선홍색으로 광택이 좋은 것(식육의 주위가 검게 변한 것은 오래된 고기), 식육 단면의 결이 좁게 나 있는 것(근속이 좁게 되어 있는 것), 탄력이 풍부한 것 등이 좋다.(보수성이 좋다) 탄력 없이 눌려서 유리수(遊離水)가 나오는 것은 보수성이 떨어지며, 농황색의 지방은 상품가치가 떨어진다.

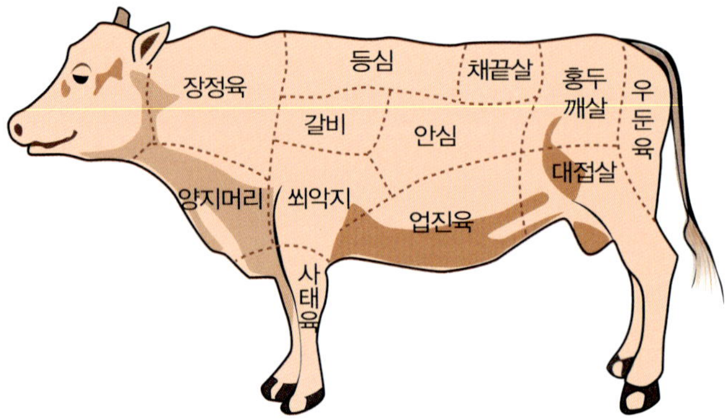

표 9-1 쇠고기의 부위별 등급과 용도

식육의 분할과 각부의 명칭		가격품질에 의한 등급구분	용도, 조리법
분할	부분육		
등 심	등 심	최상육	전골, 로스구이, 스테이크
허벅지	loin roast	loin, 정갱이살, 사타구니	전골, 스테이크, 스튜
	roast	loast, sirloin { 최상급～상급 / 상～중 }	전골, 스튜
	정 갱 이 살	뒷다리살 하	삼겹살, 수프
로 스	sirloin	최상	전골, 로스트, 스테이크
	ribroast	최상	전골, 로스트, 스테이크
배 살	안 등 심	중	온비프, 스튜, 기타 끓임
	어 깨 살	중	스튜, 운비프, 수프 등
어깨살	어깨부분 로스	최상 ～ 상	스틱, 기타 굽기
	옆 구 리	하	수프, 다진 요리
	목	하	볶음요리, 다진 요리, 스튜

2) 돼지고기

① **피그 사이클(pig cycle)** : 돼지는 소와 달라서 다산하며, 또 빠르게 성장한다. 생후 7～8개월로 생체중량 75～105kg에 달하면 출산할 수가 있다. 따라서 수급관계가 불안정하고 단기간에 가격이 달라진다는 특성을 갖고 있는데, 이 현상을 피그 사이클(pig cycle)이라고 한다.

축산물가격안정법에 따라서 축산진흥사업단이 실육의 매입, 또는 방출을 조절하여 돼지고기 가격의 안정을 제도화하고 있으나 실효를 발휘하지는 못하고 있다.

사육 품종은 종전에 사육하던 요크셔(Yorkshire)종, 버크셔(Berkshire)종에서 탈피하여 랜드레이스(Landrace, 덴마크의 산돈의 개량종), 대 요크셔종(영국종)이나 햄프셔(Hampshire) 등의 유럽종과 폴란드차이나, 두록저지(Duroc Jersey)종, 체스터 화이트(Chester white) 등의 미국종도 이들과의 F_1(잡종 제1대)로 널리 사육되고 있다.

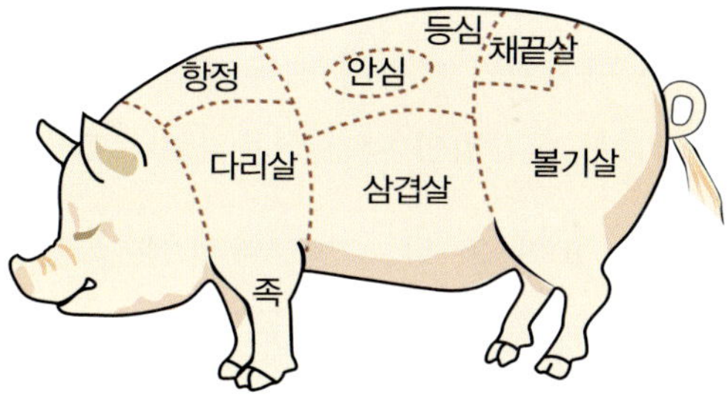

표 9-2 돼지고기의 부위별 등급과 용도

지육의 분할과 각 부의 명칭		가격품질에 따른 등급구분	용도, 조리법
등 심		최상육	로스트, 커틀릿, 삶음
허벅지	허벅지, 바깥	상	골부햄, 본레스햄, 프레스햄, 로스트, 찜
	허벅지살	하	편육, 다져서 만든 곤약 등
	사 태		
로 스		최상	로스햄, 로스트, 포크 촙(pork chop)
배 살		중	햄, 편육, 돼지고기 구이
어 깨	어깨 로스트	상	• 어깨 로스트, 햄, 로스트, 삶은 것
	어깨	중	• 편육, 삶는 종류
	목	하	• 삶는 것, 다짐
	앞다리	하	• 볶음, 다진 요리, 편육, 스튜 등

Guide

• 돼지고기 누린내 없애는 방법

① 핏물 제거
② 찬물에 담갔다가 사용
③ 저미거나 다져서 키친 타월 사용
④ 파즙, 향신료, 채소, 술, 간장 등과 함께 이용

② **품질감별** : 돼지고기는 쇠고기보다 색이 연하며, 선홍색으로 줄이 곱고 탄력성이 있는 것으로 보수성이 높은 것이 좋다. 돼지고기는 피하에 두꺼운 지방층(보통 피하결합조직의 피층의 직피조직까지 지방조직에 변화)이 있으며, 대체로 근육 사이나 근육에도 지방이 분포되어 있다.

최근에는 지방이 적은 돼지고기를 좋아하는 소비자가 많으므로 근육살, 지방, 뼈의 비율이 6 : 3 : 1 정도가 바람직하다고 본다. 가공용으로는 지방이 섞인 고기가 요구되므로 체형이 크고 긴(베이컨형) 육종이 많이 쓰이고 있다.(랜드레이스, 대 요크셔종 등)

3) 닭고기(鷄肉)

① **브로일러(Broiler, 육용 약계)** : 국내의 닭고기는 대부분 브로일러 양육 양계로 공급되고 있다. 닭고기 시장에서는 부화 후 9~10주경 체량 2kg 전후의 것이 많이 출하된다.

② **품질감별** : 닭고기는 사후변화의 속도가 빨라서 숙성보다 신선도를 중시한다. 종래에는 아침 일찍 도살하여 당일 판매하는 것을 양질이라고 하였으나, 최근에는 냉동 닭고기가 많아서 해동 후에 신속히 처분할 필요가 있으므로 생선처럼 취급하는 방법이 다른 식육과 다르다.

표 9-3 닭 고기의 부위별 성분

부 위	성 분
살코기	글루탐산이 함유되어 좋은 고기맛을 낸다.
내장(간)	무기질 · 비타민이 다량 함유되어 빈혈, 스테미너 활성화에 도움이 된다.
뼈	히알루론산이 함유되어 노인성 관절염, 백내장, 피부노화방지에 효능이 있다.

4) 양고기

양고기는 대부분 수입에 의존하고 있다. 양고기는 램(lamb)과 머튼(mutton)으로 대별할 수 있다. 램은 육질이 유연하고 풍미가 좋아서 정육용으로 애용하고 있으며, 또 지방이 많아서 가공 원료로도 많이 쓰인다.

우리나라에서는 주로 징기스칸 요리, 소금구이, 양념구이 등으로 양고기 요리를 하고 있다.

Guide

• **양고기의 시기별 구분**

램(lamb) : 체중 30~35 kg (1년 미만)

머튼(mutton) : 체중45~50 kg(1년 성장 후)

(3) 육가공품(肉加工品)

육가공품은 원래 돼지고기의 가공법으로 발달되어 왔으며, 염지(鹽漬), 훈연(燻煙), 향신료의 첨가로 저장성과 풍미를 높여 왔다.

염지(鹽漬)할 때 질산염이나 아질산염 등의 첨가로 근육 중의 미오글로빈과 헤모글로빈이 안정한 니트로소미오글로빈과 니트로소헤모글로빈으로 바뀌어 고기는 선명한 붉은 빛깔을 갖게 된다.

① **돼지고기만을 원료로 한 육가공품** : 허벅지살 로스육, 위육을 원료로 한 햄

류, 뱃살을 원료로 한 베이컨 등이 있다.

② 돼지고기와 그 밖에 식육을 원료로 한 육제품, 소시지류와 프레스햄이 있으며, 돼지고기 외에 우육 · 양육 · 마육 등이 사용되고 있다.

③ **가식 내장을 원료로 한 것** : 헤드 치즈(Head cheese), 레버 페스트, 블러드 소시지, 순대 등을 예로 들 수 있다.

유즙은 포유동물이 새끼를 기르는 유일한 먹이로서 식품으로서도 영양소 함량의 밸런스가 좋고, 다른 식품에는 없는 카세인(casein)이나 유당 등의 성분을 함유하고 있다.

식품으로 쓰이는 유즙은 소 · 양 · 말 · 물소 · 낙타 등의 포유동물로부터 얻으며, 가장 보편적으로 사용되고 있는 것은 소의 유즙인 우유이다.

9-2 우 유

우유는 칼슘의 공급원으로 칼슘 전체 공급량의 23% 정도를 차지하며, 칼슘 : 인의 비율도 10 : 9로 밸런스를 유지할 수 있어서 이용률이 높다. 즉, 단백질과 지질의 공급원으로서 질적으로 우수한 식품이다. 비타민 B_2, A 등의 공급원(전체 공급량의 각각 15% 및 12% 정도)으로도 매우 중요하다.

따라서 유아의 인공영양 또는 혼합영양용 조제분유의 원료로서 중요하다.

1. 우유의 구성성분과 성상

(1) 원료우유와 시유

젖소로부터 짠 유즙은 생유 또는 원료우유 라고 하며, 안전하게 마실 수 있도록 처리(급속살균, 작은 용기에 밀봉포장)하여 판매하는 우유를 시유(市乳)라고 한다.

우유의 조성은 품종 · 비유기 · 사료 등에 의해서 달라지는데 시유는 생유의 혼합물로서 처리공정에서도 법적 규격에 맞도록 조정할 수 있으며 균일한 조성을 갖고 있다.

시판되는 보통 우유의 조성은 수분 88.7%, 단백질 2.9%, 지질 3.2%, 당질 4.5%, 회분 0.7% 정도가 표준이다.

(2) 국내 원료유(생유)의 유질

우리나라 유우의 95% 이상이 홀스타인종이고, 나머지 5%는 저지(Jersey)종으로 다른 나라와 비교해서 유질은 약간 떨어진다. 홀스타인 우유 조성의 국제적 수준은 전고형분으로 12% 이상이다. 단백질로는 미국이 3.78%인 데 비하여 한국은 3.45%로 낮은 수치를 나타내고 있다.

(3) 우유의 단백질

우유 성분의 약 3%를 점유하는 단백질은 카세인(casein)과 유청단백질(whey protein)로 나누어지는데, 카세인은 우유단백질의 약 80%를 차지하며 유청단백질에는 락토알부민(lactoalbumin)과 락토글로불린(lactoglobulin) 등이 있다.

1) 카세인의 성상

카세인은 우유로부터 pH 4.6으로 등전침전한 것으로서 구성원소비(%)는 C(53.1), H(6.95), N(15.65), S(0.81), P(0.85)로 인단백질의 일종이다. 아미노산 조성에는 글루탐산(glutamic acid), 프롤린(proline), 류신(leucine), 리신(lysine), 발린(valine), 아스파르트산(aspartic acid)의 순으로 많으며, 필수아미노산도 많이 함유하고 있다.

카세인은 우유 중의 칼슘과 결합하여 카세인의 칼슘염(caseinate)이 되며, 즉시 인산칼슘 등의 염류와 결합하여 카세인 미셀(casein micelle, 직경 40～280㎛의 입자)의 콜로이드 형으로 분류할 수 있다.

카세인은 또 전기영동법에 의한 이동도에 의해서 α, β, γ의 3종으로 나눌 수 있다. 최근에는 새로운 분석법에 의해 α, β, γ, κ-카세인의 4종으로 나누고 있다. 카세인은 새끼소 제4위로부터 추출한 응유효소제의 레닛(rennet) 중 주성분인 rennin(pH 4.8, 적온 40°C)으로 침전한다.

2) 유청 단백질의 성상

우유로부터 카세인을 제거한 유청 중의 질소화합물은 12%로, 트리클로로아세트산(단백질 침전제)으로 침전하는 유청단백질과 침전하지 않는 비단백태 질소화합물(요소, 크레아틴 및 크레아티닌, 아미노산 등 모든 질소 중의 5～6%)로 나누어진다. 유청단백질을 분류하면 그림 9-6과 같다.

- 유청단백질
  - 열안정성 단백질 (95°C, 30분 ⊖) — 프로테오스 · 펩톤
  - 열불안정성 단백질 (95°C, 30분 ⊕)
    - α-락토알부민
    - β-락토글로불린
    - 혈청 알부민
    - 면역 글로불린 유청단백질

그림 9-6 단백질의 분류

α-락토알부민은 유당의 생합성에 관여하며 유청(G_1, G_2, M, A)단백질의 약 12%를 차지한다. 알부민태의 단백질로서 β-락토글로불린은 염석으로는 알부민 구분에 속하는데 물에 용해되지 않는 점에서 글로불린의 성질을 갖고 있으며 유청단백질 중 절반을 구성하고 있다.

혈청알부민 및 면역글로불린은 모우혈액으로부터 그대로 이행하여 온 단백질인데, 면역글로불린은 현재 G_1, G_2, M, A의 4종으로 구분하여 항체를 갖고 있다는 것이 밝혀졌으며 초유(初乳)에는 함량이 더욱 많다.

프로테오스(proteose)와 펩톤(peptone)은 단백질보다 분자량이 적으며, 가열에도 변함이 없는데, 펩톤의 경우 수용성을 지니며, 미생물의 증식에 사용되는 물질이기도 하다.

(4) 유지질(乳脂質)

홀스타인(Holstein)종의 생유 지질은 3~4%, 저지(Jersey)종의 지질은 5.0% 전후이며, 모든 지질의 97~98%는 트리글리세리드(triglyceride)이다. 인지질, 스테롤류(콜레스테롤 등), 카로티노이드(carotenoids) 색소 등도 함유하고 있다.

1) 우유의 지방구와 지방구 피막

유지방은 직경 0.1~10㎛(평균 3㎛)의 지방구로서 에멀션(emulsion, 乳濁質)을 형성하고 있는데, 그 수는 2~4 × 10^9/mL이며 표면에는 친수성의 리포단백질로 된 피막이 있다. 피막 안쪽에는 인지질층이 있으며, 바로 안쪽에는 높은 융점의 트리글리세리드(triglyceride)가 존재한다. 피막은 생체막(세포막)과 파편 또는 마이크로솜(microsome)이라고 불리고 있다.

지방구가 부상해서 크림층을 형성하여 지방을 유리해서 에멀션을 안정하게 하는 역할을 한다. 그 반면에 유지방의 정량에는 강산, 강알칼리로 피막을 제거하는 조작이 필요하다.

2) 우유의 지방산 구성

유지방을 구성하는 지방산의 주성분으로는 불포화지방산인 올레산(C_{18} : 1) 약 30%, 포화지방산인 팔미트산(C_{16} : 0) 약 26~29%, 스테아르산(C_{18} : 0) 9~10%, 미리스트산(C_{14} : 0) 약 8~11% 등이 있다.

우유의 지방질은 브티르산(C_4 : 0), 카프로산(C_6 : 0), 카프릴산(C_8 : 0), 카프르산(C_{10} : 0) 등의 저급 휘발성 지방산을 대량(7~10%) 함유하며, 휘발성 지방산의 양을 표시하는 라이헤르트-마이슬값(Reichert-Meissl)이 21~36, 저급 지방산의 비율이 높을수록 높은 검화가는 218~235이며, 초산가는 16~24이다.

3) 유제품과 인지질

유기질 중의 인지질은 그 함량이 적으나(평균 0.028%), 인지질에는 친수기와 소수기가 있기 때문에 지방구의 표면 가까이에 분포하여 유화작용을 나타낸다. 또한 지방구 에멀젼의 안정화 역할을 하며, 구성 지방산이 C_{18} 이상으로 지방산이 많기 때문에 산화되기 쉽다. 지방산은 분유 등의 유제품에 산패취를 생성하는 원인이 되며 유가공 기술상 문제가 많은 성분이다.

(5) 생유의 당질

1) 유당(乳糖)

생유 중 당질의 주성분은 글루코오스와 갈락토오스에 의한 이당류(disaccharide)이다. 천연적으로는 우유 이외에 존재하지 않는 당으로 감미는 설탕의 40%이며, 우유 고형분 중의 함량은 4.5~5.0%로 높고 품질에 의한 변동은 적다.

유당을 구성하는 갈락토오스는 유아의 흉수 · 골격 · 근육 등의 발달에 영향을 주는 탄수화물로서 Ca^{2+}과 Ma^{2+}의 흡수작용도 한다. 락토오스(lactose)라고도 불리우는 유당은 α, β 두 종류가 있으며 온수에 녹는 α에 비하여 β는 젓산균의 작용으로 화합물을 형성한다.

유당은 pH · 온도 · 설탕 등 공존 물질에 의한 변화를 이용한 연유나 분유 등의 제조기술과 관계가 있다.

2) 우유의 구연산염

구연산(citric acid)은 우유의 산재 성분으로 약 0.15~0.20% 함유되어 있으며, 우유 중에는 Ca염과 Mg염으로 존재한다. 구연산 및 그 염은 유제품의 풍미 및 방향성 화합물의 전구물질로 알려져 있다.

(6) 우유의 무기질 성분

우유의 주요 무기질 성분으로는 Ca, P, K, Na, Mg, S, Cl 등이 있다. 그 중에 Na와 K 및 Cl은 대개 완전한 이온상태로 존재하며, Ca와 Mg는 구연산염이나 인산염의 형태인데 콜로이드(colloid)상으로 되어 있다.

(7) 우유의 비타민

1) 우유의 지용성 비타민

우유 중의 비타민 A는 전부 팔미트산 에스테르(ester)의 유형을 취하여 100°C의 가열로도 파괴되지 않지만 직사광선에는 파괴된다. 프로비타민 A의 카로티노이드 색소는 주로 α- 및 β-카로틴이다.

홀스타인종 우유에는 레티놀(retinol)과 카로티노이드의 비율이 거의 같은 양이며, 저지종 우유에는 카로티노이드가 거의 2배량에 달한다. 생유의 색은 황색미가 강하여 우유 중의 카로틴은 야채와 과실류의 3배(0.6mg=1IU) 정도이다.

우유의 비타민 D 함량은 2~3IU/100mL이며, 비타민 D_2(ergocalciferol) 및 비타민 D_3(cholecalciferol)가 함유되어 있지만 요구량에 미치지 못하므로 유아에게는 인공영양으로 모자라는 영양의 보급이 필요하다.

그 밖에 지용성 비타민으로는 비타민 E 및 K와 필수지방산 비타민 F 등이 있다.

2) 우유의 수용성 비타민

우유 중의 수용성 비타민은 B군과 C군으로 구별할 수가 있다. 비타민 B_1(thiamine)이 20~30mg/100mL 수준으로 함유되어 있고, 유리형 · 인산 결합형 · 단백질 결합형이 50~70% · 18~45% · 5~17%의 비율로 함유되어 있는데, 오래된 우유일수록 유리형이 증가한다. 저온살균으로 비타민 B_1의 5.5~25%가, UHT살균에서는 4~8% 정도 파괴된다.

유청이 황록색을 나타내는 것은 비타민 B_2(riboflavin)에 의한 것인데 우유 중에는 150mg/200mL 정도 존재하며, 열에 안전하지만 직사광선과 가열처리에 의해 50% 이상이 파괴된다.

그 밖에 비타민 B군으로는 비타민 B_6, 니아신, 판토텐산, 비오틴, 비타민 B_{12}, B_{13}(오로틴산)이 있다.

(8) 우유의 물리적 성상

1) pH와 산도

신선한 생유의 pH는 6.6 정도로 약산성이며, 페놀프탈레인(phenolphtalein)을 지시약으로 하여 1/10N NaOH로 적정하면 산도 0.15～0.16%(유산환산)가 된다.

세균이 증식하면 산도가 높아지므로 산도로서 선도를 판정한다.

2) 비중과 점도

보통 우유는 15°C의 비중 1.029～1.034(평균 1.032)으로 무지고형분이 증가하면 비중치도 올라가고, 유지율이 증가하면 저하한다. 우유의 점조성과 교질성은 우유를 취급하는 용기와 기구의 세척을 어렵게 한다.

3) 크림의 유상

우유를 정치하면 지방구는 올라가며 지방이 풍부한 크림층인 상층과 지방이 적은 하층으로 분리된다. 이와 같은 현상을 **크림**(cream)이라고 하며, 저지종과 같이 대형 지방구는 이 현상이 빠르고, 우유를 가온해도 역시 빨라진다.

4) 우유의 가열에 의한 변화

① Ramsden 현상 : 우유를 40°C 이상으로 가열하면 액표면에 피막(ramsden)을 형성한다. 고형물의 70% 이상이 지방을 함유하고 있으며, 단백질은 20～25%로 락토알부민이 많다.

② 유석(乳石) : 우유를 적온가열하거나 자비하면 접촉하는 금속면(예를 들면 고온순간살균기의 플레트)에 무기성분(Ca, Mg, P 등), 유단백질 등과 고착 불용화하는 것이 있다.

③ 유단백질의 가열변성 : 카세인은 열안정성이 있으며, 유청단백질의 β-락토글로불린과 면역 글로불린이 변성되기 쉬워지고 60°C에서 변성이 시작한다. 90°C에서 30분 또는 100°C에서 10분 정도에서 모든 유형 단백질이 응고한다.

5) 가열 우유의 갈변반응

우유를 100°C 이상에서 가열할 때 쉽게 일어나며, pH의 상승에 의해 촉진된다. 아미노기(주로 카세인)와 카르보닐기를 가진 당(유당)과의 사이에서 일어나는 메일라드 반응(Maillard reaction)으로 갈색물질이 생긴다.

2. 우유의 이용

(1) 우유 및 유제품의 종류

우유는 여과 → 균질화 → 살균 → 냉각 등의 처리과정을 거쳐 사용된다.

- 액상유제품
  - 액상유 — 시유, 유음료
  - 크 림 — 발효크림, 비발효크림
  - 발효유 — 요구르트, 각종 산유
  - 연 유 — 가당연유, 무당연유
  - 기 타 — 탈지유, 호에, 버터 밀크 등
- 비액상유제품
  - 고형 유제품
    - 버 터 — 발효버터, 비발효버터
    - 아이스크림 – 가염아이스크림, 무염아이스크림
    - 치 즈 — 자연치즈, 가공치즈
  - 분말 유제품
    - 분 유 — 전분유, 탈지분유, 조제분유 등
    - 카세인
    - 유 당
    - 기 타 — 분말크림 등

그림 9-7 우유 · 유제품의 종류와 분류

(2) 인공유와 우유

우유를 인공유로서 사용하는 것으로 2/3 희석유(우유 2 : 미온탕 1)가 있으나 양자의 항성의 차를 비교하면 단백질은 2%에 조절되는데, 희석유는 인공유에 비해 다음과 같은 특성이 있다.

① 지질이 훨씬 적다.

② 유당이 훨씬 적다.

③ 회분은 많다.
④ 무기질에는 칼슘과 인이 훨씬 많으며 철은 적다.
⑤ 비타민류 중에서 비타민 B_2가 많은 것은 필수지방산(비타민 F)을 함유하여 인공유보다 적다.
⑥ 단백질에는 카세인태에 대한 알부민태를 비롯하여 글로불린태 등이 비카세인태 단백질의 비율보다 훨씬 낮다.

또 장내 세균총에는 차이가 있으며, 비브리오균은 모유를 먹는 아기에게도 영향을 줄 뿐만 아니라 모유 중의 특수발육인자(비브리오 인자, N-아세틸글루코사민이나 리조팀 등)를 볼 수 있다. 조제분유(유아용 분유)에는 유청단백질을 첨가하여 단백질 성분을 모유에 가깝게 하거나 비브리오 인자를 첨가하여 제품으로 만든다.

(3) 유당 불내증(乳糖不耐症)

유당은 락타아제(lactase)에 의하여 단당으로 분해되어 이용되며, 건강한 유아는 소장점막에 락타아제가 분포되어 있어서 정상적으로 분해와 흡수가 일어나지만 이유 후 소화관의 락타아제 활성이 저하되거나 손실되는 경우(이와 같이 퇴화가 일어나지 않는 사람도 있지만), 장관을 자극하여 우유설사증 또는 유당 불내증이 일어난다.

유당 불내증의 발생빈도는 사람마다 차이가 있지만 한국인은 발생빈도가 높은 편이다. 이것은 산업 식품 중에서 우유의 소비가 가장 많기 때문이라고 생각된다. 유산균은 이 효소계를 풍부하게 지니고 있으므로 요구르트와 같은 발효유의 이용은 좋은 방법이며, 유당의 효소분해처리를 실시하는 음용유도 개발되었다.

(4) 우유, 가공유 및 환원유

우유와 생유를 그대로 고온살균 등의 처리를 행한 것을 말하는데, 탈지분유 · 농축유 · 버터 · 크림 · 무지농축유 등이 있으며, 생유에 이들을 혼합해서 성분규격에 맞도록 조정하여 음용유와 가공유를 만들기도 한다.

탈지분유와 버터 및 무수유지방 등에 물을 가하여 우유와 같은 성분이 되도록 혼합균질화한 것을 환원유라고 하는데, 이때 유지 이외의 다른 지방 등을 사용하는 것을 인정하지 않는다.

(5) 우유 및 유제품의 성분규격 등에 관한 규정

1) 우유의 제조 보존방법의 기준(成分規格)

무지고형분 8.0% 이상, 유지방분 3.0% 이상, 비중 1.028∼1.034, 산도 0.18% 이하(반드시 저지종의 유 0.20% 이하), 세균수(표준평판법 1mL당) 50,000 이하, 대장균군 음성이어야 한다.

2) 제조법의 기준과 보존법의 기준

62∼65°C에서 30분 동안 가열하거나 이와 동등 이상의 살균효과를 갖는 방법으로 가열 살균한다. 살균 후에는 반드시 10°C 이하로 냉각해서 변색되지 않은 상태로 보존하도록 한다. 실제로는 130∼150°C, 4∼5초 처리한 초고온살균법(UHT, Ultra High Temperature)이 일반적으로 활용되는 살균법이다. 그러나 중저온 세균 오염의 가능성이 많은 우유에서 10°C 이하로는 불충분하며 2°C 이하의 보존이 바람직하다.

9-3 난 류(卵類)

달걀은 한국인에게 단백질의 6.3%, 지질의 8.1%, 철의 7.7%, 비타민 A의 18.3%, 비타민 B_2의 11.4%를 공급하며, 국민 1인당 1일 소비량은 약 41g이다.

달걀의 단백질은 아미노산 조성이 우수하며, 특히 시스틴(cystine), 메티오닌(methionine) 등의 함황아미노산의 공급원으로서 중요한 식품이다.

단백질의 영양가를 표시하는 화학가(chemical score), 단백가, FAO(2008)에 의한 필수아미노산 필요량의 기준구성과 각종 식품의 아미노산 조성을 비교한 아미노산가에도 달걀의 단백질은 최고치를 나타내고 있다.

성인병 예방 차원에서 난황지질(卵黃脂質) 중의 콜레스테롤(1개당 약 200mg)을 무시할 수 없을 정도이지만 건강한 성인이 매일 1∼2개의 달걀을 섭취해도 콜레스테롤의 혈중농도에는 영향이 없다는 사실이 밝혀졌다. 또한 영양가가 높고 보존성이 좋으며 에너지나 영양소당 가격도 동물 식품 중 가장 낮은 그룹에 속하고 있다.

1. 달걀의 성상과 구성성분

(1) 달걀의 구조

달걀의 구조는 난각부(卵殼部, egg shell)와 난백부(卵白部, egg white) 및 난황부(卵黃部, yolk)로 나눌 수 있으며, 그림 9-8과 같이 난각부는 난각과 안팎 2매의 난각막(shell membrane)으로 되어 있다.

난백에는 gel상의 농후난백(thick albumin)과 점도가 낮은 수양난백(thin albumin)이 있으며, 농후난백을 둘러싼 외수양난백(outer thin albumin)과 내수양난백(inner thin albumin)이 있다. 칼라자(chalaza, 卵索)는 난백의 변성물이다.

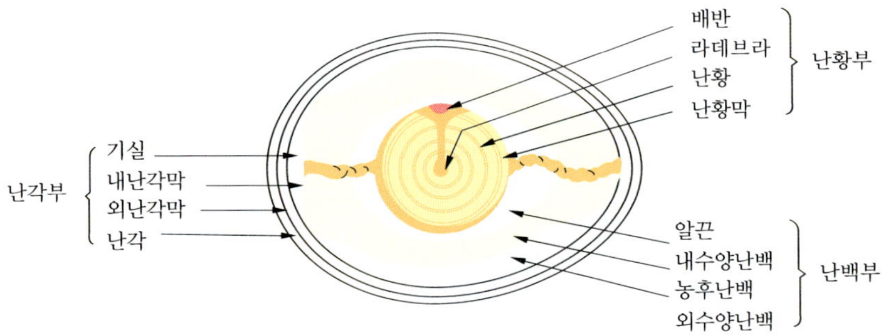

그림 9-8 달걀의 구조

난황은 탄력이 있는 난황막(vitelline membrane)에 포함된 과립상의 구성성분이며 중심부에는 라테브라(latebra)라고 불리는 조직과 윗부분(달걀의 동물극부)에 배반(胚盤, germinal disk)이 있다.

달걀 각 부의 중량비는 난각부(卵殼部) 9~12%, 난백부(卵白部) 57~63%, 난황부(卵黃部) 28~31% 정도이다.

(2) 달걀의 성분 조성

달걀에는 단백질과 지질이 각각 12.0~12.5%, 회분 1%, 당질은 무시해도 좋을 정도로 미량이 있다. 나머지는 수분 75% 정도로 구성되어 있는데, 일반적으로 단순히 닭의 품종에 따라 또는 사육조건 등에 의해서 조성의 변동이 있다.

리포단백질의 성분으로 이루어진 난황은 비타민 A 성분의 급원이며 콜레스롤 함량이 높은 편이다. 알의 중심에 위치하는 난백은 실처럼 가는 조직으로 이루어진 것으로 알칼리에 응고되는 성향을 지니고 있다. 호흡과 수분의 조절을 담당하는 난막은 알을 보호하는 기능을 담당하며 탄산칼슘이 주성분을 이루고 있다.

(3) 달걀껍질의 구조와 화학 성분

달걀껍질의 맨바깥에는 단백질의 큐티클층(Cuticle, 두께 약 270 ~ 350㎛)이 있으며, 그 안쪽 난각층은 95% 이상의 탄산칼슘으로 된 무기염이 유기물 해면상의 껍질막에 붙어 있다. 바깥쪽의 해면상층과 유두절, 유두핵으로 된 안쪽에 유두층이 있으며, 바로 이것들이 기실(氣室, air cell)로 구성되어 있다.

난각막 및 달걀껍질(난각)에는 프로토포르피린(protoporphyrin)이 함유되어 있는데 갈색 달걀이 그 양은 많다. 난각막은 단백질 섬유질로 된 안팎 두겹의 막(두께 양층은 70㎛ 정도)으로 되어 있으며, 둔서부로 나뉘어져서 기실을 형성한다. 기실은 어미닭 체내에서는 없었던 것이 산란 후 내각의 냉각수축에 따라 외부로부터 공기가 들어가서 형성된 것으로 저장 중에는 확대된다.

(4) 달걀흰자(卵白)의 단백질

흰자는 약 10%의 단백질과 수분, 그리고 미량의 당질과 회분으로 구성되어 있다. 주요 난백단백질의 종류, 구성비, 생물학적 활성 등은 표 9-3과 같다.

Conalbumin, lysozyme, ovomucoid 및 avidin의 생물학적 활성은 부패방지 작용을 하고 있으며, 달걀의 보존성을 높이는 역할을 한다.

농후한 난백과 수양난백의 물성이 다른 것은 농후난백(濃厚卵白)보다 많이 있을 뿐만 아니라 불용성 오보뮤신(ovomucin)의 존재와 질적인 것이 다르며, 오보뮤신의 양과 질에 대해 상세한 내용은 밝혀지지 않았다.

(5) 달걀노른자의 단백질과 지질

달걀노른자는 약 15%의 단백질과 30%의 지질을 함유하고 있으며, 수분은 51%로 낮다. 달걀의 미량 영양소는 비타민 B_2를 제외한 대부분이 노른자에 함유되어 있다. 난황단백질과 지질의 종류, 구성비는 표 9-4와 같다.

난황에는 백색노른자와 황색노른자의 조직학적으로 구별되는 과립이 있으며, 라테브라(latebra) 난황은 백색노른자이다. 난황단백질의 분류는 전황희석액을 원심분리기로 처리하면 프라스마(상징)와 그래뉼(침전)로 나뉘는 효과적인 분류법이다. 지질 중의 인지질의 대부분은 리포단백질의 구성성분이다.

표 9-3 주요 난백단백질의 종류

종 별	구성비(%)	생물학적 활성
단순단백질		
ovoalbumin	54.0	Fe, Cu, Mn, Zn과 결합되어 세균의 발육 저지
conalbumin	12.0	
lysozyme(G_1)	3.4	용균성(어떤 종의 그람양성균에 대하여)
ovoglobulin(G_2)	4.0	
ovoglobulin(G_3)	4.0	
당단백질		비타민 B_2가 함유
ovomucoid	11.0	트립신 저해활성
ovomucin	3.5	적혈구 응집반응 저지
avidin	0.5	비오틴과 결합

(6) 난황막(卵黃膜)과 Chalaza

노른자를 포함한 반투명의 탄력성이 있는 막으로 안팎이 두 겹 또는 세 겹의 선유상 구조를 하고 있으며, 칼라자(chalaza, 卵索)는 gel상 점액 물질로 난황막 바깥쪽에 접합하고 있다. 칼라자는 흰자의 변성물이며, 노른자가 난관 내를 하강할 때 선회되는 것으로 알려져 있다.

표 9-4 주요 난황단백질, 지질의 종류

종 별	구성비(%)	성 상
난황단백질		
저밀도 리포단백질(LDL) (lipovitellenin)	65.0	지질함량 80~89%, 비중 0.89, 프라스민 존재
고밀도 리포단백질(HDL)	16.0	지질함량 약 22%, 포스비틴과 결합한 과립상
livetin(수용성 단백질)	10.0	LDL와 같이 플라스마에 존재
phosvitin(인단백질)	4.0	HDL과 결합하여 과립에 존재, 인함량 10%
기타	5.0	
난황지질		비타민 A와 D의 함유량이 풍부
triglyceride	65	식물 혹은 동물, 미생물 등에도 분포하는 것으로 3분자로 구성
인지질	30	신경전달을 담당하는 것으로 세포막과 미토콘드리아의 주성분
콜레스테롤	4	뇌와 신경계에 주로 분포하며 막을 구성하는 성분
carotenoid, 비타민	0	황색, 홍색의 색을 띤 것으로 동식물에 분포하는 성분 산체의 물질대사를 조절하는 것으로 칼슘과 영양분이 풍부 비타민 A와 비타민 D가 다량 함유)

(7) 노른자의 색소

노른자(卵黄)의 등황색은 사료로부터 이행한 카로티노이드(carotenoid)계의 색소로 크산토필(xanthophyll), 루테인(lutein), 제아크산틴(zeaxanthin), 크립토크산틴(cryptoxanthin), 카로텐(carotene) 등이 있다. 이 중에 비타민 A의 효과를 가진 것은 카로틴과 크립토크산틴뿐이다.

난황의 색은 노른자 중의 크산토필 농도와 높은 상관관계가 있다는 것이 알려져 있다. 또한 착색 효과를 나타내는 사료에는 황색에 속하는 옥수수 같은 것이 있으며, 배합사료에는 유래하지 않는 인공착색제가 사용되는 것이 많고, 비타민 A 효과와 착색도는 직접 관계가 없다고 본다.

(8) 달걀의 저장 중의 변화

달걀은 습도와 온도에 따라 신선도가 달라질 수 있으므로 일반적으로 달걀은 5°C일 때, 적절한 상태를 유지하며 습도가 80%로 미생물의 영향을 받지 않도록 저온에서 보관하는 것이 가장 바람직하다.

달걀의 저장 중의 변화상태를 살펴보면 다음과 같다.

① **중량 감소(수분 증산)와 기실(氣室)의 확대** : 달걀 내부에 존재하는 수분이 대기로 이동하며, 내용물이 점차 증발하게 되어 빈 공간에 점차 늘어나게 된다.

② **내재한 CO_2 gas와 흰자의 pH 상승** : 신선한 달걀흰자에는 CO_2 가스가 함유되지 않아야 하며, pH 7.1 정도라야 한다. 저장 중에 CO_2로 인해 최종적으로 pH 9.5~9.7에 도달한다.

③ **농후난백(濃厚卵白)의 수양화(水様化)** : 신선한 흰자의 60%가 농후난백이며 급격하게 감소하여 최종적으로는 0이 된다. 오보뮤신의 강목 구조의 변화, 즉 gel 구조가 파괴되기 때문이다.

④ **난황막(卵黄膜)의 탈약화(脫弱化)** : 저장 중 흰자의 수분이 삼투현상에 의해 농도가 높은 노른자 쪽으로 이동하여 노른자의 크기가 커지고, 노른자를 둘러싸고 있는 비텔린(vitellin) 막도 시간이 경과함에 따라 약화되어 오래된 달걀의 노른자는 쉽게 터진다.

2. 달걀의 이용

(1) 흰자의 포립성(泡立性)

흰자의 기포(起泡, 거품)는 제약이나 제빵 재료로 사용하는 중요한 성질로 기포력은 기포한 거품의 안정성으로 알 수 있다. 그런데 난백성 단백질 중에 오보글로불린과 콘알부민의 기포력이 강한 반면 오보뮤코이드와 리소자임의 기포력은 약하다.

일반적으로 노른자의 혼입, 신선도의 저하, 저온 살균처리(액의 살균처리의 경우이며, 60°C에서 3～5분)는 거품이 발생하는 성질을 저하시킨다.

(2) 노른자의 유화성(乳化性)

노른자에는 강한 유화력이 있는데, 마요네즈가 이것을 이용한 식품이며 노른자를 사용한 케이크류의 품질에도 큰 영향을 끼친다.

난황의 유화성은

① 동결에 의해 gel화한 유화성이 저하될 수 있다.

② 건동(분말난황)하여도 유화성이 저하되지만, 저온살균(60°C 3～5분)에는 영향이 없다.

③ 저장에 의한 신선도 저하 및 강압에 의한 호모게나이저(homogeniger) 등에 의해서 저하된다.

④ pH의 저하는 유화성을 나쁘게 하지만 초산의 첨가에 의한 마요네즈 제조에는 pH 4.0 이상이면 큰 영향이 없다(초산을 첨가하여도 장기간 보관하거나 급냉온도에 둘 때에는 균이 침범할 수 있음).

⑤ 달걀은 친수성과 친유성을 동시에 지녔으며 설탕, 소금, 겨자 등은 달걀의 유화성을 형성하는 데 도움을 준다.

(3) 삶은 달걀과 반숙 달걀 및 온천 달걀

흰자는 62°C, 노른자는 65°C를 전후로 하여 응고가 시작되며, 흰자의 실제 응고에는 80°C 이상의 온도가 필요하다. 끓는 물에서 삶은 달걀이 되는 시간은 12분 전후인데, 이 시간을 반으로 줄이면 반숙 달걀이 된다.

65～67°C를 전후하여 장시간 처리하면 노른자가 익으며, 흰자가 gel화된 상태가 온천 달걀이다. 이것은 노른자의 수분함량이 흰자에 비해 약 50% 적으며 단단해지기 쉽기 때문이다.

(4) 삶은 달걀과 껍질의 분리

삶은 달걀껍질에 흰자가 붙어서 떨어지지 않을 경우가 있다. 이 현상은 대개 신선도가 높은 달걀일수록 일어나기 쉬운 경향이 있으며, 흰자의 pH가 낮은 것이 원인이다.

대책으로는 인위적으로 흰자의 pH를 올리거나 희석된 암모니아수를 사용하는 방법이 있다. 암모니아 가스를 충만하게 한 밀폐용기에 껍질이 붙은 달걀을 10~20분 방치하면 껍질부위 경계 부근의 pH를 높여서 처리할 수가 있으며, 삶은 달걀에는 대개 신선도가 낮은 것을 사용하도록 한다. 또 삶은 직후 얼음물에서 급냉하여 다시 끓는 물에 10초 정도 넣어 가열하는 방법이나 소금물에서 삶는 방법 등이 있다.

(5) 달걀의 품질감정

1) 외관검사

상자포장한 달걀은 등급 · 크기 · 수량이 표시된 적합도, 오염란, 박피란, 파란의 유무, 크기 등을 검사한다. 크기에 관한 농림축산식품부의 취인규격은 SS 39~45g, S~51g, MS~57g, M~63g, L~69g, LL~75g 등이 있다.

2) 투광검사

공기 주머니는 4mm 이내이어야 하며, 부패 전의 검출, 흰자가 수양화(水樣化)되면 노른자가 명료하게 투시된다.

3) 할란검사

농후난백의 수양화〔농후난백의 높이와 넓이를 표시하는 난백계수(Albumin Index)는, 신선란에서 0.14~0.17, 호우 유니트(호우 단위, Haugh unit)에서 80, 90〕, 난황막의 취약화〔난황높이의 직경으로 측정치를 난황계수(Yolk Index)로 취약화를 수치화할 수 있다. 신선란은 0.44~0.36이며, 오래되면 적어진다〕, 신선도 외에도 이상란의 검출, 난황의 색 등을 평가하며 할란(割卵)에 의한 총 평가에는 미국에서 채택한 견본 사진을 비교 평가하는 차트 방식이 실제적이다.

(6) 달걀의 가공

달걀의 1차 가공품은 저장(냉동) · 수송에 편리하기 때문에 증가하는 경향이 있다. 달걀 제품으로는 달걀가루, 훈제란, 피단, 마요네즈 등 가공부재료로서 이용되는 것이 많다.

축산 식품 Question

1. 근육섬유를 형성하는 주된 단백질은?

▶▶ 정답 : myosin

2. 식육의 근육 속에 가장 많이 함유하는 탄수화물은?

▶▶ 정답 : glycogen

3. 사후경직과 관계 있는 사항을 설명하시오.

▶▶ 정답 : 알칼리성으로 변함

4. 난황에 들어 있고, 기름의 유화제 역할을 하는 성분은?

▶▶ 정답 : lecithin

5. Actomyosin과 관계 있는 것은?

▶▶ 정답 : 근육섬유의 수축

6. 근육조직 중 우리가 살코기라고 먹는 부분은 무슨 근육이라고 하는가?

▶▶ 정답 : 횡문근

7. 숙성한 고기의 맛을 돋우어 주는 물질은?

▶▶ 정답 : ATP

8. 우유에 대해 설명하시오.

▶ 정답 : • 유당이 모유에 비해 적다.
• 우유에는 casein이 주로 들어 있다.
• rennin에 의해 우유단백질이 응고할 때는 Ca^{+2}가 필요하다.
• 우유 내의 지방구와 casein 입자의 분산으로 광선의 반사현상을 일으켜 유백색으로 보이게 한다.

9. 신선한 난백 및 난황의 pH는?

▶ 정답 : 난백은 알칼리성, 난황은 산성이다.

10. 달걀이 세균의 침입을 막기 위한 껍질을 덮고 있는 물질은?

▶ 정답 : cuticle

11. 근육의 사후변화 중 pH에 대해 설명하시오.

▶ 정답 : • 사후 pH의 저하는 미생물의 번식을 억제하는 효과가 있어 고기 보존상 도움을 준다.
• 도체의 체온이 아직 높은 상태에서 pH가 급속히 떨어지면 육단백질의 변성이 많이 일어나 단백질의 용해도가 저하된다.
• 사후 pH가 높을 때에는 육색이 검어서 늙은 가축의 고기나 부패육으로 오해를 받기 쉬우므로 신선육으로서의 가치가 떨어진다.

12. 난류(卵類)에 대해 설명하시오.

▶ 정답 : • 식품 중 단백가, 생물가가 높으므로 영양가가 가장 높다.
• 난황에 lecithin이 존재함으로써 기름의 유화제 역할을 한다.

- 달걀에는 arginine, lysine이 많고, 오리알에는 histidine이 많다.
- 난백에는 P와 S 등이 존재하고, 난황에는 많은 P가 함유되어 있다.

13. 햄 제조에서 질산칼륨을 넣는 주된 이유는?

▶▶ 정답 : 육의 빛깔을 좋게 하기 위해

14. 유청(Whey)이 황록색을 띠는 것은 어느 비타민에 의한 것인가?

▶▶ 정답 : 비타민 B_2

15. 치즈(cheese) 제조 시 레닛(rennet)을 이용하는 목적은?

▶▶ 정답 : 유단백질의 응고

16. 생계란을 다량 섭취할 때 난백단백질 중 비오틴(biotin)과 결합하여 비타민을 불활성화하는 비타민 결핍증의 원인물질은?

▶▶ 정답 : 아비딘(avidin)

17. 계란이 오래되면 일어나는 현상은?

▶▶ 정답 : 점도가 감소한다.

Chapter 10

수산 식품

우리나라는 삼면이 바다로 둘러싸여 있어서 어패류뿐만 아니라 해조의 종류도 많고 풍부하여 단백질, 비타민, 무기질의 주요급원이 되고 있다. 수산식품의 범주에는 어패류와 해조류 및 젓갈류가 포함된다.

어패류는 전세계적으로 19,000여 종이 있으며, 그 중 200여 종이 식용으로 이용되고 있다. 어류, 패류, 갑각류 및 연체류 등으로 분류하며, 가장 많이 식용되고 있는 것은 어류의 근육 부분인 어육이다.

우리나라 연안에도 400여 종의 해조류가 서식하지만 그 중 50여 종만이 식용되고 있으며, 주로 갈조류(미역, 다시마, 톳 등), 녹조류(파래, 청각, 모자반 등) 및 홍조류(김, 우뭇가사리 등) 등이 식용되고 있다.

10-1 해수산 어류의 분류

1. 회유어류

(1) 원양 회유어

북태평양과 적도수역의 인도양 · 대서양 등의 해역을 회유하는 다랑어류, 새치다랑어류, 가다랭이류 등의 붉은살 어류와 상어나 가오리 등의 흰살어류 등이 있다.

(2) 근해 회유어

한국이나 일본의 근해에서 회유하고 있는 전갱이, 방어(전갱이류), 정어리, 꽁치 등 푸른등의 붉은살 어류는 가을부터 겨울까지 많이 잡힌다. 지질을 구성하는 지방 성분으로는 EPA(Eicosapentaenoic acid)가 비교적 많다.

2. 연안어류

육지에 가까운 수역에서 잡히는 생선으로는 도미, 농어, 전어 등의 흰살어류(도미과에는 참도미, 흑도미) 등이 있다.

3. 산란 회유어

① 산란하기 위해 바다에서 강으로 이동하는 어족 : 연어, 송어, 은어
② 산란하기 위하여 강에서 바다로 이동하는 어족 : 장어

4. 해저에 서식하는 어류

해저에 서식하는 어족으로는 장어, 가자미, 홍어, 대구, 넙치, 갯장어, 갈치 등의 백색육어가 있다.

냉동할 때에는 당류나 축합 인산염을 어육에 가하여 고기갈이한 후 냉동고기풀(frozen fish meat paste)을 만들어 냉동하기도 한다.

5. 담수어(淡水魚)

강이나 호수 등의 담수에 사는 어족으로 붕어, 잉어, 메기, 동자개, 가물치, 황어, 미꾸라지, 모래무치 등이 있다. 테라피아는 열대산의 담수어로 수온 25°C에서 양식하여 도미 대용으로 사용하고 있다.

6. 연체동물의 족류

이교패(二校貝, 대합, 바지락 등)와 권패(卷貝, 전복, 소라) 등이 있다.

7. 오징어, 문어류

연체동물의 두족류(頭足類, 머리가 몸체와 다리 사이에 있는 것)에 속한다. 오징어 몸체의 근섬유는 옆으로 길고 나란히 있으며, 문어의 근섬유는 방향성이 없다.

8. 새우, 게류

갑각류에 속하며, 새우의 껍데기는 얇고 평골 털이 없으며, 게의 껍데기는 두껍고 털이 있다. 또 갑각의 안껍질에 아스타크산틴(astaxanthin)이 단백질과 결합하기 때문에 가열하면 단백질과 아스타크산틴은 유리되는 즉시 산화하여 아스타신(astacene 또는 astacin)이 되므로 붉은색이 된다.

9. 그 밖에 해산물

그 밖에 해산물로는 절족동물(잡어), 강장동물(해파리), 극피동물(성게, 해삼), 원색동물(우렁이) 등도 식용되고 있다.

10-2 어류의 특징적 분류

Guide

• **EPA** : 고도의 불포화 지방산으로 혈액응고 억제, 뇌기능 활성화에 도움이 되어 학습능률향상에 효과적

• **DHA**(도코사헥사에노산) : 두뇌에 영향을 공급하여 우뇌세포 활성화, 혈관계 질환에 효능, 치매예방, 항염증 · 항암에 효능)

1. 등푸른 생선

지방질의 구성지방산으로서 EPA(eicosapentaenoic acid)와 DHA(docosahexaenoic acid) 등이 많다. 정어리, 전갱어류, 고등어, 방어 등이 대표적이다.

2. 생선의 생리활성물질

육색이 붉은 생선의 근육에는 미오글로빈(myoglobin)이나 시토크롬(cytochrome) 등의 생리활성을 높이는 색소가 많으며, 육색이 흰 생선의 근육에는 이와 같은 것이 적다.

시토크롬은 세포호흡 시 촉진물질로 동물, 식물을 비롯한 미생물에도 분포한다.

(1) 흰살 생선

수온이 낮고 비교적 깊은 바다에 서식하는 도미류, 조기류, 대구류, 가자미류, 넙치, 농어, 광어 등으로 활동량이 적은 것이 특징이며, 지방함량은 2% 정도.

(2) 적색 육어

바다표면 가까이에 서식하며 가다랭이, 새치다랑어류, 가다랑어류, 고등어, 방어, 꽁치, 정어리, 연어, 송어 등이 있다. 육질이 홍색을 띠는 이유는 카로티노이드(carotinoid)계의 색소 때문이다. 비교적 활동량이 많으며 지방함량은 5% 정도이다.

10-3 어개류의 구조와 성상 및 구성성분

1. 근육의 구조

(1) 어류(魚類)

어류의 근육은 아래뼈 양측에 1cm 정도의 짧은 근절이 중합되어 있고 비늘이 씌워져 껍질을 덮고 있다.(그림 10-1) 껍질은 색소 세포 등에 붙어 있는 색소나 점막에 의해서 각 어족에 따라 특유한 색을 나타내고 있다.

- 어류
  - 표 피
    - 표피 ┐ 비늘이 붙어 있음, 점액선 분포
    - 진피 ┘
    - 색소 세포(색소가 붙어 있음)
  - 피하지방(피하조직)
  - 근섬유(근육)

그림 10-1 생선(魚)의 구조

(2) 오징어

오징어는 몸체 끝에 움직이는 근육과 근육을 덮은 껍질 부분으로 되어 있다.

- 표측
  - 표 피
    - 표피
    - 색소층
    - 진피(콜라겐)
  - 근섬유(결합조직 혼재, 평활근)
- 배측
  - 내근주막(결합 조직)

그림 10-2 오징어의 구조

2. 혈합육(血合肉, Dark Meat)과 어육

어육에는 담색의 보통육과 암적갈색의 혈합육(血合肉)이 존재한다. 보통육에 대한 혈합육의 비율은 어종에 따라 다르며, 같은 개체에서는 꼬리에 가까울수록 그 비율이 많다.

혈합육의 성분비율을 예를 들면 정어리(31) · 꽁치(23) · 고등어(18) · 방어(17) · 참돔 · 대구 등의 백색육어는 혈합육이 적으며, 몸체 겉부분에 포함되어 있는 고등어나 가다랭이 등의 적색육어는 혈합육이 많고, 표층부의 근육뿐만 아니라 안에도 존재하고 있다.

혈합육은 보통육에 비하여 수분과 질소량은 적으나 지질 · 색소 · 결합조직이 많이 함유되어 있다. 특히 미오글로빈(myoglobin)이나 시토크롬(cytochrome)과 같은 생리활성물질이 많이 함유되어 있다.

3. 백색근과 적색근

(1) 적색근

근섬유는 아주 가늘지만 근섬유 내에는 근원섬유에 비해서 근형질의 양이 많다. 미오글로빈이나 시토크롬 등의 생리활성 효과가 높은 색소를 함유하고 있다.

장거리를 이동할 때, 사용되는 근육으로 신체의 움직임을 통해 발달하는 특징이 있다.

(2) 백색근

적색근과 반대의 성질을 가진 백색근은 글리코겐을 다량으로 함유한 것으로 신체의 수축활동에 관여하여 당을 보유하고 있다. 단기간의 빠른 수축활동을 할 수 있지만 적색근에 비해 피로가 쉽게 온다는 특성을 지닌다.

4. 백색육어와 적색육어

적색육 어류는 백색육 어류보다 근원섬유 단백질과 근형질 단백질을 많이 함유하고 있으며, 지질 함량도 적육어가 백육어보다 많다. 추출물 성분의 비단백태질소(histidine 등)는 적육어 쪽이 백육어보다 많다.

적색육어의 육즙에는 미오겐(myogen)계의 단백질이 많이 함유되어 있어서 삶으면 굳어져 단단해지고 가다랭이절(節)들을 만들기 쉽다.

또 히스티딘(histidine)도 많아서 히스타민(histamine)을 생성하기 쉬운 데 비하여 백색육어의 근육은 수축이 빠르므로 흐트러질 우려가 있고 미오겐이 적으므로 끓으면 흐트러져서 엉기는 모양이 되기 쉽다.

5. 신선도

(1) 선도 판정

세균학적 검사에서 일반 세균수(초기 부패 10^5～10^6/g, 부패 10^7/g 이상), 대장균은 음성이어야 한다.

화학적 측정값을 구체적으로 살펴보면 다음과 같다.

① pH : 일반적으로 적색육 어류는 6.2～6.4, 백색육 어류는 6.7～6.8이 되었을 때를 초기 부패점이라고 본다. 그러나 어종 및 어체 부위에 따라 pH값의 차이가 있다.

② 휘발성 염기질소(VBN)의 측정(VBN) : 25mg%까지는 신선도가 좋은 것이며, 30～40mg%는 초기 부패, 50mg% 이상은 부패라고 할 수 있다.

③ 핵산관련물질(ATP 및 그 분해물)의 측정 : K치의 측정

$$\text{K치} = \frac{\text{HxR} + \text{Hx}}{\text{ATP} + \text{ADP} + \text{AMP} + \text{IMP} + \text{HxP} + \text{HxR} + \text{Hx}} \times 100$$

Saito 등은 다음과 같은 K값을 선도판정 지표로 제안하고 있다.

$$\text{K치} = \frac{\text{B}}{\text{A}} \times 100$$

A : 어육의 과염소산 추출액의 250 nm의 흡광도

B : 어육의 과염소산 추출액을 음이온 교환수지 칼럼에 통과시켜 nucleotide를 제거한 후의 250nm에서의 흡광도

K치 : 10%까지가 횟감용, 40% 이하를 초밥용으로 사용

(2) 신선도 저하와 성분 변화

어육의 신선도가 저하되면 휘발성 염기질소(VBN)가 증가한다. 신선한 어육에

는 5～10mg%가 존재하는데 세균이 번식하여 아미노산, 그 밖에 함질소화합물의 분해가 진행되면 VBN이 급격히 증가해서 부패기에는 50mg% 이상이 된다.

트리메틸아민(TMA, Trimethylamine, 비린내 물질 성분)은 살아있는 생선에 존재하지 않으며 자기 소화에 의해서 생성되지 않는다.

세균의 번식에 의해서 어육 중의 트리메틸아민옥시드(TMAO, Trimethyl amine oxide, 신선한 생선 냄새 성분)가 환원되어 TMA가 된다. 초기 부패의 한도는 5mg% 정도이다.

① ATP와 K치 : 물고기가 살아있을 때는 ATP를 많이 가지고 있으나 사후에는 효소에 의해서 분해되어 급속히 감소하며, ATP → ADP → AMP → IMP → HxP → Hx + R과 같이 변화한다. 후기 생성물의 HxR(이노신, inosine)과 Hx(히포크산틴, Hypoxanthine)이 증가하므로 K치를 어체 내 ATP 관련 물질의 총화에 대하여 HxR와 Hx의 화의 백분율을 표시한다.

② 자기 소화(自己消化) : 사후경직기가 넘으면 근육은 차츰 유연성이 증가한다. 이 변화는 미생물의 작용을 배제하여 근육을 무균상태로 보존해도 근육조직에 존재하는 효소(protease나 cathepsin 등)에 의해서 근육 단백질이 변화하여 아미노산이나 펩티드 등의 질소화합물을 생성하게 된다.

6. 폐기율(廢棄率)

어패류의 폐기율은 어종이나 어체의 크기에 따라서 다르다. 다랑어류와 같은 대형어는 토막을 내어 시판하고 있으므로 식품표준성분표에서는 폐기율이 0%로 되어 있다. 폐기율(mortality rate)은 식품으로 섭취가능한 부분외 남은 부분의 처리를 의미하는 것으로 주요 어패류의 폐기율은 다음과 같다.

① 대구 60%, 가자미 45%, 고등어, 정어리, 꽁치 등 등푸른 생선 35～45%, 조리거나, 끓이거나, 갈고 둥글게 뭉쳐서 어묵식으로 조리한다면 0%, 정어리의 가공품(어묵처럼 만든 것 혹은 말린 정어리) 20%, 절인 것 40%, 소금절임은 25～30%, 기타 일반어류는 45% 정도의 폐기율을 지닌다.

② 오징어와 문어는 20～25%, 게는 66～70%, 새우는 50～60%, 전복, 갱조개, 소라, 대합 등은 60%, 80%, 85%, 70% 등으로 나눌 수 있다.

7. 구성성분

(1) 수분

일반어류의 수분함량은 65~75%이며, 지질함량과 수분함량의 빈도는 동일하지 않다. 건제품은 특히 수분함량이 적어 보통의 정어리의 수분함량이 65%라면, 생간한 정어리는 60%, 조린 것은 55%의 수분을 포함하고 있다. 염장품 역시 미량의 수분을 포함하고 있어 일반 연어는 수분함유량이 70%, 조린 것은 65%, 염장 연어의 경우에는 61% 정도의 수분을 포함하고 있다.

대구와 아귀는 수분이 80% 정도로 많은 편으로 게류 75~80%, 새우류 75~80%, 조개류 75~85%, 문어류 85%, 해삼 91% 등으로 나누어 볼 수 있다.

어개류의 신선도에 따라 근육 중 물의 자유수가 변화한다. 경직률은 고분자 물질과의 결합수로 존재하고 있는 것이 많으며, 근육이 수축하면 결합수의 약 20%는 자유수가 된다.

염장이나 건조에 의한 탈수조작은 단백질 분자의 고차 구조를 유지하고 있는 소수결합을 파괴하거나, 분자 내 수소결합을 손상하여 단백질 변성에 관여하고 있다. 가열조작한 단백질이 열변성을 일으키기 때문에 단백질에 포함되었던 물분자는 자유로워진다.

(2) 단백질과 아미노산

어육 중의 단백질 함량은 약 20%, 연체동물이나 갑각류는 10%이다. 구성 아미노산은 메티오닌과 트립토판이 약간 부족하지만 단백가는 85 정도로 육류와 거의 같은 수준을 나타낸다.

어개류의 단백질은 자기 소화되지 않는 펩티드 · 저분자 펩티드 · 유리 아미노산 등도 변화시켜서 즉시 부패하지 않으며, 이들 질소화합물은 아민류나 암모니아로 변화한다.

1) 보존 중의 단백질의 변성

다음과 같은 과정에서 단백질의 변성이 일어난다.

① 효소계의 작용에 의한 해당작용 등의 생화학적 변화
② 근육의 사후경직
③ 자기 소화에 의한 연화

④ 세균의 번식에 의한 신선도 저하

⑤ 부패

2) 사후경직

사후근육의 탄성률과 신장의 변화는 ATP가 ATPase에 의해 분해되어 경직이 일어나기 때문이다. ATP가 존재하면 액틴과 미오신으로 해리되며, ATP가 감소하면 액토미오신(actomyosin)이 생성되어 경직이 일어난다.

3) 냉동 저장과 단백질의 변성

냉동 생선을 장시간 저장하면 수용성 단백질의 변화는 알 수가 없으나 액토미오신 등의 구조는 불용성 모양이 된다. 냉동 변성의 직접적인 원인은 단백질의 수화수의 동향이다. 또 미오신과 같이 섬유상 분자나 분자량의 크기에 따라 단백질은 동결에 의해 비교적 현저하게 변성된다.

4) 어육단백질의 가열에 의한 변성

어육단백질의 미오신(섬유상)과 미오겐(구상)은 가열에 의해서 응고 · 수축된다. 한편 콜라겐은 가열에 의한 응고 · 수축은 되지만 젤라틴화가 일어난다. 오징어 근육의 수축은 오징어 껍질에 포함되어 있는 콜라겐이 가열에 의해 체축의 방향으로 이동하는 열수축과 관련되어 있다.

소라의 육은 족육(足肉, 적색)과 백적육(白赤肉, 내장에 가까운 육) 등이 있다. 백적육은 근섬유 단백질이 주체가 되기 때문에 가열하면 단단해진다. 적색육은 콜라겐(collagen)이 주체이므로 생식하면 꼬들꼬들하지만 가열하면 젤라틴화되어 연해진다.

5) 어묵과 단백질 변성

어육 중의 액토미오신 등의 섬유상 단백질은 소량의 소금과 같이 갈면 호상이 되며, 가열할 때 단백질의 분자 간에 가교가 되어 망상구조가 된다. 이때 탄력성이 생긴다. 이것을 가열하여 가공 · 생성한 것이 어묵이다.

6) 단백질과 소금

근섬유는 반투막으로 수분을 많이 함유한 단백질의 집합체이므로 소금에 절이면 삼투압의 차가 생겨서 소금이 어육 중에 들어가게 된다. 1%의 소금에는 투명하고 점도가 낮은 액이 침출되는데, 이것이 근원질 단백질의 미오신(myosin)을 함유하고 있다.

소금의 농도가 높아짐에 따라서 침출액의 점도도 높아지며, 불용성의 근원섬유 단백질의 액틴과 미오신이 용출되어 액토미오신을 형성한다. 15% 이상의 식염농도가 되면 단백질을 안정시키고 있는 수화수(水和水)가 소금의 영향으로 응집하게 되며, 침출액은 감소하여 염석(鹽析) 현상을 일으킨다.

7) 단백질과 pH

어육에 식초를 사용하여 pH를 저하시키면 어육의 성상이 달라진다. 팽윤성이 최저인 pH, 즉 근육의 수화성이 제일 낮은 pH는 전갱이이며, 잉어의 육은 pH 5.5로 근육섬유 단백질의 등전점(等電點)과 거의 같다.

물에 씻은 어육에 식초를 가하여 pH를 4.8 이하로 떨어뜨리면 팽윤하지만 씻지 않은 어육에 직접 식초를 가하여 pH를 조절하면 탈수현상이 심하게 생겨서 어육은 희고 단단해진다.

8) 이물질을 다듬는 것과 단백질 함량변화

회유어(回遊魚)와 같은 적색육은 씻어도 근육의 수축이 적으나 정착어(定着魚)인 백색육어의 근육은 크게 수축한다. 근육의 pH는 중성에 가까울수록 세척에 의한 수축이 좋으며 pH 6.5 이하로 내려가면 수축이 가장 적어진다.

그 이유는 근육 구성물질인 단백질의 미오신을 함유하는 ATPase의 적당한 pH는 6.0 이상인데, 6.0 이하가 되면 작용이 급격히 저해되기 때문이다.

따라서 pH가 중성체근인 복생선, 잉어, 볼락 등의 근육은 '세척'에 의해 심하게 수축된다.

9) 어육의 구성 단백질의 예

일반적으로 근원질 단백질(20～30%)은 큰 차이가 없다. 근원섬유 단백질(65~79%)은 가축의 고기보다 많은 반면, 육기질 단백질(2～3%)은 적다. 그러나 오징어는 근원질 단백질이 적으며, 육기질 단백질은 다른 생선과 비슷한 반면에 근원섬유 단백질의 함량(77～85%)은 높다(표 10-1).

표 10-1 어육의 구성 단백질

어 종	근원질 단백질 (미오글로불린)	근원섬유 단백질 (미오신, 액틴, 액토미오신)	육기질 단백질 (콜라겐)
대 구	31	67	2
가자미	18~24	73~79	3
고등어	30	68	2
방 어	32	65	3
오징어	10~20	77~85	2~3
열에 의한 변 화	응고	응고, 수축	응고, 수축, 젤라틴화

(3) 지질

어개류의 지질함량은 종류, 계절, 부위, 연령, 자웅 등에 의해서 크게 달라진다. 또 지질의 축적 상태도 종류에 따라 다르다.

고등어나 전갱이 등은 근육, 특히 피하지방조직에 지질이 축적되어 있으며, 대구 · 상어 · 오징어 등은 간장 중에 축적되어 있다. 생선 지질의 특성은 쇠기름이나 돼지기름에 비해서 옥소가는 높으며, 융점은 낮다는 것이다. 포화지방산인 팔미트산, 불포화지방산인 올레산이 많다는 점은 육상 동물에 함유되어 있는 지질의 구성지방산과 크게 다르지 않다는 것을 나타낸다.

또 구성지방산을 살펴보면 리놀레산(linoleic acid), 리놀렌산(linolenic acid)은 많지 않으나, 이중결합을 4~6개 가진 고도불포화지방산으로서 eicosapentaenoic acid($C_{20:5}$, EPA), docosahexaenoic acid($C_{22:6}$, DHA)가 많다. 즉, 구성지방산은 포화지방산이 20~30%, 불포화지방산이 70~80%의 비율이다.

한편, 계절에 따른 지질 함량의 변동은 맛이 좋은 시기와 관계가 있다. 전갱이, 고등어, 꽁치, 방어 등이 맛좋은 계절인 가을부터 겨울에는 이 생선들의 지질 함량이 20~30%에 달한다. 부위에 따른 지질 함량 차이의 예로 다랑어의 지신(脂身, 기름기가 많은 살)은 특히 맛이 드는 겨울철에 지질 함량이 40%에 달한다. 양식어는 천연어에 비해서 지질 함량이 높다.

식품 중에 함유된 지질은 산화되기 쉽다. 특히 어개류 지질의 구성지방산은 고도불포화지방산이 많으므로 냉동어와 염장어 중에 지질의 구성지방산으로 존재하는 EPA와 DHA가 산화되어서 hydroperoxide(히드로 퍼옥시드)를 생성하며 즉시 분해되어서 에폭시드, 알데히드, 케톤, 유리지방산 등을 형성한다.

(4) 탄수화물

어개류에 존재하는 탄수화물은 글리코겐(glycogen)으로 그 양은 적다. 조개류에는 대체로 2%, 굴은 겨울에 10% 정도, 기타의 어패류에는 0.5% 정도이다.

(5) 무기질

어개류에는 약 1.5%의 회분이 함유되어 있다. 주로 P, S, Na, K, Ca, Mg, I 등의 무기질인데, 몸체를 그대로 먹을 수 있는 작은 생선류는 Ca의 함량이 높다(2,000mg%).

(6) 특수 성분

1) 색소

적색육어 근육의 적색은 헤모글로빈과 미오글로빈에 의한 것인데, 대체로 육 중의 미오글로빈은 약 0.5%이고, 혈합육(血合肉)에는 2~3배 가량 더 많다. 연어와 송어에 있어서 홍색의 육질은 카로티노이드계의 색소에서 유래된다.

또 새우나 게 등의 갑각류에는 아스타크산틴이 단백질과 결합한 청록색의 색소 단백질이 들어 있다.

한편, 아스타크산틴(astaxanthin)은 가열에 의해 단백질로 분리되고, 바로 산화되어서 아스타신(astacene)으로 변하여 홍색이 된다. 금어, 대구, 금눈돔 등의 적색이나 황색은 카로티노이드계의 색소에 의한다.

비늘의 흑색 색소는 티로신(tyrosine)으로부터 생성된 멜라닌(melanin)에 의한 것이며, 청록색은 프테린(pterin)과 담즙 색소에 의한 것이다.

2) 향기

강에서 사는 물고기의 특유한 냄새는 리신(lysin)이 세균의 작용에 의해서 변화한 피페리딘(piperidine)에 의한 것이다. 바다 물고기의 냄새는 TMAO(trimethylamine oxide)가 세균에 의해 환원됨으로써 생기는 TMA(trimethylamine) 때문이다. 부패한 냄새는 함질소화합물이 분해되어 생기는 암모니아에 의한다.

새우나 게의 냄새는 추출물 중에 함유되어 있는 아미노산(glycine이나 betaine)에 의한 것이며, 어체의 점막에 있는 δ-aminovaleric acid, δ-aminovaleraldehyde은 강한 비린내를 낸다.

3) 단맛과 추출물

어개류를 물과 같이 가열하면 용출되는 성분으로, 아미노산 저분자 질소화합물과 유기산이 주성분으로 2～5%를 함유하고 있다. 추출성분 중 추출 질소성분은 가다랭이나 다랑어 등의 적색육어(700～800mg%)에 많으며, 대구 · 넙치 · 복 등의 백색육어(300mg%)에는 적다.

어개류의 단맛은 글루탐산(glutamic acid)과 핵산관련 물질의 상호작용에 의하여 발현된다. 특히 글루탐산과 이노신산(inosinic acid)의 질과 양에 관계가 있다. 어개류의 주된 맛을 강화하는 것은 그 밖에 아미노산, TMAO, 베타인 등의 저분자 질소화합물과 호박산(succinic acid) 등이 있다.

또한 메티오닌(methionine)은 성게의 단맛을, IMP는 가다랑어와 대구의 단맛을 내는 대표적인 물질이다. 천연의 은어는 안세린, 양식 은어에는 타우린(taurine)이 많으며, 게의 단맛은 글리신(glycine)과 베타인(betaine)이 많기 때문이고, 새우에 포함된 글리신 역시 글리신과 마찬가지로 동물성 단백질에 분포하여 특유의 감칠맛을 더해준다.

대체로 어육의 맛은 지질 함량에 의해 좌우된다. 다랑어의 기름기가 있는 부분이나 뱃살이 맛이 좋은 것 또한 지질 함량과 관계가 깊다.

10-4 어패류의 가공과 이용

1. 냉동식품

(1) 생선 어패류의 가공식품

생선 어패류의 머리, 내장을 제거하여 동결한 가공품으로 라운드(round), 헤드레스(headless), 필레(filet), 스테이크(steak), 청크(chunk) 등이 있다.

(2) 가공 냉동품

주로 연어 말아둔 것, 오징어 생간한 것, 어묵을 고기갈이한 것을 냉동 저장한 것 등이다.

(3) 냉동 · 냉장과 변질

① **냉동 적색육어의 갈변** : 냉동 다랑어육의 저장 중의 갈변은 미오글로빈의 산화에 의한 메트미오글로빈(metmyoglobin)의 생성에 의한다.

② **냉동육의 녹변** : 황새치육은 백색에 가까운 담홍색이지만, 동결저장 중에 녹변하는데, 이것은 유화수소가 관여되어 유화헤모글로빈이 생성되기 때문이다.

③ **가다랑어의 청육** : 상어나 가다랑어를 익히면 암육색이나 담록색이 된다(off-color라고 한다). 해산조직물에 널리 존재하는 것으로 효소에 의해 분해되는 특성을 지닌다. trimethylamineoxide 는 포획 후 trimethylamine으로 환원된다.

④ **포름알데히드의 생성** : TMA은 어류의 선도를 결정하는 지표가 되는 것으로 시간의 경과에 따른 선도저하시 점차 포름알데히드(formaldehyde)가 증가하게 된다.

2. 수산 건제품

어패류나 조류를 햇볕에 말리거나 기계 건조에 의해 수분을 감소시키면 세균의 발육이 방지된다.

(1) 소건품(素乾品)

오징어나 정어리를 말린 것으로 자연상태로 건조시킨 것을 의미한다.

(2) 자건품(煮乾品)

삶아서 말린 제품들, 예를 들어 말린 북어, 말린 해삼, 멸치, 상어 말린 것 등의 미생물 작용을 정지시킨 후 건조하는 방법이다.

(3) 배건품(焙乾品)

복어, 도미, 소형 가자미 등을 불로 가열한 후 말린 것을 의미한다.

(4) 염건품(鹽乾品)

소금에 절인 후에 말린 제품으로 소금절임 대구, 방어 절임

(5) 동건품(凍乾品)

물과 열을 가공한 한천이 대표적인 예이다.

(6) 자배품(煮焙品)

일단 찐 다음, 불에 쬐어 말린 제품 등의 건조방법이다.

(7) 조미건품(調味乾品)

조미가공 후 말린 제품으로 오징어나 쥐포 등의 조미 가공품 등을 예로 들 수 있다.

(8) 훈제품(燻製品)

연기를 사용하여 말린 제품을 말한다. 냉훈, 온훈 등의 방법으로 특유의 향미를 가미하여 건조시킨 방법이다.

3. 염장품

염장법의 주된 방부효과는 탈수작용으로, 예를 들면 삼투압 작용에 의해 수분을 제거하는 것이다. 또 식염농도가 높을수록 세균의 번식을 억제한다.

염장법(鹽藏)에는 물간법(brine salting : 소금물에 담그는 법)과 마른간법(dry salting : 소금을 뿌리는 법)이 있다.

4. 젓갈류

어패류의 근육 · 내장 · 생식소(알집 또는 정액덩어리) 등에 소금을 뿌려서 적당히 숙성시킨 것이다. 효소에 의해 단백질이 분해되어 아미노산이 생성되는 동시에 특유한 점조성이 생겨나 씹는 촉감이 좋아진다. 가다랑어젓(가다랑어의 몸이나 내장), 오징어젓(自, 赤, 黑의 3종류), 성게알젓, 해삼젓, 해삼창자젓, 멸치젓, 명란젓 등이 있다.

5. 수산 연제품

어육을 주원료로 탄력 보강료, 그 밖에 재료(조미료 등)를 넣어 갈아서 반죽한 것을 증자(蒸煮, 삶거나 익히는 방법), 배소(焙燒, 굽는 방법), 탕자(湯煮, 국이나 찌개로 끓이는 방법), 유양(油揚, 기름에 절임), 훈연(燻煙, 연기에 그을리는 방법) 등의 방법으로 가공하여 제품화한 것이다. 가열 방법에 따라 찐어묵, 끓인 어묵, 기름튀김 어묵 등이 있다.

6. 자숙 조미품

어개류(魚介類)나 조류(藻類)를 장유, 설탕, 물엿, 그 밖에 조미료 등으로 숙성시켜서 조미한 제품으로 조개 등에 생강 등을 넣어서 조린 것, 생선을 쪄서 잘게 부스러뜨려 생강 · 간장 · 설탕에 조린 것 등이 있다.

7. 통조림

통조림은 어패류를 그대로 조리 가공해서 충전시키고 탈기, 밀봉, 가공 살균한 것이다.

원료의 조리방법에 따라 물담금 통조림(canned boiled fish), 기름담금 통조림(canned fish in oil), 토마토담금 통조림(canned fish in tomato sauce), 조미 통조림 등으로 나눈다.

(1) 통조림의 변질

물담금 통조림법은 인체에 큰 해는 없지만 제품의 상품가치를 현저하게 저하시키는 다음과 같은 현상을 발생시킬 수 있다.

Honey Comb(다랑어육에 벌집 모양 소공 생성), Jelly meat(다랑어, 청새치, 통조림의 변질육에는 연한 젤리상으로 된다.), Adhesion(육 자체의 호착성에 의해 용기변에 접착하고 가열에 의해 고화고착된 것), 흑변(새우, 게, 모시조개의 악결에서 볼 수가 있으며, 유화수소의 생성에 의한다), Blue meat(게 통조림에서 볼 수 있는 청색화로 자숙 불충분한 게살의 혈액 성분에 의해서 일어난다), 사상결정(struvite)의 생성(게 통조림 중에 사상 혹은 유리상 결정이 생성하며, Mg^{+2}가 주원인이다).

8. 새로운 식품

(1) 대용 캐비어

대구, 청어, 날치, 럼피쉬의 알을 원료로 한 염장품으로 난막을 연하게 하여 리소자임(lysozyme)을 사용하기도 한다.

(2) 성형 말린 청어

카라푸토 시샤모의 알을 원료로 하여 이것을 바인다(냉동한 것)와 같이 형성한 것이다.

(3) 인조 성형

피부는 알긴산나트륨, 내각물의 졸(sol)은 카라기난과 아라비아검, 양파는 시파다유 등으로 구상을 만든다.

(4) 게살 어묵

게에 추출물이나 향료를 첨가해서 풍미조제한 것을 말한다. 플레이크(flake)상 게의 맛살어묵, 봉상 게맛살어묵, 섬유상 게봉어묵 등의 성형이 있다.

10-5 해조류

해조류(海藻類)는 식물학상의 분류로 수중에서 독립영양생활을 하는 하등 식물에 속한다. 해산의 것이 많아서 삼면이 바다로 둘러싸인 우리나라에서는 식용하는 해조의 종류가 많다.

해조류는 바다 밑에 있지만 지상식물과 같이 광합성에 의해서 생활하므로 그 빛을 흡수할 정도의 깊이에서 몸체의 색을 조절하고 있다. 따라서 가장 얕은 바다에 있는 것은 지상식물과 같은 녹색을 하고 있으므로 이들을 녹조류(綠藻類)라고 한다. 그보다 좀 더 깊은 바다에 서식하는 것을 갈조류(褐藻類), 또 그것보다 더 깊은 곳에 서식하고 있는 것을 홍조류(紅藻類)라고 하여 수직분포도를 보이고 있다.

해조류는 비교적 더운물을 좋아하는 것이 있는가 하면 찬물(寒流系)을 좋아하는 것이 있다. 미역이나 우뭇가사리 등은 흑조(黑潮)에, 다시마는 친조에 잘 번식하는 수평분포를 나타내고 있다. 한편 탄수산조류(炭水産藻類)에는 남조류(藍藻類)가 있다.

1. 해조류의 성분

최근 해조류 샐러드 등은 열량이 낮아서 다이어트 식품으로 각광받고 있다. 성분표상의 탄수화물 수치는 높지만 에너지원이 되지 않는 다당류가 많기 때문이다. 해조류에는 비교적 카로틴과 비타민 C의 함유량이 많다. 한편, 무기질로는 칼슘과 요오드(Jod)를 많이 함유하고 있는데 그 주요 성분은 다음과 같다.

(1) 탄수화물

① 만니톨(Mannitol, 알코올의 일종)

다당류의 일종으로 다시마 표면에 백분의 감미가 있는 성분이다.

② 알긴산(Alginic Acid)

갈조류에 비교적 많이 함유(20% 내외)되어 있는 점조성의 다당류로서 D-mannuronic acid와 L-glucuronic acid의 중합물질이다. 알긴산은 갈조류를 비롯하여 박테리아 균체 내에도 존재하여 식품으로의 활용성뿐만 아니라 의료 시술용으로서도 가치를 지닌다.

③ 한천(Agar - Agar)

우뭇가사리 등의 홍조류에 많이 함유되어 있는 성분으로 끓여서 용출시켜 용출물을 냉각시키면 응고(gel화)하게 된다.

④ 카라기난(Carrageenan)

홍조류의 돌우뭇가사리과에 속하는 해조로부터 추출 · 정제한 고분자다당류로서 한천과 구성당은 비슷하지만 결합 황산이 많다. 안정제나 유화제 등으로 식품 공업에 널리 쓰인다.

(2) 풍미요소의 함유

다시마에는 글루탐산(glutamic acid)이 많이 포함되어 있어 다시마 곤포(昆布)로 국물에 주로 사용되고 있다.

(3) 색소 성분

① 녹조류 : 청색 등의 녹조류 색소는 지상식물과 같은 클로로필(chlorophyll)에 의한 것이다.

② 갈조류 : 미역이나 다시마 등의 갈색의 색소는 푸코이단(fucoidan) 외에 카로티노이드의 카로틴, 크산토필, 푸코크산틴 등을 함유한다.

③ 홍조류 : 우뭇가사리 등의 홍색은 피코에리트린(phycoerythrin, 海紅素) 외에 카로틴, 크산토필, 푸이토로진(赤) 등에 의한 것이다.

④ 비타민 및 무기질류 : 건조한 것에는 25,000mg의 카로틴과 100mg의 비타민 C, 그 밖에 다량의 비타민 B_1, B_2를 함유하고 있다. 무기질은 칼슘의 함유량이 많고 다른 식품으로부터 얻기 어려운 성분인 요오드가 미역에 많이 함유되어 있다. 이 성분이 부족하면 갑상선종이 생겨 대사장애를 일으키게 된다.

2. 해조류의 이용과 가공품

해조류(특히 다시마)는 글루탐산(glutamic acid)을 많이 함유하므로 다시마 곤포나 마곤포로서 이용되고 있다. 자홍색의 해조류인 우뭇가사리는 한천의 재료가 되며, 해조류의 일종인 갈조류들은 요오드의 함유량이 0.2~0.5%로 많으므로 갑상선 치료제와 같은 의약품의 원료로도 쓰인다. 또 건조한 것은 예로부터 비타민 A의 공급식원으로 애용되어 왔다. 그 밖에 풀을 제조하는 원료로 쓰이며, 신선한 생선의 해조는 샐러드의 재료로 이용되고 있다.

수산 식품 *Question*

1. 어묵의 탄력과 관계깊은 것은?

▶ 정답 : actomyosin

2. 어육의 자기소화의 원인은?

▶ 정답 : 어육 내에 존재하는 효소에 의해 일어난다.

3. 게나 새우 등을 삶으면 붉은 색으로 변하는 색소와 그 이유는?

▶ 정답 : 카로티노이드에 속하는 아스타크산틴의 영향 때문

4. 신선도가 떨어진 어류의 비린내 성분은?

▶ 정답 : trimethylamine

5. TMAO(trimethyl amine oxide)에 대해 설명하시오.

▶ 정답 :
- 감미가 있는 물질이다.
- 연골어류에 다량 함유한다.
- 암모니아에 의해 강한 자극성 냄새를 낸다.
- 가열할 때 DMA와 포름알데히드를 생성한다.

6. 해조류에 들어 있는 다당류는?

▶ 정답 : mannan, fucose, agarose, cellulose

7. 생선의 육질이 쇠고기보다 연한 이유는?

▶ 정답 : collagen과 elastin 함량이 적다.

8. 적색 어육의 절단면을 공기 중에 방치하면 적자색에서 선홍색을 거쳐 암갈색으로 변한다. 이때의 변색반응순서는?

▶ 정답 : 미오글로빈 → 옥시미오글로빈 → 메트미오글로빈

9. 생선이 변질되면서 생성되는 불쾌취는?

▶ 정답 : oxazoline

Chapter 11

유지 식품

식용유지란 글리세롤과 3개의 지방산이 에스테르 결합을 하고 있는 형태로, 일반적으로 '트리글리세리드(triglyceride)' 로 불리는 중성지방으로서 식용 가능한 것을 말한다. 상온에서 액체이면 '유', 고체이면 '지' 라고 한다. 그러나 외관상 고체이거나 내부에 액체가 포집되어 있는 형태도 있어서 그 구분이 명확한 것은 아니다.

영양적으로 유지는 탄수화물 및 단백질과 함께 3대 영양소이며, 지용성 비타민을 함유하여 다른 영양소보다 칼로리가 두 배나 높다.

식용유지에는 옥수수기름, 채종유, 들기름, 미강유, 참기름, 목화씨기름, 홍화유, 해바라기유, 땅콩기름, 팜유류, 올리브유, 야자유, 쇠기지, 돼지기지, 정제가공유지, 쇼트닝, 마가린류, 고추씨기름, 그 밖에 식용유지 등(간유 제외) 여러 종류가 이용되고 있다.

11-1 식품 중 지질의 일반적 성질

식품 중에 분포되어 있는 유지류는 유지량이 가장 많은 복합지질이며, 반대로 스테롤은 극히 적다. 따라서 인체 건강에 영향이 큰 식품성분이다.

1980년도 국민 1인당 지질공급량은 80.7g이었으며, 육류에서 10.4g, 우유 · 유제품 6.2g, 어패류 6.0g, 두류 5.2g, 각류 4.6g, 달걀 4.5g의 순으로 유지류가 41.7g(식물성 34.8g, 동물성 6.8g)으로 특히 많다.

1980~2000년까지 20년 동안 에너지량이 국민 1인당 1,090kcal에서 736kcal로 354kcal 감소됨에 따라서 축산물이나 유지로부터의 에너지량은 331kcal에서 707kcal로 376kcal 증가하였다.

단백질(protein, P), 지질(fat, F), 탄수화물(carbohydrate, C)의 PFC 에너지 밸런스가 최근 F의 과잉으로 기울어진 현상은 성인병의 증가와 깊은 관계를 가지고 있다.

포화지방산과 불포화지방산의 구성비율은 육상동물이 3 : 7인 데 비하여 해산동물은 2 : 8이다. 식물성 유지도 일반적으로는 불포화지방산이 많다.

불포화지방산의 리놀레산이나 에이코펜타엔산(EPA)은 동맥경화나 혈전증 등의 예방에 작용한다. 식용유로 사용하는 불포화지방산이 많은 생선기름은 변패하기 쉬우므로 수소를 첨가하여 경화유로 만든다.

Guide

• **경화유**(硬化油)

지방유 속에 함유되어 있는 액체상태의 불포화지방산에 수소 첨가 후 고체상태의 포화지방산으로 만든 기름, 생선기름 따위의 악취를 제거하거나 비누, 마가린, 초, 글리세린 따위의 원료로 사용

인지질의 주성분인 레시틴은 유화력이 강하여 마요네즈의 제조에 이용되고 스테롤의 주성분인 동물성 유지에는 콜레스테롤이 있으므로 건강에 큰 작용을 한다. 식품 중의 지질에는 지용성 비타민인 A, D, E가 많이 함유되어 있다.

11-2 식물성 유지 식품의 성분과 용도

식물성 식품 중에 지질함량이 많은 것은 주로 종실류이다. 예를 들면 마카다미아 넛츠(macadamia nuts, 76.8g), 피칸(pecan, 72.0g), 호두(68.7g), 잣(60.8g), 해바라기씨(56.4g), 아몬드(54.2g), 깨(51.9g), 땅콩(47.4g), 캐슈넛(47.2g), 수박씨(46.4g) 등이 고에너지 식품이다. 또 콩 · 채종류 · 깨 · 면실 · 홍화(紅花) · 해바라기 · 땅콩 · 올리브 · 카카오 등의 종실이나 야자유 · 야자과육 · 쌀겨 등은 착유원료가 되며, 용도는 식용유와 샐러드유 외에 마가린 및 쇼트닝이나 제과용으로 사용된다.

2000년의 식물유 생산량은 184만 톤이었으나 거의 90%가 수입원료를 이용하고 있다. 수입 원료의 내역을 보면 대두유 38%, 채종 · 겨자유 29%, 팜유 9.7% 등이다.

지방산 조성은 곡류 · 두류 · 야채의 유지와 마찬가지로 포화지방산이 적으며, 불포화지방산이 많다. 콩 · 깨 · 호두 등은 리놀레산이 많으며, 그 다음이 올레산(olenic acid)이다. 또 쌀겨 · 채종 · 땅콩 등은 올레산 · 리놀레산 순으로 되어 있다.

리놀레산은 생체 내에서 아라키돈산(arachidonic acid)으로부터 프로스타글란딘(prostaglandin) 등을 생성하며 생체 세포의 기능을 좌우하는 중요한 지방산이다. 인지질로는 콩의 레시틴이 유화력이 강하며 널리 이용되고 있다.

11-3 동물성 유지 식품의 성분과 용도

스테롤(Sterol)로는 시토스테롤(sitosterol), 스티그마스테롤(stigmasterol), 에르고스테롤(ergosterol) 등이 있다.

식육의 지방은 트리글리세리드가 주성분이며, 지방산은 올레산(oleic acid)이 많고 그 다음이 팔미트산(palmitic acid)이다. 스테아르산은 쇠기름에 많으며, 리놀레산(linoleic acid)은 닭기름에 많다. 돼지의 피하지방이나 내장 주위의 지방을 끓이면 돈지(라드, lard)를 얻을 수 있는데 라드에는 특유의 풍미가 있으며 소화흡수도 좋다.

융점은 36~48°C로 쇠기름이나 양기름보다 낮으며, 햄과 소시지의 식감(혀의 촉감)을 좋게 한다. 융점의 폭은 넓어서 튀김기름에 좋으며, 마가린이나 쇼트닝 및 비누 등의 원료로 사용한다. 그러나 비타민 A는 함유되어 있지 않다.

소의 내장지방조직으로부터 얻는 지방인 우지(tallow)는 융점이 42~49°C로 높으므로 냉장육은 뜨거울 때 먹는 것이 좋다. 돈지와 같은 용도로 사용되며 비타민 A를 280IU/100g 함유하고 있다.

닭고기의 지방은 융점이 30~32°C로 가장 낮아서 조리용 기름으로 적합하다. 비타민 A가 930IU/100g 함유되어 있으며, 우유 중의 지질은 평균 직경 2~3μm의 기름덩이로 유화분산하여 그 주위에 리포단백질의 피막이 둘러싸여 있어서 안정하다.

지방산으로는 올레산이 많으며, 그 다음에 팔미트산, 스테아르산(stearic acid), 미리스트산(myristic acid) 등이 있다. 또 뷰티르산(butyric acid) 등은 저급 휘발성 지방산을 함유하고 있는데, 이것은 버터나 치즈의 풍미에 영향을 준다.

유지방에는 인지질의 레시틴(lecithin)과 세파린(cephalin)이 함유되어 있어서 유화를 안정하게 한다. 또 지방구(脂肪球)에는 콜레스테롤(우유에 11mg/100g), 카로티노이드 색소, 지용성 비타민류가 함유되어 있다.

각종 유제품의 지질 함량(g/100g)을 살펴보면 크림 20, 버터 81, 치즈 30, 아이스크림 8~12 정도이다. 그중 치즈는 고단백질식품인 동시에 고지방식품이다.

달걀의 지질(11.2g)은 대체로 노른자에 함유되어 있다. 노른자의 지질은 31.2g이며, 약 62%는 중성지방으로 약 33%의 인지질과 약 5%의 콜레스테롤(1.31mg/100g)을 함유한 불검화물이다. 그 중 인지질의 대부분은 레시틴으로 유화력이 크며, 마요네즈 등의 유화를 안정하게 한다.

해산동물, 특히 어류의 지질 함량은 어획 장소나 계절 등에 의하여 달라진다. 또 양식어류의 경우는 사료의 종류에 의해서 달라진다.

청어, 고등어, 꽁치 등과 같은 적색어는 지질 함량이 많으며, 농어 · 가자미 · 넙치와 같은 백색어에는 지질이 적다. 그러나 예외도 있다. 생선기름(어유)은 일

11-4 해산동물 유지의 성분과 용도

반적으로 고도불포화지방산이 많으므로 산화 · 중합하기 쉽고 불쾌한 냄새를 풍기는 원인이 된다.

생선기름(어유)에 수소를 첨가해서 경화유로 만들어 마가린 등의 원료로 사용한다. 어육의 지질은 대부분이 트리글리세리드이며, 그 밖에 인지질과 스테롤로 되어 있다.

지방산은 일반적으로 올레인산이 가장 많고 다음은 팔미트산이다. 정어리, 고등어, 전갱어, 방어, 꽁치, 다랑어, 가다랑어 등은 등푸른 생선으로서 불포화지방산인 에이코사펜타엔산(EPA)이 많이 함유되어 있으므로 동맥경화나 혈전증의 예방효과가 있다.

인지질은 특히 생선알(어란)에 많으며, 주성분은 콜레스테롤로 100g당 숭어(420mg), 연어알젓(400mg), 가다랭이 절인 것(360mg), 대구알젓(295mg), 말린 청어알(261mg) 등의 순으로 함유되어 있다.

11-5 식용가공 유지

깊은 바다에 사는(深海性) 상어의 간유(肝油)에는 크레아틴(creatine) 함량이 높으며, 또 지용성 비타민 A와 D도 많이 포함되어 있다.

추출 · 정제한 유지를 즉시 가공해서 식용 유지로 만든다. 정제된 식물유를 정제유(콩기름, 목화씨기름, 면실유)라고 하는데, 정제 즉시 0°C 이하로 보존함과 아울러 침전을 제거하여 샐러드유로 한다. 콩기름, 올리브유, 채종유, 옥수수유 등을 사용한다.

불포화지방산을 많이 함유한 생선기름이나 식물유에 수소를 첨가해서 경화유를 얻기도 한다.

경화유를 원료로 하여 마가린이나 쇼트닝(shortening)을 제조한다. 또 경화유를 젤라틴(gelatin)과 혼합하여 분무 건조해서 제조한 정미 유지가 인스턴트 식품에 많이 이용되고 있다.

수산식품 *Question*

1. 동식물 유지로서 음식의 풍미를 증진시키기 위해 렌더링한 것으로 파이나 간식류에 사용되는 물질은 무엇인가?

▶ 정답 : 라드는 보존 안전성이 매우 뛰어나다.

2. 마가린이나 식용유에 사용되는 식유(食油)로 팔미트산과 올레산을 성분으로 하는 물질에 해당하는 것은?

① 미강유(米糠油) ② 면실유(綿實油)
③ 경화유(硬化油) ④ 대두유(大豆油) ⑤ 최종유

▶ 정답 : 면실유는 샐러드를 만들 때 주로 사용된다.

3. 경화유(hardened oil)에 대해 설명하시오.

▶ 정답 :
- 어유나 식물유와 같이 불포화지방산 중 이중결합을 가진 탄소원자에 수소를 첨가하는 공정으로 액체유의 융점을 높인 기름을 경화유라 한다.
- 경화유는 유지의 산화안정성, 물리적 성질, 색깔, 냄새 및 풍미 등이 개선된 것이다.
- 올레산(oleic acid)의 액체기름을 스테아르산(stearic acid)의 고체지방으로 만든다.

4. 쇼트닝(shortening)은 어디에 속하는가?

▶ 정답 : 유지가공품

5. 식물성 유지가 동물성 유지보다 산패가 잘 일어나는 이유는?

▶ 정답 :
- 불포화도가 낮기 때문에
- 시너지스트가 들어 있기 때문에
- 열에 안정하기 때문에

Chapter 12

감미료 · 조미료 · 향신료 및 기호음료

감미료(甘味料)는 단맛이 나는 물질을 의미하며, 천연감미료와 합성감미료가 있다. 천연감미료에는 감차 추출물(phyllodulcin), 감초 추출물(glycyrrhizin), 스테비아 추출물(stevioside), 모넬린(monellin), 타우마틴(thaumatin) 등이 있으며, 합성감미료에는 사카린(saccharin), 아스파탐(aspartame), 아세설팜(acesulpham) 등이 있다.

조미료(調味料)는 식품의 조리, 가공, 섭취 시에 맛을 개량하고 강화할 목적으로 쓰이는 물질이다. 넓은 의미로는 장류나 소금 등이 있으며 맛의 성분에 따라 감미료, 함미료, 산미료, 지미료 등으로 나뉜다.

향신료(香辛料)는 식물의 열매 · 씨앗 · 꽃 · 뿌리 등을 이용해서 음식의 맛과 향을 증진시키는 데 이용되며, 일반적으로 향미나 신미를 주는 것을 말한다. 한국 요리에 쓰이는 대표적인 향신료는 마늘, 파, 후추, 생강, 계피, 겨자 등이 있다.

기호음료로는 비알코올성인 차, 커피, 코코아, 콜라 등이 있다. 알코올성 주류와 과실음료는 구별된다.

12-1 감미료의 종류와 특성 및 이용

대표적인 감미료에는 설탕(sucrose)이 있다. 그 밖에 감미를 나타내는 화합물은 당류(단당류, 이당류)가 있고, 아미노산과 옥시산의 일부는 니트로아닐린(nitroaniline) 유도체, 할로겐화 탄수화물 등에 감미를 갖는 것이 알려져 있으며, 감미료로서 이용되고 있는 것은 그 일부이다.

1. 단당류

(1) D-glucose(포도당)

수크로오스(Sucrose)보다 약한 감미를 가지며 결정형은 α형이지만 수용액상에서는 β형이 되는데, 온도상승에 따라 α형이 β형으로 전환되어 감미도가 감소한다.

(2) D-fructose(과당)

수크로오스보다 강한 감미를 가지며 수크로오스의 감도를 100으로 할 때에 약 173배의 감미도를 나타낸다. 또한 천연당류 중 단맛이 가장 크며 β형이 α형보다 3배 더 달다. 따라서 과당이 풍부한 과일은 냉각하여 먹는 것이 더 당도를 느낄 수 있다.

2. 이당류

(1) 서당(Sucrose)

구성단당류는 글루코오스(glucose)와 프록토오스(fructose)가 있다. 수크로오스의 감미는 시간에 의해서 변동하지 않는다. 설탕의 유래는 수크로오스라고 할 수 있다(표 12-1).

표 12-1 설탕의 종류

	특 징
백쌍탕	순도 100%의 고급 설탕
중쌍탕	황갈색을 나타내며 높은 순도를 지님
그래뉴당	결정입이 상백탕보다 약간 크며, 사각사각한 감을 가진 고순도의 설탕
소백당	일반적인 사탕으로서 촉촉하고 연한 감과 풍미를 가진 설탕
중백당	상백탕보다 아주 순도가 낮음
삼온탕	중백탕보다 순도가 아주 낮음
각설탕	그래뉴당을 사각으로 만든 것
빙설탕	설탕의 결정을 크게 한 것
분사탕과입상탕	백쌍탕이나 그래뉴당을 잘게 한 것
흑설탕	사탕수수즙을 내어 끓인 것
화삼분	결정입이 작고, 입에 잘 녹음

조미료로서 사용하는 설탕은 강한 매운맛이나 쓴맛을 합쳐서 작용하고 있는 것으로, 커피나 여름 귤에 이용되고 있다.

(2) 맥아당(Maltose)

글루코오스보다 감미가 강하며 설탕보다는 약하다. 대체로 β형의 말토오스가 존재하며 그 용액을 방치하면 서서히 α형으로 변하여 평형에 달하게 된다.

(3) 유당(Lactose)

글루코오스와 갈락토오스가 글루코오스의 환원에 의해서 만들어지고 있다. 감미는 설탕의 감미도 100에 대하여 30 정도이다.

3. 당알코올류

(1) 소르비톨(Sorbitol)

과실 중에 존재하고 글루코오스의 환원에 의해서 만들어지며, 곶감의 백분에 함유되어 있다.

(2) 만니톨(Mannitol)

만노오스(mannose)가 환원된 것으로, 버섯 · 균류 · 해조류에 존재하며 건미역 표면의 백분에 함유되어 있다. 단맛이 강하고 체내에 이용되지 않아서 당뇨병 환자의 감미료로 사용된다.

(3) 이노시톨(Inositol)

두류, 포도와 같은 과실류, 식물조직, 동물근육조직에 존재한다. 특히 동물근육조직에 포함된 것은 미오이노시톨(myoinositol)이라고 한다.

4. 당류 이외의 감미를 가진 물질

(1) 아미노산류

천연아미노산인 글리신(glycine)과 알라닌(alanine)은 감미가 있으며, 세린(serine)과 트레오닌(threonine), 프롤린(proline)은 약간의 감미가 있다.

(2) 펩티드 및 단백질

α-L-aspartyl-L-phenylalanine methyl ester는 강한 감미를 가지고 있다.

5. 천연 감미료

(1) 감초추출물

콩과의 감초 근기 중에 6~14% 글리시리진(glycyrrhizin)이 함유되어 있다. 1분자의 글리시리진과 그 분자의 글루쿠론산(glucuronic acid)으로부터 트리테르펜(triterpene)배당체로 감미도는 수크로오스의 150배다.

(2) 스테비아(stevia) 배당체

국화과 스테비아속의 다년생초가 원료이며, 감미성분은 수크로오스 감미도의 120~150배인 스테비오사이드(stevioside)와 이보다 30% 정도 감미가 강한 레바우디오사이드 A(rebaudioside A, 모노글루코시드, 스테비오사이드)의 2개가 존재한다.

6. 합성 감미료

(1) 사카린과 그 나트륨

사카린(saccharin)은 감미가 강한 백색 결정이며, 그 나트륨은 수크로오스의 350~500배의 감미도가 있다. 농도가 높을수록 고미(苦味)를 나타낸다. 사용기준은 절임물(漬物)에 0.2%, 어패류 가공품에 0.12%를 사용한다.

(2) D-소르비톨(Sorbitol)과 D-소르비톨액

미가목의 열매에 다량 함유하고 있으며, 6가의 당알코올로서 글루시톨(glucitol)이라고 한다. 감미도는 수크로오스의 60%, 보습성이 있으므로 식품의 습윤조정 목적으로 사용된다. 사용기준은 없으며, 노화방지나 다이어트용 식품으로 사용된다.

(3) D-크실로오스(xylose)

크실란(xylan)의 구성성분으로서 크실란을 가수분해한다. 감미도는 수크로오스의 40%이다.

(4) 글리시리진산염

감초의 배당체인 글리시리진(glycyrrhizin)의 나트륨염으로 한약이나 간장의 감미료로 이용된다.

(5) D-만니톨(Mannitol)

추잉검이나 엿류의 점착방지제로서 사용되고 있다.

(6) 아스파탐(Aspartame)

L-aspartic acid와 L-phenylalanine을 결합하여 합성한 2개의 아미노산(dipeptide)의 메틸에스테르(methyl ester)로, 감미도는 수크로오스의 100~200배이다.

7. 커플링 슈거(Coupling Sugar)

전분과 수크로오스의 혼합물에 *Bacillus megaterium*이나 *B. macerans* 등의 아밀라아제(amylase)를 작용시키면 전분이 끊어져서 글루코오스 부분에 α-1, 4 결합으로 전이된 일련의 화합물이 생성된다.

8. 전화당(轉化糖)

수크로오스를 산 또는 인베르타아제(invertase) 전화효소로 가수분해하면 수크로오스 1분자로부터 글루코오스와 프록토오스가 1분자씩 생성된다. 생성한 글루코오스와 프록토오스의 혼합물을 전화당이라고 하며, 수크로오스보다 감미도가 강하다.

9. 이성화당

포도당, 채당액(당의 경우, 프록토오스의 비율은 50%), 전분을 가수분해해서 글루코오스를 만들어 그 글루코오스에 이성화 효소(glucose isomerase)를 작용시켜서 만든다.

기호에 맞는 맛을 내기 위해 첨가하는 것을 조미료(調味料)라고 말한다.

12-2 조미료의 종류와 특성 및 이용

1. 맛의 분류

인체의 감각기관을 통해 미세포들이 인지하여 느끼되 되는 감각인 미각은 자연상태로 지니게 되는 자체의 맛 외에 식품에 첨가되는 물질인 조미료에 의해서도 변화하게 된다. 짠맛의 대표적인 예로는 간장이나 된장 등이 있으며, 단맛을 주체로 하는 물질로는 사탕, 엿, 설탕 등이 있다. 그밖에 신맛을 주체로 하는 물질에는 식초나 유기산 등이 있으며, 인공적으로 합성하여 맛을 가미시키는 화학조미료를 예로 들 수 있다.

2. 독특한 풍미와 제법을 중심으로 분류한 예

① 식초류 : 곡물초(미초, 유초), 과실초(사과초, 포도초)

② 장유류 : 가장(진한 간장, 염산 간장, 발효간장, 어간장)

③ 소스류 : 우스터소스[우스터 소스, 중 · 농후(中 · 濃厚)소스, 바비큐 소스], 과실 소스(과실), 토마토 소스(토마토 칠리 소스), 케첩(토마토 케첩)

④ 드레싱류 : 드레싱(프렌치 드레싱, 샐러드 드레싱 등), 마요네즈, 스프레드(sandwich spread 用)

⑤ 된장류 : 쌀된장(백된장, 적된장), 밀된장, 보리된장, 콩된장

⑥ 루(roux)류 : 루(curry roux, white roux)

⑦ 기타 : 그 밖에 가해지는 조미료로서 단술(찹쌀로 만든 것, 알코올 13~14도, 당분 약 40도), 화학조미료(글루탐산나트륨, 이노신산나트륨, 구아닐산나트륨), 천연조미료(천연진액, 풍미 조미료) 등이 밝혀지고 있다.

3. 염미료

(1) 식염

본체는 염화나트륨(NaCl), 현재의 제염법은 이온 교환막법(음양이온 교환막을 교호로 넣은 통에 전류를 흐르게 하여 투석 농축한다)에 의하여 채함(採鹹)과 직공증발법의 방법으로 물에 넣어서 센불로 삶는다.

(2) 국내염

식탁염(NaCl, 순도 99% 이상), 요리용 소금, 특급정제염, 식염, 일반소금 등이 있다.

(3) 특수용염

소금의 물리적인 성상을 개선한 것(군소금, 깨소금, 조립염 등), 각종의 첨가물을 혼합한 것(화학조미료염, 향신료염, 간수혼합염 등)이 있다.

4. 된 장

(1) 된장의 분류

원료에 의하여 쌀된장 · 보리된장 · 콩된장으로 분류하며, 색조(色調) · 감신미(甘辛味) · 산지(産地)에 의해서 분류한다.

① **백(白)된장** : 미생물에 의한 발효 작용을 길게 하지 않으므로 희고 광택이 있으며, 좋은 맛과 방향이 특징이다.
② **감(甘)된장** : 당화형(糖化型) · 단기숙성형의 발효과정을 취한다.
③ **담색신(淡色辛)된장** : 널리 이용되며 식염 함량 12%의 매운 된장으로 담황색이다.
④ **적색신(赤色辛)된장** : 식염 함량 12.5%이고, 미생물의 왕성한 발표(發表)발효 작용에 의해서 복잡한 풍미를 생성하며, 색조도 농후하다.
⑤ **보리된장** : 쌀 대신에 보리쌀을 사용한다.
⑥ **콩된장** : 콩과 소금을 주원료로 한다.

(2) 된장의 특성

① **pH 완충능** : 된장의 pH 완충작용은 강하므로 된장즙에 약간 산이나 알칼리를 가하여도 pH는 쉽게 변화하지 않는다.

② **흡착능** : 된장의 탈취효과는 높이 평가되고 있는 된장 자체의 콜로이드성 물질을 가지는 흡착작용에 의한다고 한다.

③ **항산화능** : 된장의 갈변물질인 플라보노이드, 토코페롤 등의 종합적인 작용에 의하여 유지성분의 산화를 억제한다.

5. 간장유

(1) 간장유의 분류

① **농구(濃口) 간장유** : 일반적인 간장유는 대체로 향기가 강하며, 이 향기로 인해 생취가 많은 생선 등의 냄새를 제거하는 데 좋다. 염분 17~18%로 많이 사용되고 있다.

② **담구(淡口) 간장유** : 염분은 19%로 농구 간장보다 높다. 요리에 소재의 색을 내게 하고 조화된 맛을 내는 데 적합하다.

③ **백(白)간장유** : 색은 담구 간장유보다 연한 색이며, 밀을 원료로 하여 만든 것이다.

④ **감염(減鹽) 간장유** : 특수영양식품으로 지정되어 있다. 고혈압 · 심장병 · 신장병 · 성부 등으로 부종병이 있는 사람의 경우, 식염을 줄이기 위해 꼭 필요한 염분만 절반 정도 함유한 장유이다.

⑤ **어(魚)간장유** : 어류의 단백질을 가수분해하여 만든 간장으로 아미노산류인 글루탐산이 풍부하여 감칠맛이 우수하다.

⑥ **강화(强化) 간장유** : 핵산계(核酸系) 조미료를 첨가한 간장유이다.

⑦ **분말(粉末) 간장유** : 액체간장 대용으로 간장을 건조하여 분말화한 것이다.

(2) 간장유의 성분

① **간장유의 색** : 당분과 아미노산에 의한 Maillard 반응으로 형성된다.

② **간장유의 맛** : 글루탐산 등의 아미노산이 작용하여 맛을 증진시킨다.

③ **간장유의 감미**(甘味) : 글루코오스 · 말토오스 · 글리세롤 등(글루코오스를 3~5% 함유하고 있음)이 주형성 요인들이다.

④ **간장유의 산미**(酸味) : 약 1%의 유산(乳酸)을 주체로 하여 15종의 유기산(有機酸)을 함유한다.

⑤ **간장유의 pH** : 4.7~4.8로 이 pH의 범위에서 간장유의 향미가 살아난다.

⑥ **간장유의 향기 성분** : 좋은 간장유는 2~3%의 알코올을 함유하고 있다. 향기의 성분으로는 200종 이상이 있으며, 이 내용은 카르보닐류, 에스테르류, 페놀류, 함황화합물류 등이 있다. 특히 4-ethyl guaiacol(phenol류의 일종)이 존재하며 간장유의 품질이 좌우된다.

6. 식 초

(1) 식초의 종류

① **양조초**(釀造酢)**의 규격** : 산도(4.2% 이상)와 무염방용성 고형분(無鹽方溶性 固形汾)이 정해지고 있다.

② **합성초**(合成酢)**의 정의** : 빙초산 또는 초산의 희석액에 당류 · 산미료 · 화학조미료 · 식염 등을 혼합한 액체조미료(液體調味料)와 수초산(水酢酸)의 희석액에 양조초를 혼합한 것이다.

③ **미초**(米酢) : 짙은 맛이 좋으며, 이것은 당분 · 아미노산 · 진액분이 많기 때문이다. 또 식초에는 농후한 맛이 있는데, 이것은 유기산이 주성분으로 초산 외에 유산과 호박산이 많기 때문이다. 아미노산으로는 글루탐산과 글리신이 특히 많다. 향기 성분의 특징은 초산프로필(propyl), 디아세틸(diacetyl), 아세토인(acetoin), 초산 이소아밀(iso-amyl), 유산에틸 2, 3-부탄디올(butanediol)이 있다. diacetyl이 많으면 '썩은 냄새'가 있어서 좋지 않다. 식초의 담황색은 제조, 혹은 저장 중의 아미노카르보닐(aminocarbonyl) 반응에 의한 정색이다.

(2) 식초의 효능

① **조미적 효과** : 감칠맛의 효과는 설탕을 사용한 요리에 소량의 식초를 가하면 감미가 증가하며 단백질 변성의 촉진효과 등 조미료 이외의 역할도 한다. 뿐만 아니라 방부살균효과가 있어 식중독 예방에도 활용될 수 있으며 식초의 유기산 성분은 질병예방 및 건강증진에 효과적으로 사용될 수 있다.

② 방부살균효과

③ 건강증진, 병기(病氣)의 예방

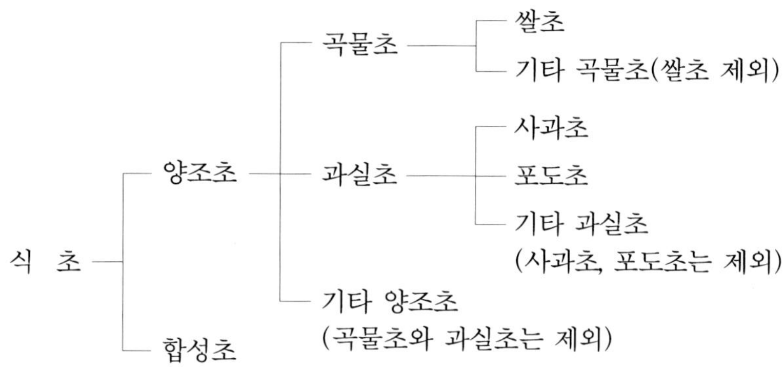

그림 12-1 식초의 종류

7. 화학 조미료

(1) 식품첨가물로서의 화학조미료

L-글루탐산나트륨, 5′-이노신산나트륨, 5′-우리딜산나트륨, 5′-구아닐산나트륨 등 22종류가 있다.

(2) 맛 성분의 분류

① 아미노산계 : 글루탐산나트륨, 글리신(glycine), 알라닌(alanine) 등

② 핵산계 : 5′-이노신산나트륨, 5′-리보뉴클레오티드나트륨, 5′-구아닐산나트륨 등

③ 카르보닐산계 : 호박산-1-나트륨

(3) 향미 성분의 본체

① **다시마의 맛** : 글루탐산나트륨(다시마에 2.8%가 함유되어 있다.)

② **가다랑어 절의 맛** : 이노신산나트륨(절였을 때 1.3%, 가다랑어과에 속하는 바닷물고기 0.7%, 새우를 절일 때 0.6%)

③ **어육연제품의 맛** : 구아닐산나트륨(첨가했을 때 0.23%, 그대로 두었을 때 0.03% 정도)

(4) 맛의 상승효과

유효한 두 종류의 성분을 병용할 때, 두 종류가 합쳐짐으로써 기대하는 것보다 큰 효과를 나타내는 것을 상승효과(相乘効果)라고 한다. 예를 들어 이노신산나트륨 · 구아닐산나트륨 · 글루탐산나트륨을 동시에 사용하면 맛이 대단히 좋아진다.

다시마에서 얻은 맛과 가다랑어 절에서 얻은 맛을 같이 사용하면 좋은 맛이 증폭되는데, 글루탐산과 이노신산의 상승효과에 의한 것이다.

(5) 복합조미료

두 종류 이상의 단일화학 조미료의 혼합물인 L-글루탐산 Na, 5′-리보뉴클레오티드 Na, 5′-이노신산 Na, 5′-구아닐산 Na, L-글루탐산 N 등이 있다.

(6) HVP, HAP, 효모 진액

① HAP : hydrolyzed animal protein의 약칭으로, 동물성 단백질의 가수분해물 프롤린, 글리신, 알라닌 등 감미가 강한 성분을 다량으로 함유하고 있다.

② HVP : hydrolyzed vegetable protein(식물성 단백질 가수분해물)의 약칭이다. 메티오닌(methionine)을 유래하는 함황화합물로 특유한 강한 성분이 있다.

③ **효모 진액** : 효모의 자기소화에 의해서 얻게 된다. HVP와 HAP보다 아미노산의 양이 적으며, 또 HVP와 비교하면 개미산과 초산의 함량이 적다. 복잡한 맛과 짙은 맛이 강하다.

12-3 향신료의 종류와 특성 및 이용

향신료는 향기와 매운맛을 가지며, 음식물에 가해서 각각의 풍미를 나타내는데, 식욕을 증진하는 목적으로 사용한다.

1. 향신료의 분류

허브류, 종자(種子), 더 세분하면 향료(씨의 크기, 줄기, 뿌리, 나무껍질, 꽃봉오리)로 대별한다. 허브류는 세이지 · 타일 · 오레가노 · 마조람 등이 있으며, 씨류로 대표적인 것은 차조기, Anise, Celery, black mustard 등이 있다. 그 외의 협의의 향료로 너트메그(nutmeg), 진저(ginger), 클로브(clove), 페파(pepper), 마늘(garlic), 시나몬(cinnamon) 등을 예로 들 수 있다.

2. 매운맛(辛味) 물질의 종류와 재료

(1) 유황을 함유한 화합물

sinigrin(겨자, 고추냉이), sinalbin(겨자), allyl-isochiocyanate(고추냉이)

(2) 벤졸핵에 불포화측쇄를 가진 화합물

chavicine(후추), capsaicine(고추), sanshool(산초), zingerone(생강)

3. 주요 향료

(1) 신미향료

red pepper(당고추), ginger(생강), black mustard(검은 겨자), cayeme pepper(고추), garlic(마늘), onion(양파)

(2) 방향성 향료

all spice(백미겨자), cinnamon(계피), clove(정향), celery(샐러리), bay leaf(월계수잎), nutmeg(육두구)

(3) 그 밖의 향초 및 종자

anise(회향), cardamon(카더먼), coriander(고수), basil(바질), oregano(오레가노), parsley(파슬리), sage(세이지), thyme(타임), mint(박하)

(4) 색과 향미를 사용하는 향료

① **카레분** : pepper(페퍼), red pepper(레드페퍼), cinnamon(시나몬), nutmeg(너트메그), clove(클로브), coriander(코리앤더), cumin(쿠민), ginger(진저)

② **칠리파우더** : red pepper(레드페퍼), oregano(오레가노)

4. 향신료의 주요 성질

(1) 겨자

신미의 주성분은 sinigrin(흑겨자), sinalbin(백겨자), 각각 효소 미로시나아제(myrosinase)에 의해서 분해된 이소티오시안산 알릴(isothiocyanate allyl)과 이소티오시안산 옥시벤질(isothiocyanate oxybenzil)이 있다.

(2) 후추

향미 성분은 차비신(chavicine)이며 향기의 주성분은 디펜텐(dipentene), dl-리모넨이다. 신미는 수피와 잎, 그리고 열매에 함유되어 있는 산쇼올(sanshool)이다.

(3) 가루 고추냉이

고추냉이 대근을 건조하여 분말로 만든 것. 향미성분은 알릴류 고추유로 고추냉이 대근에 함유하고 있으며 시니그린(sinigrin)이 효소 미로시나아제의 작용에 의하여 변화된다.

(4) 고추냉이

신미성분은 이소티오시안산 알릴과 소량의 부틸 이소티오시안산과 고추냉이 중에 배당체가 갈아서 부서질 때 가수분해 효소 미로시나아제(myrosinase)의 작용에 의해 분해·생성된다.

(5) 칠미당겨자

당겨자, 후추, 진피, 마의 열매, 양귀비겨자, 자소의 열매, 흰깨, 검은깨, 아오사 등을 섞어서 배합한 것으로 당겨자의 매운맛 성분은 과피에 함유하고 있는 캡사이신(capsaicine)이다.

(6) 양파

양파를 건조하며 분말화한 것으로 향신료로 사용한다. 감미는 n-프로메르멜카프탄, 매운맛은 니타유로 그 성분의 디프로필 디설파이드(dipropyl disulfide)는 가열하면 단맛이 있는 프로필 메르카프탄(propyl mercaptane)이 된다.

(7) 마늘

매운맛의 주성분은 디알릴디설파이드(diallydisulfide, $C_6H_{10}S_2$)이다.

5. 향신료의 기능

(1) 향신료의 주요(主要) 기능

① 본래의 기능 [식품의 착향(着香), 부향(付香), 교취(矯臭), 억취(抑臭) 및 매운맛의 부여]
② 비린내의 억제효과
③ 식욕증진
④ 방부효과

(2) 향신료의 부가적 기능

산화방지의 시너지스트(synergist) 효과를 지닌다. 시너지스트 그 자체는 항산화력을 가지지 못하며, 가지고 있다고 하더라도 약한 화합물이므로 항산화제를 병용하면 그 항산화제의 작용을 증강시킨다.

12-4 기호음료의 종류와 특성

1. 기호음료의 종류

(1) 비알코올성 음료

① **과즙계 음료** : 과실음료(농축과즙), 과실 퓌레(purée), 천연과즙, 과즙음료(과즙의 착즙을 희석한 것), 과육음료(과즙 등 함유량 10~50%), 과즙을 넣은 청량음료

② **유성음료(乳性飮料)** : 요구르트, 유산균 음료(식음용, 유산균 10^7 이상/mL), 산유음료

③ **종실계 음료** : 커피, 코코아

④ **아엽계 음료** : 녹차(불발효차), 우롱차(반발효차), 홍차(발효차)

⑤ 탄산음료(탄산가스를 압입한 것, 과실음료, 유성음료 이외의 것), 탄산수 투명광산음료(사이다, 레모네이드, 레몬라임계 음료), 콜라음료(콜라의 나뭇잎, 콜라 나무 종자의 추출물을 함유, 과일향계 탄산음료)

(2) 알코올 음료

① **양조주** : 포도주, 사과주, 맥주, 청주, 황주(포안주)
② **증류주** : 브랜디, 위스키, 보드카, 진, 테킬라, 소주
③ **재제주** : 미림, 합성 청주, 매주, 피키율

2. 알코올 음료의 성질

① **과실주** : 과실과 설탕을 소주에 넣어서 만든 술로서 엄밀한 의미로 과실주는 아니다.

② **포도주** : 성숙한 포도에는 귀부균이 번식하여 과피의 납(蠟 : 과피 속에 있는 고급 지방산 등)을 녹여서 그로 인해 수분이 증발하여 포도가 착집한 상태로 된다. 이것을 귀부포도라고 하며, 이것을 원료로 하여 만든 것을 포도주라고 한다.

표 12-2 알코올 음료의 성질

원 료	당화법	산조주(알코올 농도)	증류주(알코올 농도)
쌀	누룩곰팡이	일본주(15~16%)	쌀소주(20~35%)
고 구 마	누룩곰팡이	–	소주(20~35%)
보리기타곡류	맥 아	맥주(4.5%)	위스키(39~43%)
밀	맥 아	비루	보드카(40~50%)
감 자		–	
포 도	–	와인(12%)	브랜디(39~43%)
당 밀	–	와인	럼(45%)
사 과	–		사과브랜디(39~43%)

3. 차, 녹차, 우롱차의 성질

카멜리아 시넨시스(*Camelia sinensis*)의 잎으로 만든 것이다.

(1) 녹 차

적엽 후 수증기로 쪄서 효소(폴리페놀옥시다아제)의 활성을 멈추게 하고 제조 중의 갈변을 억제하여 만든다. 옥로(玉露), 부다(扶茶)의 독특한 감미를 내는 좋은맛의 성분은 데아닌(theanine, 글루탐산의 에틸아미드)으로 이것은 그늘이나 약한 햇볕에서 축적된다.

녹채의 색은 플라본계의 색소에 의한 것으로 숙 · 효소에 대하여 불안정하고, 녹채를 방치하면 즉시 변색하는 것은 플라본류의 분해와 카테친(catechin)의 중합에 의한다. 고미는 카테친, 향기의 주체는 cis-3-hexanol이다. 이것은 생체 중에 있는 S-메틸메티오닌 술폭시드(함황아미노산)로부터 생성된다.

(2) 홍 차

적당한 잎을 공기가 잘 통하는 곳에 방치하여 잎 중의 효소활성을 높인다. 발효된 차(*camellia sinensis*)의 일종으로, 카페인이 많이 함유되어 있다. 차는 산지에 따라 다즐링, 아삼, 우바, 기문 등으로 분류하고 블렌딩된 애프터눈티, 잉글리시 블랙페스트 등이 있으며, 과일과 꽃을 넣은 얼그레이 등 종류가 다양하다.

홍자의 등급은 일반적으로 찻잎 모양과 가공상태에 따른 등급을 조합하여 브로큰 페코(Broken Pekoe, B. P), 브로큰 페코 수숑(Broken Pekoe Souchong, B. P. S), 브로큰 오렌지페코 패닝(Broken Orange Pekoe, B.O.P) 등으로 매겨진다.

(3) 우롱차(중국)

녹차와 홍자의 중간 정도로 발효해서 방향이 생겨난 시점에 솥에다 끓여 발효를 멈추게 한다. 우롱차의 습미는 카테킨에 의한 것이다.

(4) 재스민차

충분히 발효하지 않은 것으로 재스민의 꽃을 가해서 향기를 내는 것으로 '말리' 라고도 지칭된다.

차의 맛은 차의 원료에 따라 구분할 수 있는데 먼저 녹차는 아미노산이 많으며 탄닌, 카페인이 적다. 홍차는 탄닌과 카페인이 많으며, 아미노산이 적다.

4. 커 피

커피의 주요성분은 다당을 비롯한 단백질, 유기아미노산을 비롯하여 탄닌과 카페인을 함유한다. 커피 특유의 쓴맛을 느끼게 하는 탄닌의 주성분은 클로로겐산(chlorogenic acid)으로 이 성분은 물이나 아세톤과 같은 물질에 흡수되는 성질을 지닌다. 커피나 홍차 등에는 구연산, 사과산, 초산과 같은 물질로 인해 산미가 존재한다. 그러므로 단백질 감미료인 타우마틴(thaumatin)을 첨가하여 풍미를 더한다.

(1) 레귤러 커피

생두를 선별기, 정마기에 넣어서 각종의 두를 혼합기로 배합하여 200~250°C로 볶아서 그라인더에 갈아 만든 것이다.

(2) 인스턴트 커피

볶은 후 분쇄한 것을 열탕에서 추출하여 추출액을 분무건조나 동결건조하여 만든 것이다.

5. 코코아

원료는 카카오콩을 사용한 것이며 이것을 100~130°C에서 볶아 분쇄하고, 풍력선별에 의하여 외피와 배아를 제거한 후에 압착하여 코코아 버터의 일부를 제거하여 고운 가루로 만든 것이다.

탄수화물 35%, 단백질 20%, 지질은 20% 정도로 스테아르산(stearic acid) · 올레산(oleic acid) · 리놀레산(linoleic acid)이 주가 되는 지방산이다. 티오브로민(theobromine)과 카페인을 함유하며 특유한 맛을 낸다. 티오브로민은 카페인보다 자극성 · 흥분성을 돋우는 성질을 가지고 있다.

감미료 · 조미료 · 향신료 및 기호음료 *Question*

1. 감초에 들어 있는 단맛성분은?

▶ **정답** : glycyrrhizin

2. 초피나무의 매운맛 성분은?

▶ **정답** : sanshool

3. 매운맛 성분으로 진저론(Zingerone)이 함유되어 있는 식품은?

▶ **정답** : 생강

4. 고추의 매운맛을 나타내는 성분은?

▶ **정답** : capsaicin

5. 알리신(allicin)이 포함되어 있는 식품은?

▶ **정답** : 마늘

6. 겨자과 식물의 주된 향기성분은?

▶ **정답** : allyl isothiocyanate

참고 문헌

小原哲二郎 외 공저, "原色食品加工工程圖鑑", (株) 建錦社, 2006.
露木英男 외 공저, "食品學 總論", 共立出版(株), 1999.
강목장 외 공저, "增補版 食品化學用語辭典", 1998.
竝木滿夫 외 공저, "現代의 食品化學", 三共出版(株), 2003.
新美康降 외 공저, "食品學 總論", 中央法律出版(株), 2001.
池添博彦 외 공저, "食品學 各論", 共立出版(株), 1999.
서광희 · 서정숙 · 이승교 · 정현숙, "new영양학", 지구문화사, 2011.
편집부 편, "식품위생관계법규", 지구문화사, 2011.
김경삼 외 공저, "기초 식품학", 지구문화사, 2007.
홍태희 외 공저, "new식품재료학", 지구문화사, 2012.
김옥경 외 공저, "new식품위생학", 지구문화사, 2011.
신해헌 외 공저, "new식품가공저장학", 지구문화사, 2011.
김숙희 · 진양호 공저, "new식품조리과학", 지구문화사, 2012.
홍태희 외 공저, "new식품미생물학 및 실험", 지구문화사, 2009.
윤숙자 · 최봉순 · 최은희, "알고 먹으면 좋은 우리 식재료", 지구문화사, 2011.
이진순 · 정은자 · 김동희 · 최진영, "새로운 조리원리", 지구문화사, 2007.
송형익 외 공저, "에센스 식품위생학", 지구문화사, 2011.
홍태희 외 공저, "new발효식품학", 지구문화사, 2007.
한정순 외 공저, "현대인의 식생활과 건강", 지구문화사, 2011.
서정숙 · 서광희 · 이승교 · 이복희 · 최미숙, "고급 영양학", 지구문화사, 2011.

찾아 보기

A

B

C

D

E

F

G

H

L

M

N

P

R

S

T

X

에센스

식품학

2022년 1월 5일 초판 인쇄
2022년 1월 10일 초판 발행

저 자 김정숙 · 김경임 · 김지상 · 안장우 · 윤예리
이윤정 · 최희숙 · 황보미향 · 황수영

발행인 주 병 오 · 주 민 기

발행처 ㈜지구문화
JIGU CULTURE Co.Ltd

경기도 파주시 회동길 209
파주출판문화정보산업단지
영업부 (031) 955-7566 · 7577
편집부 (031) 955-7731
FAX (031) 955-7730

등록번호 1979년 7월 13일 제 9-57 호

ISBN 978-89-7006-071-2 가격 24,000원